实验室认可与管理工作指南

陆渭林　编著

机械工业出版社

本书全面总结回顾了全球实验室认可工作的发展历程与现状，系统介绍我国实验室认可的流程、现场评审的过程；结合实验室认可与管理工作的全过程，逐一对 CNAS-CL01：2006《检测和校准实验室能力认可准则》（等同采用 ISO 17025：2005《检测实验室和校准实验室能力的通用要求》）的全部要素进行了“要点理解”“评审重点”两个层面的详细解读；权威讲解了实验室管理体系建立、量值溯源、内部审核、管理评审、期间核查、质量监控等重要工作。尤其结合多年实验室认可工作经验，总结提炼的“实验室认可现场评审中发现的典型问题与改进对策”等内容，更是科学翔实、理论联系实际、可操作性强，可帮助实验室全面提升管理水平和技术能力。

本书可以作为实验室从业人员的学习教程，实验室认可咨询和评审员的培训教材，从事实验室认可研究与实践工作人员的参考书，也可作为高等院校计量与检测相关专业的教学参考书。

图书在版编目（CIP）数据

实验室认可与管理工作指南/陆渭林编著．—北京：机械工业出版社，2015.10（2025.2 重印）

ISBN 978-7-111-51747-4

Ⅰ．①实…　Ⅱ．①陆…　Ⅲ．①实验室－认证－中国－指南 ②实验室管理－中国－指南　Ⅳ．①N33－62

中国版本图书馆 CIP 数据核字（2015）第 239326 号

机械工业出版社（北京市百万庄大街 22 号　邮政编码 100037）
策划编辑：吕德齐　责任编辑：吕德齐
责任校对：张　薇　封面设计：陈　沛
责任印制：李　昂
北京中科印刷有限公司印刷
2025 年 2 月第 1 版第 7 次印刷
184mm×260mm · 18.5 印张 · 451 千字
标准书号：ISBN 978-7-111-51747-4
定价：69.00 元

电话服务	网络服务
客服电话：010-88361066	机　工　官　网：www.cmpbook.com
010-88379833	机　工　官　博：weibo.com/cmp1952
010-68326294	金　　书　　网：www.golden-book.com
封底无防伪标均为盗版	机工教育服务网：www.cmpedu.com

前　　言

从20世纪80年代开始，伴随着我国改革开放的步伐，我国认可工作从萌芽到起步、从分散到集中、从跟随发展到大国影响，不断发展壮大。同时，众多的实验室发展，都经历了从被要求认可、被动接受认可，到从认可中受益并不断发展壮大，从而主动宣传认可的过程。

截至2021年5月31日，中国合格评定国家认可委员会（英文缩写为CNAS，以下简称国家认可委）累计认可实验室12000家，其中检测实验室9817家、校准实验室1465家、医学实验室485家、生物安全实验室99家、标准物质生产者24家、能力验证提供者97家；累计认可检验机构676家。检测/校准实验室是获CNAS认可数量最多的合格评定机构，我国已经成为国际互认成员认可实验室数量最多的国家。认可对数据互认并建立信任的巨大作用已经得到全社会的广泛认同。同时，认可对促进我国产品顺利进入国际市场和提升我国实验室在国际同行交流中的话语权起到了积极的促进作用。

本书全面总结回顾了全球实验室认可工作的发展历程与现状，系统介绍我国实验室认可的流程、现场评审的过程。结合我国实验室认可与管理工作的全过程，逐一对CNAS-CL01：2006《检测和校准实验室能力认可准则》（等同采用ISO/IEC 17025：2005《检测实验室和校准实验室能力的通用要求》）（以下简称《认可准则》）的全部要素进行了“要点理解”“评审重点”两个层面的详细解读。同时，权威讲解了实验室管理体系建立、量值溯源、内部审核、管理评审、期间核查、质量监控等重要工作。多年来，作者作为评审组长带领评审组优质高效地完成了近百家实验室的认可评审工作，理论造诣深厚，实践经验丰富。为此作者结合多年实验室认可工作经验，总结提炼了“实验室认可现场评审中发现的典型问题与改进对策”“实验室期间核查的理解实施与现场评审”“实验室质量监控的要点理解与组织实施”等内容，科学翔实，理论联系实际，可操作性强，可帮助实验室迅速全面地提升管理水平和技术能力。

《认可准则》虽然只有2万多字，但是内涵极其丰富。随着我国认可事业的发展和认可技术的不断进步，为全面适应国际认可合作组织和亚太实验室认可合作组织的最新要求，其支持标准以及认可技术要求也在不断发展。本书在写作过程中力求准确把握最新认可要求，反映最新认可技术要求。

本书内容全面，既有系统的理论知识，又有实际的经验总结，操作性、实践性、实用性较强，阅后定会有所收获，完全可以作为实验室全体从业人员的学习用书，实验室认可咨询员和评审员的培训教材，从事实验室认可研究与实践工作人员的参考书，也可作为高等院校计量与检测相关专业的教学参考书。

在本书完稿之际，要感谢中国合格评定国家认可委员会秘书处、国家认证认可监督管理委员会认证认可技术研究所、北京列伯实验室认可技术交流中心相关领导和专家的悉心指导与帮助！感谢国防科技工业实验室认可委员会秘书处焦昶主任、刘战军主任及国防评审组的相关专家同仁提供了宝贵的资料，百忙中审阅了本书并提出了许多宝贵的修改意见！感谢中国兵器工业标准化研究所靳京民总工程师，中国船舶重工集团公司第七一五研究所马晓民研究员、袁祖霞处长、刘上发处长，国防科技工业水声一级计量站赵涵研究员、张珊高工、方玲高工、张玉燕、宋小卉等同事的全力支持！没有大家的付出，就没有本书的出版！在此对大家深表谢意！

由于本书涵盖的内容较广，加之作者水平有限，书中难免存在不足和错误之处，在此真诚地欢迎大家提出批评和建议。

特别说明：

随着国家和国际相关标准及要求的变化，以及为适应最新的认可需要，国家相关业务主管部门和 CNAS 会适时修订相关文件，烦请读者在引用或使用本书所述内容时，请确保使用本书所引用文件的最新有效版本。

编　者

目　录

第一章　实验室认可概论

第一节　合格评定与实验室认可

一、合格评定与实验室认可的关系

合格评定（Conformity Assessment）是对与产品、过程、体系、人员或机构有关的规定要求得到满足的证实。其中，产品可以是有形的（如实物产品），也可以是无形的（如知识或概念），或是两者的结合，产品的定义包含服务。过程是将输入转化为输出的一组相关联的资源和活动，资源可包括人员、装置、设备、技术和方法。由于“合格评定”源于“认证活动”的深化和推广，因此习惯上仍称为“认证”活动，我国现阶段称为“认证、认可”活动。

从20世纪初到20世纪70年代，各国开展的认证活动均以产品认证为主。1982年国际标准化组织出版了《认证的原则和实践》，总结了这70年来各国开展产品认证所使用的八种形式，即：型式试验，型式试验+工厂抽样检验，型式试验+市场抽查，型式试验+工厂抽样检验+市场抽查，型式试验+工厂抽样检验+市场抽查+企业质量体系检查+发证后跟踪监督，企业质量体系检查，批量检验，100%检验。

从上面可以看出，各国开展产品认证活动的做法差异很大。为了实现国与国的相互承认，进而走向国际相互承认，国际标准化组织和国际电工委员会向各国正式提出建议，以上述第五种形式为基础，建立各国的国家认证制度。

在开展产品认证中需要大量使用具备第三方公正地位的实验室从事产品检测工作，因此实验室检测在产品认证过程中扮演了十分重要的角色。此外，在市场经济和国际贸易中，买卖双方也十分需要检测数据来判定合同中的质量要求。因此对实验室的资格和技术能力的评价显得尤其重要。它不仅是为了验证实验室的资格和能力符合规定的要求，满足检测任务的需要，同时也是实行合格评定制度的基础，是实现合格评定程序的重要手段。为此各国和各地区纷纷建立自己的实验室认可制度和体系，我国也于1983年建立了实验室国家认可体系。

二、实验室认可的意义

在市场经济中，实验室是为贸易双方提供检测、校准服务的技术组织，实验室需要依靠其完善的组织结构、高效的质量管理和可靠的技术能力为社会与客户提供检测、校准服务。

认可是“正式表明合格评定机构具备实施特定合格评定工作的能力的第三方证明”（ISO/IEC 17011：2017）。实验室认可是由经过授权的认可机构对实验室的管理能力和技术能力按照约定的标准进行评价，并将评价结果向社会公告以正式承认其能力的活动。

认可组织通常是经国家政府授权从事认可活动的，因此经实验室认可组织认可后公告的实验室，其认可领域范围内的检测、校准能力不但为政府所承认，其检测、校准结果也被社会和贸易双方使用。

围绕检测、校准结果的可靠性这个核心，实验室认可对客户、实验室的自我发展和商品的流通具有重要意义，归纳起来有以下五个方面。

（一）贸易发展的需要

实验室认可体系在全球范围内得到了重视和发展，其原因主要有两方面：一是由于检测和校准服务质量的重要性在世界贸易和各国经济中的作用日益突出，产品类型与品种迅速增长，技术含量越来越高，相应的产品规范和法规日趋繁杂，因而对实验室的专业技术能力、对检测与校准结果正确性和有效性的要求也日益迫切，因此如何向社会提供对这种要求的保证就成为重要课题。二是国际贸易随着二战后经济的复苏和其后的迅速发展形成了日趋激烈的竞争形势。在经济全球化的趋势下，竞争者均力图开发支持其竞争的新策略，其中重要的一环就是通过检测显示其产品的高技术和高质量，以加大进入其他国家市场的力度，并借用检测形成某种技术性贸易壁垒，阻挡外来商品进入本国/本地区的市场。这就对实验室检测服务的客观保证提出了更高的要求。正是由于以上两方面需求的推动，实验室认可工作才得以很快发展。

各国通过签署多边或双边互认协议，促进检测结果的国际互认，避免重复性检测，降低成本，简化程序，保证国际贸易的有序发展。

（二）政府管理部门的需要

政府管理部门在履行宏观调控、规范市场行为和保护消费者的健康和安全的职责中，也需要客观、准确的检测数据来支持其管理行为，通过实验室认可，保证各类实验室能按照一个统一的标准进行能力评价。

（三）社会公正和社会公证活动的需要

众所周知，司法鉴定结果数据的正确性和有效性，事关社会法律体系的权威性和公正性。同时，现在有关产品质量责任的诉讼不断增加，产品检测结果已经成为责任划分的重要依据。因此有效强化对检测结果数据正确性和有效性的保障，全面提升实验室的公正性和独立性已经成为全社会关注的焦点。实验室认可作为重要的载体和手段，越来越得到社会各界的认可与推崇。

（四）产品认证发展的需要

近些年产品认证在国内外迅速发展，已成为政府管理市场的重要手段，产品认证需要准确的实验室检测结果的支持，通过实验室认可，保证检测数据的准确性，从而保证产品认证的有效性。

（五）实验室自我改进和参与校准/检测市场竞争的需要

实验室按特定准则要求建立质量管理体系，不仅可以向社会、向客户证明自己的技术能力，而且还可以实现实验室的自我改进和自我完善，不断提高技术能力，不断适应校准、检测市场提出的新要求。

第二节 实验室认可的国际发展概况

一、世界相关主要国家实验室认可机构

（一）澳大利亚实验室认可组织

世界上第一个实验室认可组织是澳大利亚在1947年成立的国家检测机构协会，即NATA（National Association of Testing Authorities），NATA的建立得到了澳大利亚联邦政府、专业研究所和工业界的支持。

NATA认为，对实验室检测结果的信任应建立在实验室对其工作质量和技术能力进行管理控制的基础上。于是NATA着手找出可能影响检测结果可靠性的各种因素，并把它们进一步转化为可实施、可评价的实验室质量管理体系；与此同时，在按有关准则对实验室评审的实践中不断研究和发展评审技巧，重视评审员培训与能力的提高。这便形成了最初的实验室认可体系。目前NATA已认可了3000多家实验室，为其服务的有资格的评审员约3000人。

（二）英国实验室认可组织

英国的实验室认可已有近50年的历史，1966年英国贸工部组建了英国校准服务局（BCS），它被认为是世界上第二个实验室认可机构，20世纪60年代还没有从事实质上的认可工作，BCS只负责对工业界建立的校准网络进行国家承认。之后，BCS开展了检测实验室的认可工作，1981年获授权建立了国家检测实验室认可体系（NATLAS），1985年BCS与NATLAS合并为英国实验室国家认可机构（NAMAS），1995年NAMAS又与英国从事认证机构认可活动的NACCB合并，并私营化变成英国认可服务机构UKAS。UKAS虽然私营化了，但仍属非营利机构。目前已有3000多个实验室、200多个检查机构和130多个认证机构获得其认可。

（三）其他国家的实验室认可组织

进入20世纪70年代以后，随着科学技术的进步和交通的发展，国际贸易有了长足发展，对实验室提供检测和校准服务的需求也大幅增加。因此不少国家的实验室认可体系都有了较快发展。欧洲的丹麦、法国、瑞典、德国和亚太地区的中国、加拿大、美国、墨西哥、日本、韩国、新加坡、新西兰等国家以及香港地区都建立起了各自的实验室认可机构，实验室认可活动进入了快速发展和增进相互交流与合作的新时期。

二、国际与区域实验室认可合作组织

（一）国际实验室认可合作组织（ILAC）

1977年，主要由欧洲和澳大利亚的一些实验室认可组织和致力于认可活动的技术专家在丹麦的哥本哈根召开了第一次国际实验室认可大会，成立了非官方非正式的国际实验室认可论坛（International Laboratory Accreditation Conference，简称ILAC）。ILAC会议主要围绕以下几个目标开展工作：

（1）通过ILAC的技术委员会、工作组和全体大会达成的协议，对实验室认可的基本原则和行为做出规定并不断完善。

（2）提供有关实验室认可和认可体系方面信息交流的国际论坛，促进信息的传播。

（3）通过采取实验室认可机构之间签署多边协议的措施，鼓励对已获得认可的实验室出具的检测报告的共同接受。

（4）加强与对实验室检测结果有兴趣的和对实验室认可有利益关系的其他国际贸易、技术组织的联系，促进合作与交流。

（5）鼓励各区域实验室认可机构合作组织开展合作，避免不必要的重复评审。

1995 年，随着世界贸易组织（WTO）的成立和“技术性贸易壁垒协议”（TBT）条款的要求，世界上从事合格评定的相关组织和人士急需考虑建立以促进贸易便利化为主要目的的高效、透明、公正和协调的合作体系。实验室、实验室认可机构和实验室认可合作组织必须发挥积极作用，与各国政府和科技、质量、标准、经济领域国际组织加强联系，共同合作，才能在经济与贸易全球化的进程中起到促进作用。在这种形势下，ILAC 各成员组织认为实验室认可合作组织有必要以一种更加密切的形式进行合作。

1996 年 9 月，在荷兰阿姆斯特丹举行的第十四届国际实验室认可会议上，经过对政策、章程和机构的调整，ILAC 以正式和永久性国际组织的新面貌出现，其名称变更为“国际实验室认可合作组织”（International Laboratory Accreditation Cooperation，简称仍为 ILAC）。ILAC向所有国家开放，并专门设立了“联络委员会”以负责与其他国际组织、认可机构和对认可感兴趣的组织的联络合作。ILAC 设立常设秘书处（由澳大利亚的 NATA 承担秘书处日常工作），包括原中国实验室国家认可委员会（CNACL）和原中国国家进出口商品检验实验室认可委员会（CCIBLAC）在内的 44 个实验室认可机构签署了正式成立“国际实验室认可合作组织”的谅解备忘录（MOU），这些机构成为 ILAC 的第一批正式全权成员。ILAC 的经费来源于其成员交纳的年金。

ILAC 的成员分为正式成员、联系成员、区域合作组织和相关组织四类。目前直接从事实验室认可工作且签署了 ILAC/MOU 的全权成员有 65 个实验室认可组织，合作成员 25 个，联系成员 20 个；区域合作组织成员是亚太地区的 APLAC、欧洲的 EA、中美洲的 IAAC 和南部非洲的 SADCA 共 4 个；世界贸易组织（WTO）、国际电工委员会（IEC）、国际认可论坛（IAF）等 36 个组织是 ILAC 的相关组织成员。目前中国合格评定国家认可委员会（CNAS）、香港认可处（HKAS）和中国台湾财团法人基金会（TAF）均为 ILAC 的正式成员。

（二）区域实验室认可合作组织

由于地域的原因，在国际贸易中相邻的国家/地区之间和区域内的双边贸易占了很大份额。为了减少重复检测促进贸易的共同目的，在经济区域范围内建立的实验室认可机构合作组织更为各国政府和实验室认可机构所关注，这些组织开展的活动也更活跃、更实际。

1. 亚太实验室认可合作组织（APLAC）

亚太实验室认可合作组织（APLAC）于 1992 年在加拿大成立，原中国实验室国家认可委员会（CNACL）和原中国国家进出口商品检验实验室认可委员会（CCIBLAC）作为发起人之一参加了 APLAC 的第一次会议，并于 1995 年 4 月作为 16 个成员之一首批签署了 APLAC 的认可合作谅解备忘录（MOU）。MOU 的签约组织承诺加强合作，并向进一步签署多边承认协议方向迈进。APLAC 的秘书处设在澳大利亚的 NATA。

APLAC 每年召开一次全体成员大会。APLAC 设有管理委员会、多边相互承认协议（MRA）委员会、培训委员会、技术委员会、能力验证委员会、公共信息委员会和提名委员会。各委员会分别开展同行评审管理、认可评审员培训、认可标准教学研究、量值溯源与测量不确定度研究、能力验证项目的组织实施、网站建设与刊物发布，以及 APLAC 主席、管理委员会成员和其他 APLAC 常务委员会主席的提名等活动。

APLAC 的宗旨如下：

1）提供信息交流的论坛，推动实验室认可机构之间以及对实验室认可工作感兴趣的组织之间的讨论。

2）促进成员之间的共同研究与合作，包括研讨会、专家会议及人员交换等。

3）在培训、能力验证、准则和实际应用的协调等方面，促使成员间提供帮助和交换专家。

4）适当时，出版以实现 APLAC 宗旨为主题的有关论文和报告。

5）制定实验室认可及其相关主题的指导性文件。

6）组织本地区实验室之间的比对以及本地区实验室与外地区，如与欧洲认可合作组织（EA）实验室之间的比对。

7）促进达成正式成员之间建立和保持技术能力的相互信任，并向达成多边“互认协议”（MRA）的方向努力。

8）促进 APLAC/MRA 成员认可的实验室所出具的检测报告和其他文件被国际承认。

9）鼓励成员协助本地区所有感兴趣的认可机构建立他们自己的认可体系，以使其能完全地参加到 APLAC/MRA 中来。

APLAC 现有亚太地区 37 个实验室认可机构为其成员。

APLAC 还积极与由亚太地区各国政府首脑参加的亚太经济合作组织（APEC）加强联系，以发挥更大作用。APEC 中的“标准与符合性评定分委员会”（SCSC）已决定加快贸易自由化的步伐，特别要在电信、信息技术（IT）等产品的贸易中优先消除技术性的贸易壁垒。但为了保证贸易商品满足顾客要求，无障碍贸易的前提条件一是贸易商品必须在实验室按公认的标准或相关法规检测合格，二是承担该检测工作的实验室必须得到实验室认可机构按照国际相关标准对其管理和技术能力的认可，三是该实验室认可机构必须是 APLAC/MRA 的成员。上述 APEC/SCSC 的政策体现了 APEC 各成员国政府的要求，这将大幅推动实验室认可和认可机构之间相互承认活动的发展。

APLAC 正式成立以来，一直把主要的精力放在发展多边承认协议（MRA）方面。因为 APLAC 的最终目的是通过 MRA 来实现各经济体互相承认对方实验室的数据和检测报告，从而推动自由贸易和实现 WTO/TBT 中减少重复检测的目标。在 APLAC/MOU 中列举的 12 项目标中就有 5 项直接关系到 MRA。近年来，MRA 的工作进展很快，为此，专门发布了 APLAC MR001 文件《在认可机构间建立和保持相互承认协议的程序》。

2. 欧洲认可合作组织（EA）

欧洲实验室认可合作组织（EAL）是 1994 年成立的，其前身是 1975 年成立的西欧校准合作组织（WECC）和 1989 年成立的西欧实验室认可合作组织（WELAC）。1997 年 EAL 又与欧洲认证机构认可合作组织（EAC）合并组成欧洲认可合作组织（EA），参加者有欧洲共同体各国的 20 多个实验室认可机构。

EA 的宗旨如下：

1）建立各成员国和相关成员的实验室认可体系之间的信誉。

2）支持欧洲实验室认可标准的实施。

3）开放和维护各实验室认可体系间的技术交流。

4）建立和维护成员间的多边协议。

5）建立和维护 EA 和非认可机构成员地区实验室认可机构的相互认可协议。

6）代表欧洲合格评定委员会认可校准和检测实验室。

（三）实验室认可的相互承认协议（MRA）

为了消除区域内成员国间的非关税技术性贸易壁垒，减少不必要的重复检测和重复认可，EA 和 APLAC 都在致力于发展实验室认可的相互承认协议。即促进一个国家或地区经认可的实验室所出具的检测或校准的数据与报告可被其他签约机构所在国家或地区承认和接受。要做到这一点，签署 MRA 协议的各认可机构应遵循以下原则：

（1）认可机构完全按照有关国际标准（ISO/IEC 17011）运作并保持其符合性。

（2）认可机构保证其认可的实验室持续符合有关实验室能力通用要求的国际标准（ISO/IEC 17025）。

（3）被认可的校准或检测服务完全由可溯源到国际基准（SI）的计量器具所支持。

（4）认可机构成功地组织开展过实验室间的能力验证活动。

第三节　我国的实验室认可活动

一、我国的实验室认可活动的产生和发展

1983 年，中国国家进出口商品检验局会同机械工业部实施机床工具出口产品质量许可制度，对承担该类产品检测任务的 5 个检测实验室进行了能力评定。此时政府部门既是出口产品质量许可制度的组织实施者，也是实验室检测结果的用户。对实验室检测能力的评价考核，不仅使通过评价的实验室具备了承担国家指令性检测任务的资格，还促进了实验室的管理工作，提高了其检测结果的可信性。

1986 年，通过国家经济管理委员会授权，国家标准局开展了对检测实验室的审查认可工作，同时国家计量局依据《计量法》对全国的产品质检机构开展了计量认证工作。1994 年，国家技术监督局成立了“中国实验室国家认可委员会”（CNACL），并依据 ISO/IEC 指南 58 运作。

1989 年，中国国家进出口商品检验局成立了“中国进出口商品检验实验室认证管理委员会”，形成了以中国国家进出口商品检验局为核心，由东北、华北、华东、中南、西南和西北 6 个行政大区实验室考核领导小组组成的进出口领域实验室认可工作体系。1996 年，依据 ISO/IEC 指南 58，改组成立了“中国国家进出口商品检验实验室认可委员会”，2000 年 8 月将名称变更为“中国国家出入境检验检疫实验室认可委员会”（CCIBLAC）。

我国的实验室认可工作从起初的行政管理为主导，逐步向市场经济下的自愿、开放的认可体系过渡。CNACL 于 1999 年、CCIBLAC 于 2001 年分别顺利通过了 APLAC 同行评审，签署了《亚太实验室认可合作相互承认协议》。

随着改革开放的深入与经济实力的增强，我国的进出口贸易总额有了快速增长实验室认可工作也需要有进一步的提高，其发展方向要与国际同步。2002 年 7 月 4 日，CNACL 和 CCIBLAC 合并成立了“中国实验室国家认可委员会”（CNAL），实现了我国统一的实验室认

可体系。2006 年 3 月 31 日为了进一步整合资源，发挥整体优势，国家认证认可监督管理委员会决定将 CNAL 和中国认证机构国家认可委员会（CNAB）合并，成立了中国合格评定国家认可委员会（CNAS）。

二、中国合格评定国家认可委员会（CNAS）

中国合格评定国家认可委员会（以下简称认可委员会），英文名称为 China National Accreditation Service for Conformity Assessment（英文缩写为 CNAS），是根据《中华人民共和国认证认可条例》的规定，由国家认证认可监督管理委员会批准设立并授权的国家认可机构，统一负责对认证机构、实验室和检查机构等相关机构（以下简称合格评定机构）的认可工作。认可委员会的宗旨是：推进合格评定机构按照相关的标准和规范等要求加强建设，促进合格评定机构以公正的行为、科学的手段、准确的结果有效地为社会提供服务。

（一）CNAS 的任务

CNAS 的任务是：①按照我国有关法律法规、国际和国家标准、规范等，建立并运行合格评定机构国家认可体系，制定并发布认可工作的规则、准则、指南等规范性文件；②对境内外提出申请的合格评定机构开展能力评价，做出认可决定，并对获得认可的合格评定机构进行认可监督管理；③负责对认可委员会徽标和认可标识的使用进行指导和监督管理；④组织开展与认可相关的人员培训工作，对评审人员进行资格评定和聘用管理；⑤为合格评定机构提供相关技术服务，为社会各界提供获得认可的合格评定机构的公开信息；⑥参加与合格评定及认可相关的国际活动，与有关认可及相关机构和国际合作，组织签署双边或多边认可合作协议；⑦处理与认可有关的申诉和投诉工作；⑧承担政府有关部门委托的工作；⑨开展与认可相关的其他活动。

（二）CNAS 的组织机构

CNAS 的组织机构包括：全体委员会、执行委员会、秘书处，以及六个专门委员会（认证机构专门委员会、实验室专门委员会、检验机构专门委员会、评定专门委员会、申诉专门委员会、最终用户专门委员会）。

全体委员会由与认可工作有关的政府部门、合格评定机构、合格评定服务对象、合格评定使用方和相关的专业机构与技术专家等方面代表组成。执行委员会由全体委员会主任、常务副主任、副主任及秘书长组成。认证机构专门委员会、实验室专门委员会、检验机构专门委员会这三个专门委员会下设若干专业委员会，承担相应的专业技术工作。秘书处是 CNAS 的常设执行机构，设在中国合格评定国家认可中心（简称认可中心）。认可中心是 CNAS 的法律实体，承担开展认可活动所引发的法律责任。

三、我国认可工作的类别和依据

（一）CNAS 认可的类别

通常情况下，按照认可对象的分类，认可分为认证机构认可、实验室及相关机构认可和检验机构认可等。

1. 认证机构认可

认证机构认可是指认可机构依据法律法规，基于 GB/T 27011[⊖] 的要求，并分别以如下标准为准则进行评审并证实能力。

1）以国家标准 GB/T 27021《合格评定 管理体系审核认证机构的要求》（等同采用国际标准 ISO/IEC 17021）为准则，对管理体系认证机构进行评审，证实其是否具备开展管理体系认证活动的能力。

2）以国家标准 GB/T 27065《合格评定　产品过程和服务认证机构要求》（等同采用国际标准 ISO/IEC 17065）为准则，对产品认证机构进行评审，证实其是否具备开展产品认证活动的能力。

3）以国家标准 GB/T 27024《合格评定　人员认证机构通用要求》（等同采用国际标准 ISO/IEC 17024）为准则，对人员认证机构进行评审，证实其是否具备开展人员认证活动的能力。

认可机构对于满足要求的认证机构予以正式承认，并颁发认可证书，以证明该认证机构具备实施特定认证活动的技术和管理能力。

2. 实验室及相关机构认可

（1）实验室认可是指认可机构依据法律法规，基于 GB/T 27011 的要求，并分别以如下标准为准则进行评审并证实能力。

1）以国家标准 GB/T 27025《检测和校准实验室能力的通用要求》（等同采用国际标准 ISO/IEC 17025）为准则，对检测或校准实验室进行评审，证实其是否具备开展检测或校准活动的能力。

2）以国家标准 GB/T 22576《医学实验室 质量和能力的专用要求》（等同采用国际标准 ISO 15189）为准则，对医学实验室进行评审，证实其是否具备开展医学检测活动的能力。

3）以国家标准 GB 19489《实验室 生物安全通用要求》为准则，对病原微生物实验室进行评审，证实该实验室的生物安全防护水平达到了相应等级。

4）以国家标准 GB/T 27043《合格评定能力验证的通用要求》（等同采用国际标准 ISO/IEC 17043）为准则，对能力验证计划提供者进行评审，证实其是否具备提供能力验证的能力。

5）以 CNAS-CL04：2017《标准物质/标准样品生产者能力认可准则》（等同采用国际标准 ISO 17034）为准则，对标准物质生产者进行评审，证实其是否具备标准物质生产能力。

（2）认可机构对满足要求的合格评定机构予以正式承认，并颁发认可证书，以证明该机构具备实施特定合格评定活动的技术和管理能力。

3. 检验机构认可

检验机构认可是指认可机构依据法律法规，基于 GB/T 27011 的要求，并以国家标准 GB/T 27020《合格评定　各类检验机构的运作要求》（等同采用国际标准 ISO/IEC 17020）为准则，对检验机构进行评审，证实其是否具备开展检验活动的能力。

⊖ 凡未注日期的标准，以最新版本为准，后同。

认可机构对于满足要求的检验机构予以正式承认，并颁发认可证书，以证明该检验机构具备实施特定检验活动的技术和管理能力。

（二）CNAS 认可的依据

CNAS 依据 ISO/IEC、IAF（国际认可论坛）、PAC（太平洋认可合作组织）、ILAC 和 APLAC 等国际组织发布的标准、指南和其他规范性文件，以及 CNAS 发布的认可规则、准则等文件，实施认可活动。认可规则规定了 CNAS 实施认可活动的政策和程序；认可准则是 CNAS 认可的合格评定机构应满足的要求；认可指南是对认可规则、认可准则或认可过程的说明或指导性文件。CNAS 按照认可规范的规定对认证机构、实验室和检验机构的管理能力、技术能力、人员能力和运作实施能力进行评审。

认可准则是认可评审的基本依据，其中规定了对认证机构、实验室和检验机构等合格评定机构的基本要求。CNAS 认可活动所依据的基本准则主要包括：ISO/IEC17021《合格评定　管理体系审核认证机构的要求》、ISO/IEC 17065《合格评定　产品、过程和服务认证机构要求》、ISO/IEC 17024《合格评定　人员认证机构通用要求》、ISO/IEC 17025《检测和校准实验室能力的通用要求》、ISO/IEC 17020《合格评定　各类检验机构的运作要求》、ISO 15189《医学实验室质量和能力的专用要求》、ISO 17034《标准物质/标准样品生产者能力的通用要求》和 ISO/IEC 17043《合格评定　能力验证的通用要求》。必要时，针对某些认证或技术领域的特定情况，CNAS 还在基本认可准则的基础上制定应用指南和应用说明。

四、CNAS 实验室认可的领域划分

实验室涉及的专业领域繁多，CNAS 为有效解决 CNAS-AL06：2011《实验室认可领域分类》中重复交叉和缺失问题，在对 CNAS-AL06：2011《实验室认可领域分类》应用进行充分调研和分析以及充分借鉴国外和境外认可机构实验室认可领域分类优势的基础上，对 CNAS-AL06：2011《实验室认可领域分类》进行了改进和完善，并于 2015 年 1 月 1 日正式发布了 CNAS-AL06：2015《实验室认可领域分类》。

CNAS-AL06：2015《实验室认可领域分类》主要特点如下：

1）将检测实验室认可领域分类代码和校准实验室认可领域分类代码分开编制。

2）采用三级代码形式，其中每级代码用两位数字表示。

① 检测实验室认可领域分类代码中一级代码为行业，共有 14 个：1（生物）、2（化学）、3（机械）、4（电气）、5（日用消费品）、6（植物检疫）、7（卫生检疫）、8（医疗器械）、9（兽医）、10（建设工程与建材）、11（无损检测）、12（电磁兼容）、13（特种设备及相关设备）、14（软件产品与信息安全产品）；二级代码主要为检测产品；三级代码主要为检测参数/项目或检测方法。

② 校准实验室认可领域分类代码中一级代码为校准领域，共有 11 个：1（几何量测量仪器）、2（热学测量仪器）、3（力学测量仪器）、4（声学测量仪器）、5（电磁学测量仪器）、6（无线电测量仪器）、7（时间和频率测量仪器）、8（光学测量仪器）、9（化学测量仪器）、10（电离辐射测量仪器）、11［专用测量仪器（检测设备）］；二级代码主要为校准参量；三级代码主要为被校准的测量仪器/类别。

3）取消了 CNAS-AL06：2011《实验室认可领域分类》中 05（CCC 认证产品），并对其

中某些实验室认可领域分类代码进行了调整，在 CNAS-AL06：2015《实验室认可领域分类》中新增“日用消费品”和“软件产品和信息安全产品”两类一级代码。

4）为进一步确保实验室认可领域分类的完整性和齐全性，CNAS-AL06：2015《实验室认可领域分类》中每级代码的最后都设置了“99（其他）”代码，以便及时动态增加新的实验室认可领域分类代码。

五、国防科技工业实验室认可与军用实验室认可

（一）国防科技工业实验室认可

1. 国防科技工业实验室认可概况

2000年2月，国防科工委发布的《国防科技工业计量监督管理暂行规定》（国防科工委4号令）中第二章第七条第五款规定，计量管理机构要“组织实施从事国防科技工业计量检定、校准、测试的校准实验室和测试实验室认可”。为贯彻“军民结合，寓军于民”的方针，充分发挥国防科技工业检测和校准实验室的技术能力，实现既满足确保军工产品质量的需要，又满足与国际接轨的需要，2000年底国防科工委主管部门通过国家认监委与中国实验室国家认可委员会（CNACL）进行沟通协商，形成了充分发挥国家计量认证国防评审组作用的共识，决定在CNACL秘书处的业务指导下，授权国防评审组承办国防科技工业所属实验室进行实验室认可工作的有关事宜，并详细规定了国防评审组办公室承担国家计量认证和实验室认可工作的职责和程序。

2001年6月，国防科工委科技与质量司发布的《国防科工委关于加强国防科技工业技术基础工作的若干意见》中第十一条明确提出要“研究并建立与国际惯例接轨、适应新时期发展需要的国防科技工业技术基础工作合格评定制度，重点建立国防科技工业检测和校准实验室认可、人员资格评定等制度。鼓励各技术机构充分发挥资源优势，拓宽技术服务领域，获得多方认可”。2001年7月，为进一步做好国防科技工业实验室计量认证和实验室认可工作，国家计量认证国防评审组与CNACL秘书处联合下发《关于国防科技工业产品质量检验机构实施实验室认可和国家计量认证“二合一”评审的通知》（国防计认字［2001］2号），明确了国防评审特殊要求。

2003年9月3日，国家颁布了《中华人民共和国认证认可条例》。为适应国家保密局、国防科工委、解放军总装备部三方联合组织的对从事军工产品科研、生产和服务的企事业单位强制进行“国家保密资格审查认证”的新形势，加强国防科技工业实验室认可管理工作，提高检测和校准实验室对国防军工产品的保障能力，依据《中华人民共和国认证认可条例》中第七十五条“军工产品的认证，以及从事军工产品校准、检测的实验室及其人员的认可，不适用本条例”的特别规定，2003年12月24日，国防科工委下发了《国防科工委关于设立国防科技工业实验室认可委员会的通知》（科工技［2003］1275号），批准成立了“国防科技工业实验室认可委员会（DILAC，以下简称国防认可委）”。国防科工委授权国防认可委统一负责国防科技工业各类检测和校准实验室的认可工作，于2004年4月8日召开了国防认可委成立大会。国防认可委秘书处设在航天514所，与国家计量认证国防评审组办公室合署办公。

国防认可委接受国防科工委的领导和监督，认可工作接受国家认监委的指导。国防认可委遵循的原则是：客观公正、科学规范、诚实守信、廉洁高效。工作宗旨是：推进实验室按照国家军用标准、国家标准和国际标准的要求加强建设，提高技术和管理水平；促进实验室

以公正的行为、科学的手段、准确的结果，更好地为国防和社会各界服务；推动实验室认可的国内、国际合作和互认。

2. 国防科技工业实验室认可的评审依据

为提高国防科技工业检测实验室和校准实验室的管理水平和技术能力，使获得认可的实验室运作既符合当时的国家标准 GB/T 15481—2000《检测和校准实验室能力的通用要求》，又满足国防科技工业对检测和校准实验室在保密性、保障性和指令性方面的特殊要求，国防科工委组织编写了 GJB 15481—2001《检测实验室和校准实验室能力的通用要求》，于 2001 年 3 月正式发布实施。GJB 15481—2001 采用 A + B 的编写原则，A 部分包含了国家标准 GB/T 15481—2000 的全部要求，B 部分是对国防科技工业对检测和校准实验室的特殊要求。该标准为国防科技工业实验室建立质量、行政和技术运作的管理体系提供了指南，也为实验室的客户、法定管理机构对实验室的能力进行确认或承认提供了指南。

为指导国防科技工业实验室认可的评审工作，国防认可委秘书处组织编写了《国防科技工业实验室认可准则》，编写采取了 A + B 的原则，A 为国家认可准则，B 为国防实验室认可特殊要求。为给相关检测实验室提供更有效的评审依据，秘书处还组织编写了环境与可靠性试验、电子元器件检测、电磁兼容检测、软件测评等检测领域的应用说明。

有不少国防科技工业实验室是 CNAS 能力验证活动的提供者和组织者，曾多次代表 CNAS 参加国际同行评审。国防科技工业水声一级计量站更是其中的优秀代表，一直是水声国际比对的重要参与者和领导者。多年来，该计量技术机构作为主导实验室组织英国国家物理实验室（NPL）、全俄物理技术与无线电测量科学研究院（VNIIFTRI）等多家国际知名的计量技术机构完成了十余次多边（或双边）国际主导比对和多次水声国际补充比对（如 COOMET. AVU. W-S1）。2013 年经国际计量局（BIPM）批准，该计量站获得水声领域的 DI（Designated Institute）资格，代表中国直接参与了水声领域的国际关键比对（如 CCAVU-W. K1 和 CCAVU-W. K2）。同时，国防科技工业水声一级计量站还是国际电工委员超声波技术委员会（IEC/TC87）和国际标准化组织声学技术委员会水声分技术委员会（ISO/TC43/SC3）的国内技术对口单位，负责我国超水声国际标准化工作，组织完成了多项国际标准（如 IEC60500、IEC60565）制定和修订工作，为我国实验室在国际同行中获得认可与尊重做出了重要贡献。

（二）军用实验室认可

1. 军用实验室认可概况

军用实验室是军队的测试实验室和校准实验室以及承担军事装备测试或校准任务的相关实验室的统称。20 世纪 90 年代初，中国人民解放军技术基础工作主管部门组织了一批专家，结合为军事装备研制服务的各类军用实验室的实际情况，对 ISO/IEC 指南 25：1990《校准实验室和测试实验室能力的通用要求》进行了细致的研究。在这个基础上，1996 年发布了第一个军用实验室认可的国家军用标准 GJB 2725—1996《校准实验室和测试实验室通用要求》。在跟踪研究国际标准 ISO/IEC 17025：1999，总结贯彻 GJB 2725—1996 实际经验的基础上，中国人民解放军总装备部组织对 GJB 2725—1996 进行修订，并于 2001 年 5 月批准、发布了新的 GJB 2725A—2001《测试实验室和校准实验室通用要求》。主要变化为：一是名称改为《测试实验室和校准实验室通用要求》，说明了标准内涵和侧重点的改变；二是结构上 GJB 2725A—2001 把一般要求分成管理要求和技术要求两大部分；三是各条要求的内容和层次更丰富、完善，不同类型的要求划分得更精确、清晰。

GJB 2725A—2001 的贯彻实施，对于军用实验室的建设和认可起到了重要的作用。一大批为军事装备研制、生产服务的国防科技工业部门的计量站、为军事装备保障服务的军队计量站以及有关专业的测试实验室都通过了军用实验室认可。获得认可资格的实验室，其质量管理体系普遍得到了加强，技术能力有了质量保证，为军事装备的建设和发展提供了技术支持，做出了应有的贡献。

2002 年 8 月，中国人民解放军总装备部对通过认可评审的 56 个军内外的测试实验室和校准实验室首次发布了《认可合格军用实验室名录》，中国人民解放军总装备部电子信息基础部发布了《认可合格军用实验室技术能力范围》。随后每年均会发布最新《认可合格军用实验室名录》及《认可合格军用实验室技术能力范围》。

2. 军用实验室认可的评审依据

军用实验室认可评审依据主要包括：GJB 2725A—2001《测试实验室和校准实验室通用要求》、相关的国家军用标准和其他技术标准、相关的法律法规和认可工作有关规定等。

军用实验室的认可评审，包括对实验室质量管理体系进行审核与对实验室技术能力进行评定两个方面。校准实验室所依据的技术标准应该是最新有效版本的检定规程及校准规范，测试实验室所依据的技术标准应该是最新有效版本的各测试专业的技术标准。与实验室申请认可专业相关的各项技术标准，均需要严格贯彻执行。在军用实验室的认可评审过程中，实验室的测试或校准工作是否符合这些相关专业技术标准的要求，是评定实验室的技术能力范围和水平的重要依据。

第二章　实验室认可基础知识

第一节　常用术语和定义

一、认证和认可

（1）认证（certification）：

与产品、过程、体系或人员有关的第三方证明。

1）管理体系认证有时也被称为注册。

2）认证适用于除合格评定机构自身外的所有合格评定对象，认可适用于合格评定机构。

（2）认可（accreditation）：

正式表明合格评定机构具备实施特定合格评定工作的能力的第三方证明。

认可本身并不赋予实验室批准任何特定产品的资格，但是当批准机构和认证机构决定是否接受与其业务有关的实验室提供的数据时，认可就可能与这些机构有关。

（3）认可机构（accreditation body）：

实施认可的权威机构。

认可机构的权力通常源自于政府。

（4）认可证书（accreditation certificate）：

表明所确定的活动范围已被认可的一份或一组正式文件。

（5）认可标识（accreditation symbol）：

认可机构颁发的，供认可的合格评定机构使用的，表示其认可资格的标志。

（6）实验室认可（laboratory accreditation）：

权威机构对检测/校准实验室有能力进行指定类型的检测/校准做出一种正式承认的程序。

（7）评审（assessment）：

认可机构依据特定标准和（或）其他规范性文件，在确定的认可范围内，对合格评定机构的能力进行评价的过程。

对合格评定机构能力的评审是对合格评定机构整体运作能力的评审，包括对人员能力、合格评定方法的有效性和合格评定结果的有效性的评审。

（8）评审员（assessor）：

认可机构指派的，单独或作为评审组成员对合格评定机构实施评审的人员。

（9）专家（expert）：

认可机构指派的，就被评审的认可范围提供专门知识与技能的人员。

（10）评审组长（lead assessor）：

对特定的评审活动全面负责的评审员。

（11）认可范围（scope of accreditation）：

寻求认可或已获得认可的特定的合格评定服务。

（12）扩大认可（extending accreditation）：

扩展认可范围的过程。

（13）缩小认可（reducing accreditation）：

取消部分认可范围的过程。

（14）监督（surveillance）：

合格评定活动的系统性重复，是保持符合性说明持续有效的基础。

（15）暂停认可（suspending accreditation）：

使部分或全部认可范围暂时无效的过程。

（16）撤销认可（withdrawing accreditation）：

取消全部认可的过程。

（17）申诉（appeal）：

合格评定对象提供者请合格评定机构或认可机构就其对该对象所做出的决定进行重新考虑的请求。

（18）投诉（complaint）：

除申诉外，任何人员或组织向合格评定机构或认可机构就其活动表达不满并期望得到回复的行为。

（19）能力验证（proficiency testing，PT）：

利用实验室间比对确定实验室的校准/检测能力。

（20）实验室间比对（inter-laboratory comparison）：

按照预先规定的条件，由两个或多个实验室对相同或类似的被测物品进行校准/检测的组织、实施和评价。

二、合格评定

（1）合格评定（conformity assessment）：与产品、过程、体系、人员或机构有关的规定要求得到满足的证实。

（2）第一方合格评定活动（first-party conformity assessment activity）：由提供合格评定对象的人员或组织进行的合格评定活动。

本书中的“第一方”“第二方”和“第三方”用于区分针对给定对象的合格评定活动，不要与法律上用于识别合同各相关方的“第一方”“第二方”和“第三方”混淆。

（3）第二方合格评定活动（second-party conformity assessment activity）：由在合格评定对象中具有使用方利益的人员或组织进行的合格评定活动。

实施第二方合格评定的人员或组织：产品的采购方或使用方，试图信任供方管理体系的潜在顾客，或代表此类利益的组织。

（4）第三方合格评定活动（third-party conformity assessment activity）：由既独立于提供合格评定对象的人员或组织，又独立于在对象中具有使用方利益的人员或组织的人员或机构进行的合格评定活动。

适用于合格评定机构和认可机构活动的国家标准规定了机构独立性的准则。

（5）合格评定机构（conformity assessment body）：从事合格评定服务的机构。

认可机构不是合格评定机构。

（6）合格评定制度（conformity assessment system）：实施合格评定的规则、程序和对实施合格评定的管理。

合格评定制度可以在国际、区域、国家或国家之下的层面上运作。

（7）合格评定方案（conformity assessment scheme，conformity assessment programme）：与适用相同的规定要求、具体规则与程序的特定的合格评定对象相关的合格评定制度。

合格评定方案可以在国际、区域、国家或国家之下的层面上运作。

（8）制度或方案的准入（access to a system or scheme）：申请者根据制度或方案的规则获得合格评定的机会。

（9）产品（product）：过程的结果。

1）有4种通用的产品类别：服务（如运输）、软件（如计算机程序、字典）、硬件（如发动机、机械零件）、流程性材料（如润滑油）。许多产品由分属于不同产品类别的成分构成，其属性是服务、软件、硬件还是流程性材料取决于产品的主导成分。

软件由信息组成，通常是无形产品，并可以方法、报告或程序的形式提供。

硬件通常是有形产品，其量具有技术的特性。

流程性材料通常是有形产品，其量具有连续的特性。硬件和流程性材料经常被称为货物。

2）服务通常是无形的，并且是在供方和顾客接触面上需要完成至少一项活动的结果。

3）质量保证主要关注预期的产品。

（10）同行评审（peer assessment）：协议集团中其他机构或协议集团候选机构的代表依据规定要求对某机构的评审。

（11）暂停（suspension）：符合性说明中指出的全部或部分证明范围的暂时无效。

（12）撤销（withdrawal）：废止，符合性说明的取消。

（13）批准（approval）：根据明示的目的或条件销售或使用产品或过程的许可。

批准可以将满足规定要求或完成规定程序作为依据。

（14）指定机关（designating authority）：政府内部设立的或政府授权的机构，以指定合格评定机构、暂停或撤销其指定或者取消对指定的暂停。

（15）合格评定结果的承认（recognition of conformity assessment results）：对另一人员或机构提供的合格评定结果的有效性的认同。

三、质量管理

（1）质量（quality）：一组固有特性满足要求的程度。

1）术语“质量”可使用形容词，如差、好或优秀来修饰。

2）“固有的”（其反义是“赋予的”）是指本来就有的，尤其是那种永久的特性。

（2）管理（management）：指挥和控制组织的协调的活动。

（3）体系（system）：相互关联或相互作用的一组要素。

（4）管理体系（management system）：建立方针和目标并实现这些目标的体系。

一个组织的管理体系可包括若干个不同的管理体系，如质量管理体系、财务管理体系或环境管理体系。

（5）质量方针（quality policy）：由组织最高管理者正式发布的关于质量方面的全部意图和方向。

1）通常质量方针与组织的总方针相一致并为制定质量目标提供框架。

2）ISO 9001 标准中提出的质量管理原则可以作为制定质量方针的基础。

（6）质量目标（quality objective）：在质量方面所追求的目的。

1）质量目标通常依据组织的质量方针制定。

2）通常对组织的相关职能和层次分别规定质量目标。

（7）质量控制（quality control）：质量管理的一部分，致力于满足质量要求。

（8）质量保证（quality assurance）：质量管理的一部分，致力于提供质量要求会得到满足的信任。

（9）持续改进（continual improvement）：增加满足要求的能力的循环活动。

制定改进目标和寻求改进机会的过程是一个持续过程，该过程使用审核发现和审核结论、数据分析、管理评审或其他方法，其通常以实施纠正措施或预防措施告终。

（10）组织（organization）：职责、权限和相互关系得到安排的一组人员及设施。

（11）审核（audit）：为获得审核证据并对其进行客观的评价，以确定满足审核准则的程度所进行的系统的、独立的并形成文件的过程。

1）内部审核有时称第一方审核，由组织自己或以组织的名义进行，用于管理评审和满足其他内部目的，可作为组织自我合格声明的基础。在许多情况下，尤其在小型组织内，可以由与正在被审核的活动无责任关系的人进行，以证实独立性。

2）外部审核包括通常所说的“第二方审核”和“第三方审核”。第二方审核由组织的相关方，如顾客或由其他人员以相关方的名义进行。第三方审核由外部独立的审核组织进行，如提供符合 GB/T 19001 或 GB/T 24001 要求认证的机构。

3）当两个或两个以上的管理体系被一起审核时，称为“多体系审核”。

4）当两个或两个以上审核组织合作，共同审核同一个受审核方时，称为“联合审核”。

（12）质量手册（quality manual）：规定组织质量管理体系的文件。

为了适应组织的规模和复杂程度，质量手册在其详略程度和编排格式方面可以不同。

（13）程序（procedure）：为进行某项活动或过程所规定的途径。

1）程序可以形成文件，也可以不形成文件。

2）当程序形成文件时，通常称为“书面程序”或“形成文件的程序”。含有程序的文件可称为“程序文件”。

（14）作业指导书（work instructions）：有关如何实施和记录的详细描述。

1）作业指导书可以是形成文件的，也可以不形成文件。

2）作业指导书可以是详细的书面描述、流程图、图表、模型、在图样中的技术注释、规范、设备操作手册、图片、录像、检查清单，或这些方式的组合。作业指导书应对使用的任何材料、设备和文件进行描述。必要时，作业指导书还可包括接收准则。

（15）表格（form）：用于记录质量管理体系所要求的数据的文件。

当表格中填写了数据，表格就成了记录。

（16）文件（document）：信息及其承载媒介。

1）媒体可以是纸张，磁性的、电子的、光学的计算机盘片，照片或标准样品，或它们的组合。

2）一组文件，如若干个规范和记录，英文中通常被称为“documentation”。

3）某些要求（如易读的要求）与所有类型的文件有关，然而对规范（如修订受控的要求）和记录（如可检索的要求）可以有不同的要求。

（17）记录（record）：阐明所取得的结果或提供所完成活动的证据的文件。

1）记录可用于文件的可追溯性，并为验证、预防措施和纠正措施提供证据。

2）通常记录不需要控制版本。

（18）纠正措施（corrective action）：为消除已发现的不合格或其他不期望情况的原因所采取的措施。

1）一个不合格可以有若干个原因。

2）采取纠正措施是为了防止再发生，而采取预防措施是为了防止发生。

3）纠正和纠正措施是有区别的。

（19）纠正（correction）：为消除已发现的不合格所采取的措施。

1）纠正可连同纠正措施一起实施。

2）返工或降级可作为纠正的示例。

（20）预防措施（preventive action）：为消除潜在不合格或其他潜在不期望情况的原因所采取的措施。

1）一个潜在不合格可能有若干个原因。

2）采取预防措施是为了防止发生，而采取纠正措施是为了防止再发生。

四、法制计量

（1）法制计量（legal metrology）：为满足法定要求，由有资格的机构进行的涉及测量、测量单位、测量仪器、测量方法和测量结果的计量活动，它是计量学的一部分。

（2）计量保证（metrological assurance）：法制计量中用于保证测量结果可信性的所有法规、技术手段和必要的活动。

（3）法制计量控制（legal metrological control）：用于计量保证的全部法制计量活动。

法制计量控制通常包括测量仪器的法制控制、计量监督、计量鉴定。

（4）法定计量机构（service of legal metrology）：负责在法制计量领域实施法律或法规的机构。

法定计量机构可以是政府机构，也可以是国家授权的其他机构，其主要任务是执行法制计量控制。

（5）计量监督（metrological supervision）：为检查测量仪器是否遵守计量法律、法规要求并对测量仪器的制造、进口、安装、使用、维护和维修所实施的控制。

计量监督还包括对商品量和向社会提供公正数据的检测实验室的能力的监督。

（6）首次检定（initial verification）：对未被检定过的测量仪器进行的检定。

（7）后续检定（subsequent verification）：测量仪器在首次检定后的一种检定，包括强制周期检定和修理后检定。

(8) 检定证书 (verification certificate): 证明计量器具已经检定并符合相关法定要求的文件。

(9) 不合格通知书 (rejection notice): 说明计量器具不符合或不再符合相关法定要求的文件。

根据现行《计量法》，不合格通知书称为“检定结果通知书”。

(10) 计量标准考核 (examination of measurement standard): 由国家主管部门对计量标准测量能力的评定或利用该标准开展量值传递的资格的确认。

(11) 期间核查 (intermediate checks): 根据规定程序，为了确定计量标准、标准物质或其他测量仪器是否保持其原有状态而进行的操作。

(12) 计量检定规程 (regulation for metrdogy verification): 为评定计量器具的计量特性，规定了计量性能、法制计量控制要求、检定条件和检定方法以及检定周期等内容，并对计量器具做出合格与否的判定的计量技术法规。

(13) 计量确认 (metrology confirmation): 为确保测量设备处于满足预期使用要求的状态所需要的一组操作。

1) 计量确认通常包括: 校准和验证、各种必要的调整或维修及随后的再校准、与设备预期使用的计量要求的比较以及所要求的封印和标签。

2) 只有测量设备已被证实适合于预期使用并形成文件，计量确认才算完成。

3) 预期使用要求包括: 测量范围、分辨力、最大允许误差等。

4) 计量要求通常与产品要求不同，并不在产品要求中规定。

(14) 溯源等级图 (hierarchy scheme): 一种代表等级顺序的框图。用以表明测量仪器的计量特性与给定量的测量标准之间的关系。

溯源等级图是对给定量或给定类别的测量仪器所用比较链的一种说明，以此作为其溯源性的证据。

(15) 国家溯源等级图 (national hierarchy scheme): 在一个国家内，对给定量的测量仪器有效的一种溯源等级图，包括推荐 (或允许) 的比较方法或手段。

在我国，也称国家计量检定系统表。

第二节　法定计量单位

法定计量单位是政府以法令的形式，明确规定在全国范围内采用的计量单位。

国务院于 1984 年 2 月 27 日发布《国务院关于在我国统一实行法定计量单位的命令》，同时要求逐步废除非法定计量单位。1986 年 7 月 1 日施行的我国《计量法》明确规定，国家实行法定计量单位制度。这是统一我国单位制和量值的依据。

《计量法》规定: “国家采用国际单位制。国际单位制计量单位和国家选定的其他计量单位，为国家法定计量单位。” 这就是说，国际单位制是我国法定计量单位的主体，国际单位制若有变化，我国法定计量单位也将随之变化。

实行法定计量单位，对我国发展国民经济和文化教育事业、推动科学技术进步和扩大国际交流都有重要意义。

一、国际单位制

（一）国际单位制的特点

国际单位制（SI）是一贯制单位。由数字因数为1的基本单位幂的乘积来表示的导出计量单位，叫作一贯制单位，而SI的全部导出单位均为一贯制单位，从而使符合科学规律的量的方程与数值方程相一致。

SI是在科技发展中产生的，也将随着科技的发展而不断完善。由于结构合理、科学简明、方便实用，适用于众多科技领域和各行各业，可实现世界范围内计量单位的统一，因而获得了国际上的广泛承认和接受，成为科技、经济、文教、卫生等各界的共同语言。

（二）国际单位制的构成

国际单位制的构成如下：

国际单位制（SI）
- SI单位
  - SI基本单位（7个）
  - SI导出单位（其中21个具有专门名称）
- SI单位的倍数单位（10^{24} ~ 10^{-24}共20个）

1. SI基本单位

要建立一种计量单位制，首先要确定基本量，即约定在函数关系上彼此独立的量。SI选择了长度、质量、时间、电流、热力学温度、物质的量和发光强度7个基本量，并给基本量的计量单位规定了严格的定义。SI基本单位是SI的基础，其名称和符号见表2-1。

表2-1　国际单位制的基本单位

量的名称	单位名称	单位符号
长度	米	m
质量	千克（公斤）	kg
时间	秒	s
电流	安［培］	A
热力学温度	开［尔文］	K
物质的量	摩［尔］	mol
发光强度	坎［德拉］	cd

注：1. 圆括号中的名称，是它前面的名称的同义词。
2. 无方括号的量的名称与单位名称均为全称，方括号中的字在不致引起混淆、误解的情况下，可以省略，去掉方括号中的字即为其名称的简称。
3. 在日常生活和贸易中，质量习惯称为重量。

SI基本单位的定义如下：

（1）秒：当铯频率$\Delta\nu$（Cs），也就是铯-133原子不受干扰的基态超精细跃迁频率，以单位Hz即s^{-1}表示时，将固定数值取为9 192 631 770来定义秒。

（2）米：当真空中光速c以单位$m \cdot s^{-1}$表示时，将其固定数值取为299 792 458来定义米，其中秒用$\Delta\nu$（Cs）定义。

（3）千克：当普朗克常数h以$J \cdot s$即$kg \cdot m^2 \cdot s^{-1}$表示时，将其固定数值取为$6.626\,070\,15 \times 10^{-34}$来定义千克，其中米和秒用$c$和$\Delta\nu$（Cs）定义 。

（4）安培：当基本电荷e以单位C即$A \cdot s$表示时，将其固定数值取为$1.602\,176\,634 \times 10^{-19}$

来定义安培，其中秒用 $\Delta\nu$（Cs）定义。

（5）开尔文：当波尔兹曼常数 k 以 $J \cdot K^{-1}$ 即 $kg \cdot m^2 \cdot s^{-2} \cdot K^{-1}$ 表示时，将其固定数值取为 $1.380\ 649 \times 10^{-23}$ 来定义开尔文，其中千克、米和秒分别用 h、c 和 $\Delta\nu$（Cs）定义。

（6）摩尔：1mol 精确包含 $6.022\ 140\ 76 \times 10^{23}$ 个基本单元。该数称为阿佛加德罗数，为以单位 mol^{-1} 表示的阿佛加德罗常数 N_A 的固定数值。一个系统的物质的量，符号 n，是该系统包含的特定基本单位数的量度。基本单元可以是原子、分子、离子、电子及其他任意粒子或粒子的特定组合。

（7）坎德拉：当频率为 540×10^{12} Hz 的单色辐射的光效能 K_{cd} 以单位 $1m \cdot W^{-1}$ 即 $cd \cdot sr \cdot W^{-1}$ 或 $cd \cdot sr \cdot kg^{-1} \cdot m^{-2} \cdot s^3$ 表示时，将其固定数值取为 683 来定义坎德拉，其中千克、米和秒用 h、c 和 $\Delta\nu$（Cs）定义。

2. SI 导出单位

SI 导出单位是一贯制单位，通过数字因数为 1 的量的定义方程式由 SI 基本单位导出，并由 SI 基本单位以代数形式表示的单位。

为了读写和实际应用的方便，以及便于区分某些具有相同量纲和表达式的单位，国际计量大会通过了一些具有专门名称和符号的导出单位。初期仅选用了 19 个，后来将 2 个辅助单位的弧度和球面度也归入其中，致使具有专门名称和符号的 SI 导出单位达到了 21 个，见表 2-2。

表 2-2　包括 SI 辅助单位在内的具有专门名称的 SI 导出单位

量的名称	SI 导出单位		
	名称	符号	用 SI 基本单位和 SI 导出单位表示
[平面] 角	弧度	rad	1rad = 1m/m = 1
立体角	球面度	sr	$1sr = 1m^2/m^2 = 1$
频率	赫 [兹]	Hz	$1Hz = 1s^{-1}$
力	牛 [顿]	N	$1N = 1kg \cdot m/s^2$
压力，压强，应力	帕 [斯卡]	Pa	$1Pa = 1N/m^2$
能 [量]，功，热量	焦 [耳]	J	$1J = 1N \cdot m$
功率，辐 [射能] 通量	瓦 [特]	W	1W = 1J/s
电荷 [量]	库 [仑]	C	$1C = 1A \cdot s$
电压，电动势，电位，(电势)	伏 [特]	V	1V = 1W/A
电容	法 [拉]	F	1F = 1C/V
电阻	欧 [姆]	Ω	1Ω = 1V/A
电导	西 [门子]	S	$1S = 1\Omega^{-1}$
磁通 [量]	韦 [伯]	Wb	$1Wb = 1V \cdot s$
磁通 [量] 密度，磁感应强度	特 [斯拉]	T	$1T = 1Wb/m^2$
电感	亨 [利]	H	1H = 1Wb/A
摄氏温度	摄氏度	℃	1℃ = 1K
光通量	流 [明]	lm	$1lm = 1cd \cdot sr$
[光] 照度	勒 [克斯]	lx	$1lx = 1lm/m^2$
[放射性] 活度	贝可 [勒尔]	Bq	$1Bq = 1s^{-1}$
吸收剂量	戈 [瑞]	Gy	1Gy = 1J/kg
比授 [予] 能	戈 [瑞]	Gy	1Gy = 1J/kg
比释动能	戈 [瑞]	Gy	1Gy = 1J/kg
剂量当量	希 [沃特]	Sv	1Sv = 1J/kg

3. SI 词头

上述的 SI 单位，在实际应用中往往会令人感到许多不便。比如用千克来表示原子的质量太大，而用千克表示地球的质量又太小。于是便确定了一系列十进制的词头，以便构成十进倍数与分数单位，从而使单位相应地变大或变小，以满足不同的需要。目前已采用的 SI 词头共有 20 个，见表 2-3。

表 2-3　用于构成十进倍数和分数单位的 SI 词头

所表示的因数	词头名称	词头符号	所表示的因数	词头名称	词头符号
10^{24}	尧［它］	Y	10^{-1}	分	d
10^{21}	泽［它］	Z	10^{-2}	厘	c
10^{18}	艾［可萨］	E	10^{-3}	毫	m
10^{15}	拍［它］	P	10^{-6}	微	μ
10^{12}	太［拉］	T	10^{-9}	纳［诺］	n
10^{9}	吉［咖］	G	10^{-12}	皮［可］	p
10^{6}	兆	M	10^{-15}	飞［母托］	f
10^{3}	千	k	10^{-18}	阿［托］	a
10^{2}	百	h	10^{-21}	仄［普托］	z
10^{1}	十	da	10^{-24}	幺［科托］	y

注：1. 词头符号一律用正体；10^6 及其以上的词头符号用大写，其余皆用小写，词头不能无单位单独使用，必须与单位合用。

2. 方括号中的字，在不致引起混淆、误解的情况下，可以省略。去掉方括号中的字，即为其名称的简称。

4. SI 单位的十进倍数与分数单位

由 SI 词头加在 SI 单位之前构成的单位，称为 SI 单位的倍数单位（十进倍数单位与分数单位）。唯一的例外就是千克（kg），它是 SI 单位而不是 SI 单位的倍数单位，这是历史原因造成的；而质量的 SI 单位的倍数单位则是由“克”（g）前加 k 以外的词头构成。

二、我国法定计量单位

我国法定计量单位是以国际单位制的单位为基础，结合我国的实际情况，适当选用了一些其他单位构成的。

（一）我国法定计量单位的构成

我国法定计量单位的具体构成如下：

1）国际单位制的基本单位（表 2-1）。

2）国际单位制的辅助单位。

3）国际单位制中具有专门名称的导出单位（表 2-2）。

4）国家选定的非国际单位制单位（表 2-4）。

5）由以上单位构成的组合形式的单位。

6）由词头（表 2-3）和以上单位所构成的十进倍数和分数单位。

表 2-4 所列的我国选定的非国际单位制单位中，大多数是从国际计量委员会考虑到某些国家和领域的实际情况而公布的，可以与国际单位制并用或暂时保留与国际单位制并用的单位制中选取的，具有较好的国际适用性。

表 2-4　国家选定的非国际单位制单位

量的名称	单位名称	单位符号	换算关系和说明
时间	分 [小] 时 天（日）	min h d	1min = 60s 1h = 60min = 3600s 1d = 24h = 86400s
平面角	[角] 秒 [角] 分 度	(″) (′) (°)	1″ = (π/648000) rad (π 为圆周率) 1′ = 60″ = (π/10800) rad 1° = 60′ = (π/180) rad
旋转速度	转每分	r/min	1r/min = (1/60) s^{-1}
长度	海里	n mile	1n mile = 1852m (只用于航程)
速度	节	kn	1kn = 1n mile/h = (1852/3600) m/s (只用于航行)
质量	吨 原子质量单位	t u	1t = 10^3kg 1u≈1.660540 × 10^{-27}kg
体积	升	L，(l)	1L = 1dm^3 = $10^{-3}$$m^3$
能	电子伏	eV	1eV≈1.602177 × 10^{-19}J
级差	分贝	dB	
线密度	特 [克斯]	tex	1tex = 10^{-6}kg/m
面积	公顷	hm^2 (国际符号为 ha)	1hm^2 = $10^4$$m^2$

注：1. 周、日、年为一般常用时间单位。

2. [ ] 内的字，是在不致混淆的情况下，可以省略的字。

3. ( ) 内的字为前者的同义语。

4. 角度单位度、分、秒的符号不处于数字后时，用括号。

5. 升的符号中，小写字母 l 为备用符号。

（二）法定计量单位使用方法

法定计量单位的使用，需要严格按照原国家计量局颁布的《中华人民共和国法定计量单位使用方法》执行。

第三章　实验室管理体系与质量管理八项原则

第一节　管理体系基本概念

一、管理体系若干定义

（一）体系（系统）

体系是相互关联或相互作用的一组要素。

上述定义可以理解为：体系是由要素组成的。体系研究的要点：要素与要素、要素与体系、体系与环境间关系。

（二）管理体系

管理体系是建立方针和目标并实现这些目标的体系。

一个组织的管理体系可以根据专业领域的不同而包含若干个不同领域的管理体系（如实验室管理体系、质量管理体系、环境管理体系等），在 CNAS-CL01《检测和校准实验室能力认可准则》（以下简称《认可准则》）中对实验室管理体系解释为“控制实验室质量、行政和技术运作的管理体系”。

（三）质量管理体系

质量管理体系是在质量方面指挥和控制组织的管理体系。

如果以“体系”的定义来解读“质量管理体系”则可以表述为：在质量方面指挥和控制组织建立方针和目标并为实现这些目标而相互关联或相互作用的一组要素。

质量管理体系的要素是指对质量管理体系中所包含的过程或活动加以规范和控制。

由上述定义的解读中我们可以认为：质量管理体系就是为实现质量方针和目标，对其相互关联或相互作用的过程或活动的控制要求做出规定。

对质量管理体系而言，相互关联或相互作用可以归结为四个方面：组织结构、程序、过程和资源。综上所述，我们对质量管理体系可以理解为：建立质量方针、目标，并将相互关联或相互作用的组织结构、程序、过程、资源四方面，通过确定要素（规范各相关过程的控制方式）及合理配置资源等，对其进行系统的优化整合，使之成为相互协调的有机整体，为实施质量管理，实现质量方针和目标服务。

需要特别强调的是：《认可准则》1.4 条指出“本准则是 CNAS 对检测和校准实验室能力进行认可的依据，也可为实验室建立质量、行政和技术运作的管理体系，以及为实验室的客户、法定管理机构对实验室的能力进行确认或承认提供指南”，在其后的注中说明：“术语‘管理体系’在本准则中是指控制实验室运作的质量、行政和技术体系。”也就是说，准则不仅为实验室建立质量管理体系提供指导，还对实验室的行政管理体系和技术管理体系提出了要求。

在《认可准则》4.1.5e 中指出“（实验室应）确定实验室的组织和管理结构，其在母体组织中的地位，以及质量管理、技术运作和支持服务之间的关系。”也反映出准则所指为管理体系，而不局限于质量管理体系。

（四）组织结构

组织结构是某机构（单位）为实施其管理按一定格局设置的组织部门职责范围、隶属关系和相互关系。

组织结构是实施质量管理的组织保证，实验室组织要按其工作范围、工作方式、工作量、资源配置及要素的调协等情况设置自身的检测部门和管理职能部门，并明确各部门职能、权力和相互关系。

（五）程序

程序是为进行某项活动或过程所规定的途径。

所谓的“程序”就是组织为顺利开展某项活动而预先确定的流程和（或）方法。

程序可以形成文件，也可以不形成文件。当程序形成文件时，通常称为“书面程序”或“形成文件的程序”，含有程序的文件可称为程序文件。程序文件通常包含“5W1H”，即做何事（What）、为何做（Why）、何人做（Who）、何时做（When）、什么场合（情况）做（Where）、如何做（How），及对人、机、料、法、环的控制要求和记录要求等内容。

程序文件是质量管理体系文件组成部分，在管理体系文件中程序文件作为质量手册的支持性文件，因此程序文件要按质量手册中有关要素（一个或一组）所确定的原则加以展开描述。

（六）过程

过程是一组将输入转化为输出的相互作用的活动。

任何工作都是经历过程而完成，每通过一个过程输入转为过程输出均会发生变异或增值。组织为了使过程输出结果达到期望值，通常要对过程进行策划并使其在受控条件下运行。

一个过程通常包含若干相互关联的小过程，前一个小过程的输出即为下一个（或几个）小过程的输入，彼此间存在着关联性。

（七）资源

与实验室管理体系相关的资源包括：技术资源、物质资源、组织资源、人才资源、信息资源等。

资源是质量管理体系建立和实施的必要条件，管理体系中所涉及的各过程要得到期望的输出，就要对该过程所需的资源加以明确并合理配置。

二、质量方针、质量目标

（一）质量方针

由组织的最高管理者正式发布该组织总的质量宗旨和质量方向。其内容应包括三个承诺：良好职业行为的承诺、服务质量的承诺和持续改进管理体系的承诺，并为制定、评价质量目标提供框架。

质量方针的确立、发布是最高管理者履行“领导作用”的重要职责。通过质量方针的确立为组织明确质量管理体系的关注焦点，组织实验室全体员工按质量方针确定的方向持续改进，不懈追求质量上卓越，业绩上创新，以实现组织的质量承诺和顾客的期望。

1. 质量方针内容要求

《检测和校准实验室能力认可准则》（以下简称《认可准则》）中列出质量方针至少包括以下内容：

1）实验室管理者对良好职业行为和为客户提供检测和校准服务质量承诺。

2）管理者关于实验室服务标准的声明。

3）与质量有关的管理体系目的。

4）要求实验室所有与检测和校准有关的人员熟悉质量文件，并在工作中执行这些政策和程序。

5）实验室管理者对遵循本标准则持续改进管理体系有效性的承诺。

2. 质量方针在体系运行中的管理要求

（1）质量方针应以有效方式表述，《认可准则》中明确要求：与质量有关的政策，包括质量方针声明，应在质量手册中阐明。

（2）质量方针应在组织内有效沟通。实验室建立管理体系是为实现质量方针，而体系的建立和实施需要全体员工参与，为此组织应通过各种方式和途径向全体员工传达贯彻质量方针，要确保员工能正确理解其内涵，了解质量方针如何影响他们日常工作，要使每位员工明确自己在质量管理体系中的作用，明确自己的本职工作与组织的质量方针实现的关联性，明确如何为实现质量方针做出贡献。

最高管理者是质量方针策划者，他对质量方针在组织内传达贯彻承担主要责任，应亲自向员工解释说明质量方针的内涵和作用。

（3）质量方针应得到评审以确保其适宜性。实验室的管理体系总是处在内外环境变化之中，质量方针应随着环境变化（如外部政策法规的变更、服务市场变化、自身服务范围变化等）对其适宜性进行评审，以确保质量方针与时俱进。质量方针的评审通常在管理评审中进行。

（二）质量目标

质量目标是在质量方针和实验室战略策划的大框架下，实验室在质量方面所追求的目标。质量目标是总体目标的组成部分，总体目标是多层次的，包括财务目标、科技目标、人才目标、质量目标等。

质量方针是追求的方向，是一种管理概念的体现，可以是相对抽象的，质量方针需要通过质量目标的支撑来实现。质量目标则应是可实现、可测量、可超越的。质量目标的确定应有利实验室整体水平的提升和业绩的改进，要有前瞻性、可实现性。实验室最高管理者应依据质量方针制定适宜的质量目标，并将其分解到不同层级、不同部门。为保证总的质量目标的实现，部门目标宜高于总目标。

由于内、外环境的变化，实验室会对质量目标做出一些调整。实验室管理体系中通常给出 3 ~5 年的中长期质量目标。为了实现这一中长期质量目标，实验室还可以另外制定年度质量目标或阶段性质量目标。年度质量目标属短期目标，实验室应在年度计划中提出，在下次管理评审时对该质量目标的可完成性进行测算与评估，以利于全面质量改进工作的实现。

第二节 质量管理八项原则与《认可准则》的关系

为了成功地领导和运作一个组织，需要采用一种科学和系统的方式进行管理。质量管理八项原则是现代质量管理理论的精华，最高管理者能否将这些原则充分地运用在以《认可准则》为要求运作的组织中，将成为这个组织全面质量管理能否成功的关键。最高管理者应将质量管理的原则、理念、意识和价值观渗透到这个组织的各个层面。ISO 9000 质量管理体系标准中提出的质量管理八项原则，是主导质量管理体系要求的哲学思想，构成了质量管理知识体系的理论基础，每个实施质量管理体系的组织的各级人员，深入领悟质量管理八项原则对树立自身的质量管理理念、意识和价值观有着普遍意义。

一、以顾客为关注焦点

"组织依存于顾客。因此应当理解顾客当前和未来的需求，满足顾客要求并争取超越顾客期望。"

一个组织能否生存和发展的决定因素在顾客，顾客是接受产品或服务的组织或个人，若顾客不认可组织提供产品或服务，那该组织就失去继续存在的价值。所以任何一个组织都要树立起一个观念：组织的一切努力都应以直接使顾客满意为主要目标，而不以自身利益为主。组织应在理解并满足顾客需求（含潜在需求）的基础上去赢得广大顾客信赖，并从中获得自身发展空间。因此关注顾客的需求让顾客满意，得到顾客广泛信赖，是任何组织最起码的要求，也是所有管理原则中最基本的原则。

《认可准则》中有 13 个要素涉及与客户的关系，从以下五个方面体现"以顾客为关注焦点"的原则：

（1）保护客户机密信息和所有权，如标准中 4. 1. 5c、5. 8. 1 条。

（2）确保检测和校准服务质量，如标准中 4. 2. 2a、4. 2. 4、4. 5. 3、4. 9. 1、4. 14. 2 条。

（3）充分沟通，理解客户要求与期望，如标准中 4. 4. 1、4. 7. 2、4. 8、4. 15. 1、5. 8. 3 条。

（4）满足客户的要求，遵守与客户达成的协议。如标准中 5. 4. 2、5. 4. 4、5. 4. 5. 3、5. 7. 2、5. 10. 1、5. 10. 3. 1 条。

（5）在检测/校准工作的每一环节，维护客户的知情权。如标准中 4. 4. 4、4. 5. 2、4. 7. 1、5. 4. 2 条。

概括地说，《认可准则》条款中对"以顾客为关注焦点"原则体现在以下三方面：

（1）识别并理解顾客的需求和期望。

1）实验室可通过合同评审、走访客户、顾客满意度调查及对顾客投诉处理等活动了解顾客的需求，获取顾客的期望，并用于改进服务。

2）实验室应不断完善自身检测服务能力，建立严谨有效的质量控制制度为顾客及时提供准确可靠有效的检测结果。这也是顾客对实验室期望值的核心所在。

3）实验室要注重与顾客的沟通合作，尤其对大宗业务的客户要建立保持沟通的渠道。实验室应鼓励员工在技术方面与客户建立良好的沟通关系并在技术上给客户指导或建议。

（2）确保实验室质量方针、目标能体现以顾客的需求和期望为核心。

1）在《认可准则》中，对方针的内容要求包含实验室管理者对良好职业行为和为客户提供检测和校准服务的质量承诺，及实验室服务标准的声明。充分体现实验室的质量方针应以使顾客满意为主要目标。

2）此外《认可准则》在质量方针相关内容条款中指出："质量方针声明应当简明，可包括始终按照声明的方法和客户的要求来进行检测和/或校准的要求"。这就表明实验室资源配置、能力提升等都应该以顾客的需求（包括潜在需求）为取向，而不能被管理者主观意愿所左右。

（3）实验室应尊重、忠诚于顾客利益和所有权，及时、准确、全面地传递顾客的要求。《认可准则》条款中多次体现要有政策和程序保护顾客的机密和所有权，实验室管理层应教育员工：顾客提供的相关资料、样品及其检测的数据和结果所有权归属于客户，应得到保护。同时也指明最高管理者应将满足客户要求的重要性在组织内及时传递，如顾客对合同修改，对抽样程序偏离等相关信息要及时准确告知实验室相关人员。

除此以外还要求在整个检测过程要尊重顾客的意见，如方法选择、分包方选择等均要征得顾客同意，并且在检测过程中出现影响顾客利益的任何缺陷均要及时告知客户，如在检测过程中延误和偏离、对检测结果可能受到影响时均要通知顾客。

二、领导作用

"领导应确保组织的目的与方向一致。他们应当创造并保持良好的内部环境，使员工能充分参与实现组织目标的活动。"

领导者或最高管理层应找准组织发展的正确方向。并营造一种氛围带领全体员工为实现组织的愿景而不懈努力。在质量管理活动中，领导者应通过质量方针的宣传贯彻活动与全体员工充分沟通，使组织的质量宗旨和追求的目的能在全体员工中形成共识。只有认识上一致才能导致行动上共同。故领导者能否创造并保持良好的内部环境，是全员参与实现组织目标活动的前提。

要创造和保持使全体员工能够充分和顺畅地发挥作用的内部环境，良好的内部环境可能包括：充分考虑员工的需求，给每位员工在其职责范围内充分的授权，建立充分的信任感，使员工明确自身的工作对组织目标实现的重要性，并能自主地发挥才干。除此之外，领导还需为员工的能力提升提供机会，为员工参与体系的改进营造氛围。总之，领导者有责任构建一个平台，让全体员工通过这一平台在实现组织目的的同时也能使员工自身的价值得以实现。

《认可准则》条款中也多处体现"领导作用"原则。该标准中要求最高管理者要确定质量方针并为质量方针的实现，建立、实施和持续改进管理体系。要求在质量方针中应包含为客户提供检测和校准的质量承诺和实验室服务标准的声明，以及要求通过多种形式传递质量意图，让全体职员熟悉并执行质量文件等。

标准中明确提出最高管理者应确保在实验室内部建立沟通机制，并就确保与管理体系有效性事宜进行沟通。

该标准中还要求最高管理者定期按程序组织管理评审以确保管理体系持续适用和有效。

三、全员参与

“各级人员都是组织之本，唯有充分参与才能使他们为组织的利益发挥才干。”

这个原则与上述“领导作用”原则是相互关联的，在质量管理活动中，不能只靠最高管理者发挥作用，还需要每个员工参与。全员参与是现代管理的重要特性。实验室检测结果的质量是通过实验室各层次人员参与检测过程产生的，可以说结果质量是否满足顾客要求很大程度上取决于各级人员质量意识、能力和主动精神，故全员参与质量管理是实验保证检测质量的必要条件。为此实验室最高管理者应为全员参与构筑一个平台，营造一个氛围，让每个员工的才干得到充分发挥。除此之外，体系改进也需要员工的参与，员工对体系中各过程接触最多，了解最详细，所以对体系中各过程改进需求也最有发言权。为此全员参与是质量改进的必要条件。

在《认可准则》中明确提出：“确保实验室人员理解他们活动的相互关系和重要性，以及如何为管理体系质量目标的实现做出贡献。”

四、过程方法

“将活动和相关资源作为过程进行管理，可以更高效地得到期望的结果。”

一个组织通过系统地识别和管理组织所应用的过程，特别是过程间相互作用的方法，以得到期望的结果，称为过程方法。

应该将过程方法视为提高组织在实现既定目标方面有效性和效率的一种重要的管理方法。实验室可采用过程方法来建立和实施管理体系，使其检测服务质量满足顾客的需要。为此实验室要在确定方针目标的基础上，应用过程方法去识别系统内所涉及的各个过程，确定每个过程中影响输出的因素和控制方式，明确过程之间的相互作用，以及对这些过程进行管理。

（一）过程确定、过程管理

应用过程方法通常包括过程确定和过程管理两个方面。

（1）过程确定。实验室首先要结合管理宗旨和顾客要求及法律法规要求确定方针目标；随后确定实现方针目标所需的过程，每个过程所含若干小过程（阶段）的顺序及相互关系[通常上个过程的输出直接形成下一个（或几个）过程的输入]，以及管理体系所需（涉及）过程间的相互关联性及相互作用。确定负责过程的部门或岗位以及所需的文件。

（2）过程管理。实验室应对所确定的各个过程实施管理。首先应对影响输出结果的因素（如过程中活动、所涉及资源）进行确认，随后对过程中影响输出结果的活动确定控制方法，加以管理，以获得期望的输出。除此以外还应对输出结果规定监控和检查方法（要求）并按规定方法对过程及结果实施监控和检查。任何一个过程由输入转为输出均会产生增值或变异，即输入和输出在实质上有差异，正是这个差异使输出结果具有可检查性或测量性。对于检查结果是否达到原先设定的期望值，要对检查结果进行分析，并有识别改进的机会。

“过程方法”是一项管理原则，实验室在应用过程方法建立质量管理体系时，应与自身的实际相结合，才会在管理上见成效。

(二) 应用过程方法建立质量管理体系的关注事项

(1) 要对各个过程的输出期望做出明确的要求。

(2) 所确定的各个过程的增值都应是总的目标实现的一个组成部分。

(3) 过程的输出与期望值相符，体系运行结果才能达到期望的程度。

(4) 通过对过程的监控和检查不断改进过程。

(三) PDCA 方法

PDCA 方法，是确定、实施、监控和测量、分析和改进过程的一种有效工具。

1) 策划 (P)：做什么，怎么做。

2) 实施 (D)：按计划做好各项工作。

3) 检查 (C)：检查是否按计划进行。

4) 处置 (A)：按检查结果分析采取措施改进过程。

PDCA 方法如图 3-1 所示，是一项按顺序循环的动态方法，每通过一个循环对过程的绩效推进一步，以螺旋式递进方式不断改进过程的绩效。实验室各部门在按总目标确定部门目标的前提下，均可使用 PDCA 方法来实现自身的工作目标及提升部门工作业绩。

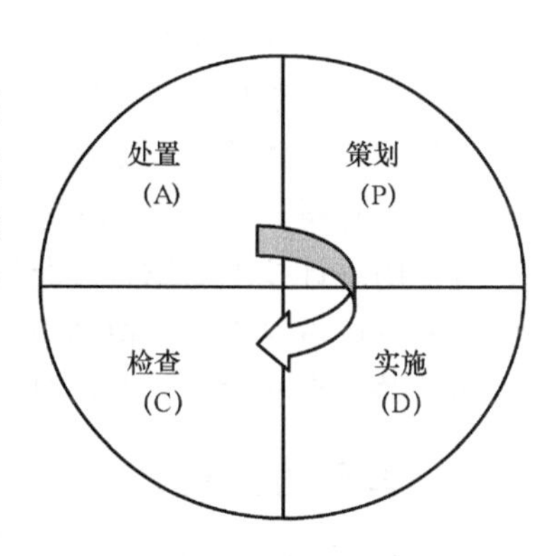

图 3-1 PDCA 方法

五、管理的系统方法

“将相互关联的过程作为体系来看待，理解和管理，有助于组织提高实现目标的有效性和效率。”

实验室要获得所需的检测、校准结果，均要经过复杂相互关联的过程才能实现，因此这些过程运行状况将直接或间接影响能否达到预期的结果，故需要对影响结果的所有过程进行有效控制，而工作过程又往往涉及若干部门、许多岗位、各类资源、相关制度等。所以要对相互关联的过程进行有效控制，就必须对这些过程所涉及的方方面面提出系统的要求。“系统”就是指将实验室中为实现目标所涉及的相互关联的过程整合成为相互协调的有机整体。

构成实验室管理体系的要素是过程，所以对实验室质量管理体系相互关联的过程予以识别、理解和管理可以帮助提高实验室目标的实现。

过程方法和系统方法是十分“密切”的两个原则。过程方法管理是以获得过程输出期望值为目的，对过程中涉及的各项活动作为控制的对象，而管理系统方法是以总体结果达到所需的程度为目的，对系统内涉及的过程进行系统整合协调来实现总体优化。可以说过程方法是管理系统方法的基础，而且二者研究对象都涉及过程，故都可以采用 PDCA 循环方法不断推进绩效的提升。

六、持续改进

“持续改进总体业绩应当是组织的永恒目标。”

持续改进原则中主要的概念是“持续”，实验室处在不断变化充满活力的环境中，因此对结果的期望值也必然是在不断提升的，这就意味着为达到期望值，实验室的一切改进活动都没有终点。所以实验室必须建立一种持续改进机制，不断提升自身的适应力和竞争力，以适应环境变化要求，改进实验室整体业绩，让所有相关方都满意。

《认可准则》中要求“实验室应通过实施质量方针和质量目标，应用审核结果、数据分析、纠正措施和预防措施以及管理评审来持续改进管理体系的有效性”。为此实验室最高管理者应营造一种氛围，促进每位员工在本职岗位上去主动识别检测过程及管理体系运行中需改进的需求，并对其采取改进的措施。使实验室管理体系能够在各个层面积极地适应环境的变化，实现更高更好的绩效。

七、基于事实的决策方法

“有效决策建立在数据和信息分析的基础上。”

决策过程的输入是信息和数据，足够的信息和可靠的数据是正确决策的基础，对决策过程不同方案的选择，又是考虑多因素后权衡、比较的结果。质量管理体系中采取的监视和测量活动就是获取数据和信息的方法，而后对采集到的数据和信息进行汇总分析作为决策的输入。只有这样才能使各项质量管理活动从事实情况出发，做出实事求是的决策。

在《认可准则》中要求实验室对所得到检测数据应以便于发现趋势的方式记录，如可行，应采用统计技术对结果进行审查。并希望采用能力验证、实验室间比对、利用不同和相同的方法进行重复检测、留样再检测、对样品不同特性的相关性评价等质控方式，获得改进检测的相关信息和数据，并用其不断提升检测结果质量的可靠性。

八、与供方互利关系

“组织与供方相互依存，互利的关系可增强双方创造价值的能力。”

供需双方关系不应该是简单的供与需的关系，而应是合作伙伴、利益的共同体，要通过合作获得双赢。

任何实验室都有其仪器设备、消耗材料供应商、校准服务机构、分包实验室、教育培训机构等合作机构。这些合作方产品和服务将为实验室结果质量提供支持或保障，同时随实验室服务面的扩大也增加了供应商和合作方为实验室提供服务机会，故建立互信互利的关系，双方均可获益。

实验室应用“互利的供方关系”原则对供应商、分包方、服务机构等进行评价选择，权衡短期利益和长期利益，确立与供方或合作方合作互利关系，与其共享专门技术和资源，营造清晰和开放的沟通渠道，为双方提升创造价值的能力。

第三节　实验室管理体系建立与运行

《认可准则》中提出实验室应建立、实施和保持与其活动范围相适应的管理体系，并将其形成文件。

实验室在建立、实施和保持其管理体系时，应用“过程方法”和“管理的系统方法”。通过体系的建立，确定管理体系所需的过程及这些过程的相互作用，对过程中所涉及的各项质量活动规定方法并通过合理划分职能落实所需的资源等活动，使这些过程输出的期望值得以实现。体系运行时应实施必要的监视和测量（适用时）并将其监视和测量结果用于过程有效性分析，借机对管理体系及检测/校准实施必要的改进。

一、管理体系建立

体系建立过程包括六个阶段（小过程）如图3-2所示：《认可准则》学习培训——确定质量方针与目标—体系要素的选择和确定—机构设置和职能分配—管理体系文件编制—管理体系试运行。

（一）《认可准则》学习培训

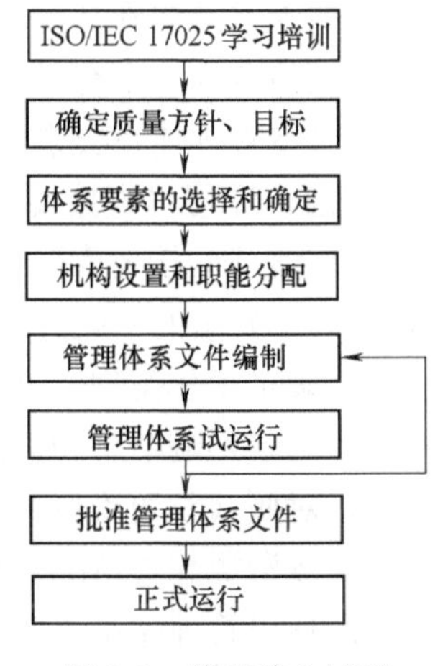

图3-2　体系建立过程

实验室要遵循ISO/IEC 17025建立与自身活动范围、工作量、资源配置等情况相适应的管理体系，首先就必须抓好《认可准则》学习培训。培训应事先策划，形成计划、认真执行。在该阶段要做到：

1. 正确理解《认可准则》内涵，明确《认可准则》要求

1）对《认可准则》进行全面、系统、准确宣贯。

2）管理者要通过学习培训树立以标准为依据，建立健全管理体系的信心，并引导全体人员参与管理体系建立。

3）通过学习培训，对照实验室现有情况，明确现行管理状况的不足和差距。

2. 全员培训

1）全体人员都要经过《认可准则》培训，培训的程度可以按在管理体系中所履行职责分层次进行。

2）要选用合适的教材进行培训，不可采用其他机构的管理体系文件作为教材。

3）培训应讲效果，切忌敷衍了事，要对培训有效性进行评价。

（二）确定质量方针、目标

这阶段是最高管理者决策阶段，最高管理者通过《认可准则》学习培训，树立起进一步提升自身所领导的实验室检测和校准服务质量的决心。并以质量方针的方式，对实验室应遵循的质量宗旨，应树立的质量理念及质量追求的方向等做出正式权威的表述。

最高管理者在明确质量方针前提下，确定预期目标。质量方针是通过质量目标支撑来实现的，为此质量目标应体现可测性、挑战性及可实现性。通常质量目标可分为两类：一类是突破性目标，如实验室获取认可，与国际上著名实验室互认等；另一类为实现性目标（或称为量化目标），如报告的差错率、报告质量事故率、报告及时率等。为了对质量目标实现情况进行评价（管理评审中），实验室尚要明确各项量化目标的考评方法和评价制度。

最高管理者确定的质量方针、目标，要通过全体员工共同努力将其实现。为此最高管理者除了正式颁布质量方针、目标外，更重要的是向员工说明质量方针、目标中所包含的质量管理理念、质量宗旨、质量意识及追求的质量目标。最高管理者应通过适当方式与员工沟通，使管理者的意图、决心被广大员工理解认同，令员工自觉地将其作为日常行动的指南和争取的目标。

（三）体系要素的选择和确定

在质量方针和目标确定后，实验室应建立实现质量方针和目标的管理体系。在建立体系

过程中可应用过程方法去识别系统（体系）内所涉及的各过程，确定每个过程中影响检测结果的因素和控制方式，明确过程之间的相互作用，通过优化整合理顺过程间的相互关联性，并对其进行管理。

实验室影响检测结果质量的过程包含检测结果实现过程、资源保障过程、检测和技术应用过程及质量管理过程等。选择和确定要素，就是确定管理体系中所涉及的各过程对结果产生影响的因素及明确其控制方式，并通过管理系统方法理顺这些过程的相互关联性和衔接关系，将其整合为一个有机整体并加以管理。

实验室管理体系要素可分为两类：一类是对检测结果实现过程所涉及的直接活动（过程）控制，称谓“直接要素”。另一类是检测过程以外，间接影响结果质量的活动（过程）控制，称谓“间接要素”。实验室通过分别确定直接要素和间接要素方式，对体系要素进行确定。确定要素的一般过程如下：

1）确定工作类型、范围、工作量、服务方式等。

2）确定影响结果相关过程及关键活动。

3）对照《认可准则》明确直接和间接要素及控制要求。

4）按资源配置情况及自身管理状况确定上述要素的控制方式。

5）列出管理体系要素。

需要说明的是，对《认可准则》中的某些要求，如果实验室不涉及此类活动（抽样、分包等）时，可以不采用相关条款。

确定要素时应考虑如下因素：

1）要符合《认可准则》要求。

2）要适合自身工作特点。

3）要适合自身检测服务的能力及资源配置情况。

4）要符合法律的相关要求。

（四）机构设置和职能分配

合理设置组织机构是落实各项要素管理职能的前提，实验室的最高管理者应按实验室自身情况（工作范围、资源状况等）及实现方针目标的需要，设置相应的管理部门和检测、校准部门。明确各部门在各要素管理中所承担的职责、赋予权力及与相关部门关系。在分配部门职责时要做到对各要素管理中所涉及的各类职能（执行、配合、监控）等逐一落实，不能造成空缺。

分配落实各部门履行要素职责是管理体系优化的重要过程。要考虑下列几点：

1）要考虑履行职责所采用方式，以求达到最少环节最佳效果。

2）要考虑到总体协调平衡，要上下纵横多次协调，达到总体优化的分配方式。

部门职能分配可以通过职能分配表方式来明确，以隶属于某研究所有独立建制的非独立法人实验室为例，其管理体系职责分配表见表3-1。

（五）管理体系文件编制

实验室最高管理层应按《认可准则》要求，根据自身情况编制管理体系文件，忌照抄其他实验室体系文件，要做到“量体裁衣”。

表 3-1　某研究所实验室管理体系职责分配表

要素	内容	实验室主任	技术负责人	质量负责人	管理办公室	校准室	环境试验室	产品检测室	所办公室	人力资源部	综合保障部	采购供应部	财务部	档案中心
4.1	组织	●			▲					○				
4.2	管理体系	○	○	●	▲									
4.3	文件控制		○	●	▲	○	○	○	○					○
4.4	要求、标书和合同评审		●	○	▲	○	○	○					○	
4.5	校准/检测的分包		●	▲	○									
4.6	服务和供应品的采购		●	○	▲							○	○	
4.7	服务客户	●	○	○	▲	○	○	○	○					
4.8	投诉		▲	●	○	○	○	○						
4.9	不符合检测和/或校准工作的控制		▲	●	○	○	○	○						
4.10	改进	●	▲	▲	○	○	○	○						
4.11	纠正措施		▲	●	▲	○	○	○						
4.12	预防措施		▲	●	▲	○	○	○						
4.13	记录的控制		●	▲	○	○	○	○						○
4.14	内部审核		○	●	▲	○	○	○						
4.15	管理评审	●	○	○	▲	○	○	○						
5.1	总则		●	○	▲	○	○	○						
5.2	人员	●	▲	○	○	○	○	○		○				
5.3	设施和环境条件		●		▲	○	○	○			○			
5.4	检测和校准方法及方法的确认		●		▲	○	○	○						
5.5	设备		●		▲	○	○	○			○			
5.6	测量溯源性		●		▲	○	○	○						
5.7	抽样		●		▲		○	○						
5.8	检测和校准物品（样品）的处置		●		▲	○	○	○						
5.9	检测和校准结果质量的保证		●	▲	○	○	○	○						
5.10	结果报告		●	▲	○	○	○	○						○

注：1. 表项中●为主管领导，▲为协办领导或负责部门，○为执行和配合部门。
2. 法人单位的相关管理部门（表中楷体部分）只履行配合职能。

在管理体系文件编制过程中，首先应由管理者亲自组织制定管理体系文件编制计划，计划包含下列内容：

1）确定体系文件层次。

2）确定质量手册章节目录（按要素和职能分配确定）。

3）明确各要素管理原则及控制关键点。

4）明确需要展开和延伸的程序文件目录。

5）明确各类文件编写格式，统一各类文件编写要求。

6）明确各类文件间的衔接方式。

7）对各类文件的标识做出规定。

8）明确各类文件编写、校核及审批的职责。

9）明确文件编写分工。

在文件编写时实验室可对原先各类管理文件（规章、制度、程序、检测作业指导书等）进行一次审理，将以往行之有效并符合“标准”要求部分加以保留，这样可以使管理工作有连贯性，也有利于贯彻执行。

各类文件编写完成后，按规定程序进行校核、审批，并作为管理体系试运行的依据。

（六）管理体系试运行

1. 运行前的准备

1）新体系文件已经充分宣贯，全体人员已基本熟悉和了解并能方便取得。

2）机构和人员调整方案已确定，各类人员的任命书正式下达。

3）所有部门对自己的质量职能和履行职能的相关程序已明确（特别是同原运行方式有异部分）。

4）履行职能的必要资源已配备或调整到位。

5）新的体系文件已按发放要求发放，旧文件已收回并作废。

6）所有体系运行和检测工作所需的记录表单均按文件要求正式编制。

2. 体系试运行

新体系试运行是管理体系变更的开始，也是管理体系完善发展新阶段的开始，试运行效果将直接影响新管理体系的建立、健全和有效运行。

（1）要设立临时工作班子，赋予足够的权力和权威地位，履行好督促、检查、协调的职能，以保证试运行工作全面实施。为此应编制详细可行的新旧管理体系过渡期的工作计划。

1）明确过渡期各项工作顺序，相互关系。

2）明确各项工作内容和时限。

3）明确实施计划的职责（包括组织、协调、督促、检查等），督促各部门按计划执行。

4）过渡期工作计划要尽量做到所用时间最短，影响日常工作最少的目的。

（2）试运行工作关注点。

1）落实新设立机构或岗位的质量职能。

2）按时推进新工作程序和新工作流程。

3）及时协调和理顺新规定中涉及的接口关系。

4）及时回收旧体系文件，严禁新旧体系文件混杂使用。

5）做好运行信息的收集分析、传递、反馈、处理工作。

6）对试运行中暴露出的体系设计问题（不适用、衔接不畅、不周全等），要及时协调、改进。

7）及时修改、补充完善体系文件，做好记录并保存。

（3）体系试运行评价。新体系试运行阶段要注重对新体系有效性的评价工作，这是补充、完善体系的重要环节。通过内部审核和管理评审进行全要素评价，每次评价过程均应对下列几点做出明确的结论：

1）过程是否被确定？过程涉及的程序是否已形成适当的文件？

2）过程是否充分展开，并按文件要求贯彻实施？

3）过程输出是否已达到预期结果，是否有效？

（4）试运行阶段内部审核应符合性和适用性相结合，要鼓励全体人员参与，积极反映他们在实施过程中发现的问题。这是试运行阶段审核的特点和要点，该阶段审核应重点关注以下内容：

1）质量方针和目标是否适合可行？

2）质量要素选择是否充分合理？相关质量活动是否有相应的程序加以规范，是否适用可行？

3）各个过程和各部门接口关系是否明确？

4）各项新程序、新流程是否被员工接受并执行？

5）各项质量活动和作业的记录是否能满足见证要求？

（5）试运行阶段管理评审。

1）最高管理者要在试运行阶段全要素审核的基础上组织一次管理评审。

2）对新建体系管理评审的输入提出明确的要求，并在管理评审会上对输入进行全面分析，做出新体系适宜性可行性的评价。

3）在分析评价的基础上做出有关进一步改进和（或）正式投入运行的指令。

二、管理体系运行

管理体系文件是体系运行的依据和体系建立的凭证，但对实验室管理体系而言至关重要的是体系能否有效运行。

（一）管理体系有效运行的证据

（1）所有的过程及这些过程的相互作用已被确定。

（2）这些过程均按已确定程序和方法运行，并处于受控状态。

（3）管理体系通过组织协调、质量监控、体系审核和管理评审以及验证等方式进行自我完善和自我发展，具备预防和纠正质量缺陷的能力，使管理体系处于持续改进不断完善的良好状态。

（二）管理体系运行中的关键工作

（1）树立依据准则不断增强建立优秀实验室的信心和机制。

（2）建立监控机制，保证检测/校准的有效性。

（3）要创建全员参与的氛围，共同为实现质量方针目标做出贡献。

（4）加强纠正措施、预防措施的落实，认真开展审核和评审活动，持续改进，不断改善体系运行水平。

（5）努力采用新技术，拓展新项目，提升检测校准能力，适应社会和市场发展需要。

（6）树立良好职业行为，不断增强服务客户意识，向社会兑现自身的服务承诺。

（7）加强质量考核，促进各项质量职能落实。

第四章　实验室量值溯源

第一节　计量溯源性

一、计量及其溯源性

计量是为实现单位统一和量值准确可靠，而进行的科技、法制和管理活动。准确性、一致性、溯源性及法制性，是计量工作的基本特点。

准确性是指测量结果与被测量真值的一致程度。由于实际上不存在完全准确无误的测量，因此在给出量值的同时，必须给出适应于应用目的或实际需要的不确定度或误差范围。否则，所进行的测量的品质就无从判断，量值也就不具备充分的实用价值。所谓量值的准确，即是在一定的不确定度、误差极限或允许误差范围内的准确。

一致性是指在统一计量单位的基础上，无论在何时、何地，采用何种方法，使用何种计量器具，以及由何人测量，只要符合有关的要求，其测量结果就应在给定的区间内一致。否则，计量将失去其社会意义。计量的一致性，不仅适用于国内，而且也适用于国际。在科技、经济和社会迅速发展的今天，国际交流与合作日益加强，国际贸易不断扩大，计量在国际上的一致性尤显重要。

溯源性是指测量结果或测量标准的值，能够通过一条具有规定不确定度的连续比较链，与测量基准联系起来。这种特性使所有的同种量值，都可以按这条比较链通过校准向测量的源头追溯，也就是溯源到同一个测量基准（国家基准或国际基准），从而使准确性和一致性得到技术保证。否则，量值出于多源，必然会在技术上和管理上造成混乱。

所谓“量值溯源”，是指自下而上通过连续的校准而构成溯源体系；而“量值传递”，则是自上而下通过逐级检定而构成检定系统。

法制性来自于计量的社会性，因为量值的准确可靠不仅依赖于科学技术手段，还要有相应的法律、法规和行政管理。特别是对国计民生有明显影响，涉及公众利益和可持续发展或需要特殊信任的领域，如贸易结算、安全防护、环境监测、医疗卫生，必须由政府主导建立起法制保障。否则，量值的准确性、一致性及溯源性就不可能实现，计量的作用也难以发挥。

计量溯源性是指通过文件规定的不间断的校准链，将测量结果与参照对象联系起来的特性。校准链中的每项校准均会引入测量不确定度。

参照对象的技术规范必须包括在建立等级序列时所使用该参照对象的时间，以及关于该参照对象的任何计量信息，例如在这个校准等级序列中进行第一次校准的时间。定义中的参照对象可以是实际实现的测量单位的定义，或包括无序量测量单位的测量程序或测量标准。计量溯源性要求建立校准等级序列。

对于在测量模型中具有一个以上输入量的测量，每个输入量本身应该是经过计量溯源的，并且校准等级序列可形成一个分支结构或网络。为每个输入量建立计量溯源性所做的努力应与对测量结果的贡献相适应。

测量结果的计量溯源性不能保证测量不确定度满足给定的目的，也不能保证不发生错误。国际实验室认可合作组织（ILAC）认为确认计量溯源性的要素是向国际测量标准或国家测量标准的不间断的溯源链、文件规定的测量不确定度、文件规定的测量程序、认可的技术能力、向 SI 的计量溯源性以及校准间隔。

“溯源性”有时是指“计量溯源性”，有时也用于其他概念，诸如“样品可追溯性”“文件可追溯性”或“仪器可追溯性”等，其含义是指某项目的历程（轨迹）。所以，当有产生混淆的风险时，最好使用全称“计量溯源性”。

向测量单位的计量溯源性是指参照对象是实际实现的测量单位定义时的计量溯源性。“向 SI 的溯源性”是指溯源到国际单位制测量单位的计量溯源性。

计量溯源链（简称溯源链）是指用于将测量结果与参照对象联系起来的测量标准和校准的次序。计量溯源链是通过校准等级关系规定的，用于建立测量结果的计量溯源性。如果两个测量标准的比较用于检查，必要时用于对量值进行修正，以及对其中一个测量标准赋予测量不确定度时，测量标准间的比较可看作一种校准。两台测量标准之间的比较，如果用于对其中一台测量标准进行核查以及必要时修正量值并给出测量不确定度，则可视为一次校准。

二、计量与测量

计量（metrology）是“实现单位统一、量值准确可靠的活动。”计量曾经被定义为“实现单位统一和量值可靠的测量”，而目前的定义不再把计量单纯地理解为某种特定量的测量，而把测量操作活动以外的其他活动，如法制活动、管理活动等也包括在计量范畴之内。

计量的定义反映了计量的本质特征——国家计量单位制度的统一和全国量值的准确可靠，这是我国计量立法的基本点，明确了计量工作的目的和基本任务。

计量工作就是为经济有效地满足社会对测量的需要而进行的一项法制、技术和管理方面的有组织的活动。

在 JJF 1001—2011《通用计量术语及定义》中，测量（measurement）是指“通过实验获得并可合理赋予某量一个或多个量值的过程。”它可以是一个简单的徒手动作或半自动操作，如称体重、量体温或量血压等，对测量准确度要求不高；也可以是一组复杂的科学实验过程。

测量意味着量的比较，并包括实体的计数。其先决条件是对测量结果预期用途相适应的量的描述、测量程序以及根据规定测量程序（包括测量条件）进行操作的经校准的测量系统，目的在于赋予量值，这是测量的核心内涵，也是有别于其他操作的本质特征。

由此可见，计量属于测量的范畴，是被测量的单位量值在允差范围内溯源到基本单位的一种特殊形式的测量。实现测量的统一，即要求在一定准确度内对一物体在不同地点达到其测量结果的一致。计量的本质特征是测量，但其测量的对象不是一般产品，而是具有某一准确度等级和要求的被测物。在技术管理和法制管理的要求上，计量高于一般的测量。实际上，科技、经济和社会越发展，对单位统一、量值溯源的要求越高，计量的作用也就越显重要。

三、计量标准与参考测量标准

在 JJF 1033—2008《计量标准考核规范》中，计量标准是指“具有确定的量值和相关联的测量不确定度，实现给定量定义的参照对象”，JF 1033—2016《计量标准考核规范》所指的计量标准约定由计量标准器具及配套设备组成。

在 JJF 1001—2011《通用计量术语及定义》中，计量标准被定义为一种测量标准（measurement standard，etalon），而测量标准是“具有确定的量值和相关联的测量不确定度，实现给定量定义的参照对象。”测量标准经常作为参照对象，用于为其他同类量确定量值及其测量不确定度。

在我国，测量标准按其用途分为计量基准（national standard）和计量标准。计量基准又称国家计量基准，是“经国家权威机构承认，在一个国家或经济体内作为同类量的其他测量标准定值依据的测量标准。”实物量具、有证标准物质或标准溶液都属于测量标准。

计量标准是一种实物（硬件），在计量领域，计量标准有时也简称为“标准”；但通常所说的“标准”往往是指书面的标准文件（软件），例如国际标准、国家标准、地方标准等。

《认可准则》5.6.3.1 条提及的参考测量标准（reference- measurement standard），在 JJF 1001—2011《通用计量术语及定义》中定义为“在给定组织或给定地区内指定用于校准或检定同类量其他测量标准的测量标准”，简称参考标准（reference standard）。在我国，这类标准在某地区或组织中通常称为最高计量标准。

国际测量标准（international measurement standard）是“由国际协议签约方承认的并在世界范围使用的测量标准”；国家测量标准（national measurement standard）简称国家标准，在我国称计量基准或国家计量标准，是“经国家权威机构承认，在一个国家或经济体内作为同类量的其他测量标准定值依据的测量标准”；社会公用计量标准（measurement standard for social use）是“在社会上实施计量监督时具有公证作用、作为统一本地区量值依据的测量标准。”在处理计量纠纷时，社会公用计量标准仲裁检定后的数据可以作为仲裁依据，具有法律效力。国际测量标准、国家测量标准、社会公用计量标准都属于参考标准。

与参考标准相对应，工作测量标准（working measurement standard）是“用于日常校准或检定测量仪器或测量系统的测量标准”，简称工作标准（working standard）。工作测量标准通常用参考测量标准校准或检定。

四、全球测量的一致性与国家测量标准的互认

1998 年国际计量委员会（Comite international des poids et mesures，简称 CIPM）向米制公约组织做了题为《国家与国际对于计量的需求：国际合作与国际计量局的作用》的报告，报告中对能力验证与溯源对于保证测量一致性的作用作了阐述。

图 4-1 为两个国家或经济体的溯源等级图，即检测实验室使用的检测设备或计量标准溯源至校准实验室，校准实验室使用的校准设备或计量标准溯源至国家计量院的计量标准或工作基准，直至国家计量基准。

为检查或验证这种纵向溯源路径的有效性和连续性，区域实验室认可合作组织，如亚太实验室认可合作组织（The Asia Pacific Laboratory Accreditation Cooperation，简称 APLAC）、欧洲认可合作组织（European Co- operation for Accreditation，简称 EA）必须对该区域内国家或经济体进行校准实验室间的横向比对和检测实验室间的能力验证。通常所说的能力验证，包括了校准实验室间的比对和检测实验室间的能力验证，比对是通过对测量结果的量值的比较来评价实验室的校准能力，能力验证则通过对实验室检测结果的分析对其能力予以确认。由于校准仅仅是对测量仪器计量特性的确认，实验室是否具有相应的校准能力还需通过比对得以确认。

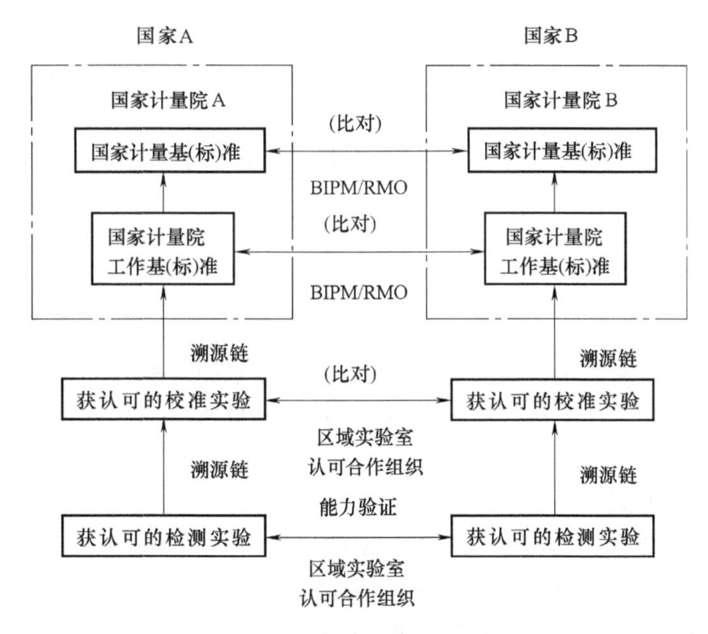

图4-1　通过国际计量局（BIPM）、区域计量组织（RMO）和区域实验室认可合作组织（如APLAC、EA等）横向核查处于不同溯源等级的实验室间的测量等效性

由于能力验证与溯源在保证测量一致性中的地位与作用不同，因此不能相互替代。但是当量值难以或无法溯源时，参加适当的实验室间比对可增强人们对测量一致性的信任，由国际计量局（Bureau international des poids et mesures，简称BIPM）或区域计量组织（Regional Metrology Organizations，RMO）组织实施的国家计量院（National Metrology Institutes，简称NMI）计量基准的比对即属于这一情形，关键项的比对为国家计量院出具的校准证书提供了互认基础。

为提供对国家计量院复现的国际单位制单位进行国际互认的牢固技术基础，减少由于缺乏溯源性和等效度而引起的贸易技术壁垒，支持国际实验室认可合作组织（The International Laboratory Accreditation Cooperation，简称ILAC）的互认协议，国际计量委员会草拟了《国家测量标准互认和国家计量院签发的校准及测量证书互认协议》（Mutual Recognition Arrangement of the CIPM，简称CIPM MRA)，该协议提供一个框架，让参与的国家计量院彼此承认对方测量标准的等效度及其校准及测量证书的有效性。

国家测量标准的等效度及其有关电学、时间及频率、温度、长度、质量及相关量等的校准和测量能力（Calibration and Measurement Capabilities，简称CMC）刊载于国际计量局关键比对数据库（The BIPM Key Comparison Database，简称KCDB)，作为国际计量委员会互认协议的附件B及C，并获国际认可。协议于1999年10月14日在米制公约成员国国家计量院院长会议上签署。根据这一协议，印有国际计量委员会互认协议标志的校准证书获签署国国家计量院及相关机构的认可。

国际计量委员会衡量国家计量院能力的标准有三条：

1）参加国际比对并获得等效结果。

2）建立符合国际标准的质量管理体系，接受和参加国际同行评审，以验证质量管理的水平和有效性。

3）积极参加区域计量组织（RMO）的活动并有能力主导特定的技术活动。

第二节　量值传递与量值溯源

一、量值传递

（一）定义

量值传递是指通过对测量仪器的校准或检定，将国家测量标准所实现的单位量值通过各等级的测量标准传递到工作测量仪器的活动，以保证测量所得的量值准确一致，是一种自上而下的强制过程。

（二）量值传递方式

量值传递方式主要有：实物计量标准、发放标准物质、发播标准信号、发布标准（参考）数据、计量保证方案（MAP）进行量值传递。

目前，用“实物标准”进行逐级量值传递是量值传递的主要方式，而对于运输不便的大型计量器具，一般由上级计量技术机构派出计量检定人员携带计量标准器具到现场进行检定。这种方式往往花费较大的人力物力，有时检定合格的计量器具由于受到运输过程中的振动、撞击和受潮等因素的影响，到工作现场后可能已丧失了原有的计量性能。

针对这些问题，世界各国的计量技术机构开始研究新的量值传递方式，以解决大型计量器具的量值传递问题。美国国家标准局（NBS）于20世纪70年代初，在某些计量领域中提出了通过传递标准全面考核的“计量保证方案”（Measurement Assurance Program）即MAP法进行量值传递。MAP法采用闭环传递方式，先由国家计量部门对特定的传递标准进行检定/校准，然后将其送到地方计量部门进行检定/校准，传递标准返回国家计量部门后再做检定/校准，并分别将国家计量部门与地方计量部门的检定/校准数据，运用数理统计的方法进行分析比较，同时出具检定/校准报告，定量地给出检定/校准过程的总测量不确定度。MAP法既能反映检定/校准过程的随机误差，也能反映出系统误差。

二、量值溯源

（一）定义

量值溯源是通过具有规定不确定度的不间断比较链，使测量结果或测量标准的量值与规定的参考标准，通常是国家测量标准或国际测量标准联系起来。量值溯源是量值传递的逆过程，是自下而上的自发过程。

（二）溯源等级图

溯源等级图是一种代表等级顺序的框图，用以表明测量仪器的计量特性与给定量的测量标准之间的关系。溯源等级图是对给定量或给定类别的测量仪器所用比较链的一种说明，以此作为其溯源性的证据。

国家溯源等级图是指在一个国家内，对给定量的测量仪器有效的一种溯源等级图，包括推荐（或允许）的比较方法或手段。在我国，也称国家计量检定系统表。它是国务院计量行政部门，为了规定量值传递程序而编制的法定技术文件，其目的是保证单位量值由国家基准经过各级计量标准，准确可靠地传递到工作计量器具。国家计量检定系统表规定了从国家计量基准到工作计量器具的各级传递关系，测量方法和仪器设备，以及国家基准和各级计量标准的计量性能。量值传递和量值溯源的具体工作，除了依据相应专业的有关技术规范外，都必须遵循国家检定系统表中各专业的量值传递和量值溯源等级图。

在校准实验室通常采用量值溯源等级图，如图4-2所示。

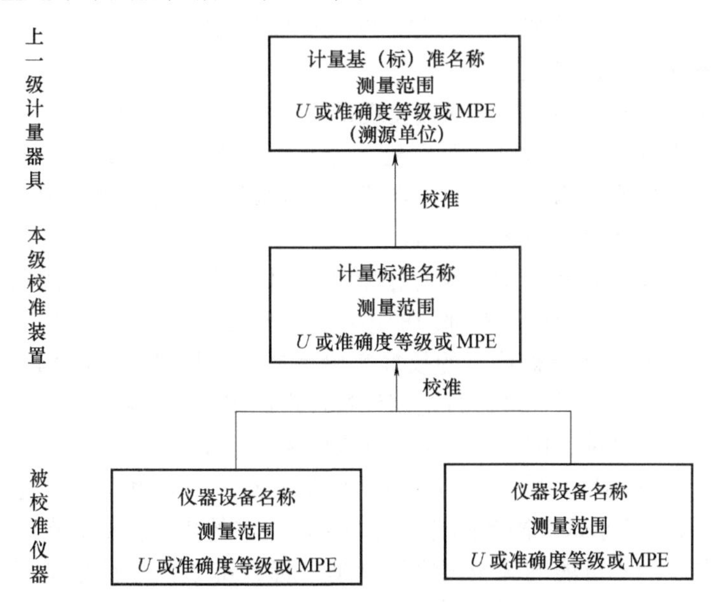

图4-2　校准实验室通常采用的量值溯源等级图

U—扩展不确定度。

MPE—准确度等级或最大允许误差。

（三）量值溯源/传递的实现途径

实现量值溯源的途径主要有以下六种：

（1）依据计量法规建立的内部最高计量标准即参考标准，通过校准实验室或法定计量检定机构所建立的适当等级的计量标准的校准或定期检定，实现量值溯源/传递。

（2）工作计量器具送至被认可的校准实验室或法定计量检定机构，通过使用相应等级的社会公用计量标准进行定期计量检定或校准实现量值溯源/传递。

（3）工作计量器具，需要时，按照国家量值溯源体系的要求，溯源至本部门本行业的最高计量标准，进而溯源至国家计量基准（或标准）。

（4）必要时，工作计量器具的量值可直接溯源至工作基准、国家副计量基准或国家计量基准。

（5）当使用标准物质进行测量时，只要可能，标准物质必须追溯至SI单位或有证标准物质。

（6）当不可能溯源至国家计量基标准或国家计量标准不适用时，则应溯源至公认实物标准或通过比对、能力验证等途径提供证明。

1）使用有资格的供应商提供的有证标准物质来给出材料的可靠物理或化学特性。

例如，长度线宽标准样板国际上多采用美国标准与技术研究院（NIST）提供的有证线宽样板。在我国，有证标准物质可向中国计量科学研究院等标准物质提供者（RMP）求购。

2）使用描述清晰并被有关各方接受的规定方法和/或标准。

例如，材料硬度目前尚不能严格溯源到国际单位制（SI），其计量溯源性来自各国同行接受的一致的测量方法。由于经各方商定，是包容、妥协的产物，各方的测量结果理应“合群”，为此，有必要参加实验室间比对，以便及时发现是否“离群”。

（四）实验室量值溯源的实现

实验室可以通过多种途径直接或间接实现量值溯源，主要包括：

（1）对外开展校准服务的校准实验室建立的最高计量标准（参考标准），应通过使用校准实验室或法定计量检定机构所建立的适当等级的计量标准的定期检定或校准，确保量值溯源至国家计量基（标）准或国际测量标准。

（2）实验室建立的其他等级的计量标准和工作计量器具，应当按照国家量值溯源体系的要求，将量值溯源至本单位或者本部门的最高计量标准（即参考标准），进而溯源至国家计量基（标）准；也可以送至被认可的校准实验室或法定计量检定机构，通过使用相应等级的计量标准或社会公用计量标准进行定期计量检定或校准实现量值溯源；必要时，还可以将量值直接溯源至工作基准、国家副计量基准或国家计量基准。

（3）当实验室使用标准物质进行测量时，只要可能，标准物质必须追溯至SI测量单位或有证标准物质，CNAS承认经国务院计量行政部门批准的机构提供的有证标准物质。

需要强调的是，当不可能溯源至国家计量基（标）准或国际计量基（标）准或这些基（标）准不适用时，则应溯源至公认实物标准，或通过比对试验、参加能力验证等途径，证明其测量结果与同类实验室的一致性。

第三节　检定和校准

一、检定和校准的联系与区别

测量仪器的检定又称计量器具的检定，简称计量检定或检定，是指查明和确认测量仪器符合法定要求的活动，包括检查、加标记和/或出具检定证书。校准是指在规定条件下的一组操作，其第一步是确定由测量标准提供的量值与相应示值之间的关系，第二步则是用此信息确定由示值获得测量结果的关系，这里测量标准提供的量值与相应示值都具有测量不确定度。

（一）检定和校准的联系

（1）检定和校准都是测量仪器特性的评定形式，是确保仪器示值正确的两种最重要的方式。

（2）检定和校准都是实现单位统一、量值准确可靠的活动，即都属于计量范畴。

（3）在大多数情况下，两者是按照相同的测量程序进行的。

（二）检定和校准的区别

1. 法制性

无论强制检定和非强制检定，都属于法制检定，属法制计量管理范畴的执法行为，执行人员应取得计量行政部门颁发的检定员证，收费执行国家规定。而校准无法制性要求，它是客户的自愿行为，服务范围、服务费用以双方协议形式确定。

2. 符合性

检定必须依据检定规程（JJG），检定机构需对被检器具做出合格与否的结论，根据检定规程给出有效期。校准依据校准规范（JJF）、校准方法或双方认同的其他技术文件，可以是技术规则、规范或客户要求，也可以由校准机构自行制定，校准主要是确定示值、示值误差及其不确定度，一般不需做出符合性声明，而是由仪器的使用者评价其是否符合预期要求。

3. 溯源性

从保证量值准确一致的方式上，检定是自上而下地将国家计量基（标）准所复现的量值逐级传递给各级计量标准直至工作计量器具，严格执行国家检定系统表和检定规程。校准是自下而上地将量值溯源到国家基准，可以越级，可根据需要选择提供溯源服务的实验室、溯源时间和方式。

4. 开展项目

检定包含定性试验和定量试验两部分内容，是对测量仪器计量特性及技术要求符合性的全面评定。校准一般仅涉及定量试验，只评定示值误差。

5. 结果报告

检定出具检定证书或不合格通知书，校准通常发给校准证书。检定证书上需要提供测量仪器所满足的准确度等级或最大允许误差，一般不给出测量结果的不确定度。为了对所得测量结果的正确性提供量化的声明，校准证书上需要通过计量溯源性提供测量不确定度，以使客户建立对校准所得结果的可信度。

综上所述，校准和检定的区别主要如下：

（1）性质不同。校准不具有法制性，是企事业单位自愿的溯源行为，而检定具有法制性，属计量管理范畴的执法行为。

（2）内容不同。校准主要确定测量设备的示值误差或给出修正值，检定则是对其计量特性和技术要求符合性的全面评定。

（3）依据不同。校准依据的是校准规范/方法，检定依据检定规程。

（4）结果不同。校准通常不判断测量设备合格与否（由于客户千差万别，同一设备用在不同场合，计量要求就不同，校准机构无法按统一要求进行合格性判定），若客户明确使用目的和计量要求时，也可确定某一特性是否符合预期要求。检定则必须做出合格与否的结论。

（5）证书不同。校准结果出具校准证书/报告，一般不给出校准周期，故不考虑校准对象性能今后可能产生的变化，该变化由客户自己考虑。检定结果若合格，则出具检定证书，给出检定周期，故不确定度要包括有效期可能产生的变化对检定结果的影响。

检定合格的设备不一定适用于用户特定的检测/校准项目的要求，检定不合格的设备有时可降级使用，这取决于对检测/校准项目的要求（测量范围、准确度等）。实验室在送校/

送检时，应明确哪些参数应校准，关键量或值应制定校准计划。校准机构在接受任务时，也应问清客户的需求。校准完成后，实验室应对校准结果进行审查，确定设备是否满足要求，必要时应考虑修正值/修正因子。

二、需要校准的设备类别

《认可准则》5.6.1 条中规定："用于检测和/或校准的对检测、校准和抽样结果的准确性或有效性有显著影响的所有设备，包括辅助测量设备（例如用于测量环境条件的设备），在投入使用前应进行校准。实验室应制定设备校准的计划和程序。"

对检测/校准结果产生直接影响的测量设备（例如数据显示设备，用于得出检测/校准结果）和有重要影响的测量设备（例如某些高稳电源），应进行严格的校准。其中，有的测量设备还要进行期间核查。对应用于检测的，当测量设备校准所带来的贡献对扩展不确定度几乎没有影响时，在符合法制计量管理要求的前提下，可以不校准。

三、设备校准计划的制定

《认可准则》5.5.2 条规定："对结果有重要影响的仪器的关键量或值，应制定校准计划。"实验室测量设备量值溯源方式主要分检定、校准两类。对于强制检定的测量设备，应列入检定计划；当无法溯源到国家计量基准时，可采用实验室间比对或参加能力验证；其他测量设备应制定校准计划。

在制定计划时，首先列出用于检测/校准的所有设备，包括对检测、校准和抽样结果的准确性或有效性有显著影响的辅助测量设备（例如某些用于测量环境条件的设备）清单，以确保这些设备在投入使用前都进行校准或核查。然后按照检定、校准、比对三种方式对测量设备进行识别，编制下面三类计划。

1）设备送检计划：列出送检设备（强制检定计量器具必须纳入）、检定机构（应为法定计量检定机构）、检定周期、最近检定日期、下次检定日期等。

2）设备校准计划：列出校准设备、校准机构（选择通过认可的实验室或国家法定计量检定机构）、校准间隔、最近校准日期、下次校准日期等。

3）设备比对计划：列出比对设备名称、比对实验室、上次比对时间、计划比对时间、比对报告出具时间。

计划还应包括设备放置地点、设备使用人、制表人、制表日期、批准人及批准日期等。在选择检定/校准机构时，尤其要关注该机构是否具有所开展项目的能力。一是该项目是否已通过法定计量检定机构授权考核或通过国家实验室认可；二是其测量不确定度是否满足被校测量设备的准确度要求。实验室可通过严密的测量不确定度分析，按照满足"校准或比较链"规定的要求选择校准机构，可以是国家标准和国际基准。如果溯源到其他国家的校准机构，宜选择直接参与或通过区域组织积极参与国际计量局（BIPM）框架下，签署 MRA（互认协议）并能证明可追溯至 SI 的国家或经济体，或是 APLAC、ILAC 多边承认协议成员所认可的校准实验室。

四、《认可准则》中"投入使用前"与"使用前"的异同

《认可准则》5.5.2 条中的"投入使用前"是指测量设备购入验收后首次服役前，而

“使用前”是指测量设备验收合格并在有效期内每次使用前。《认可准则》5.5.2条中规定“设备（包括用于抽样的设备）在投入使用前应进行校准或核查，以证实其能够满足实验室的规范要求和相应的标准规范。”即要求测量设备在第一次使用前有量值要求的必须进行校准，没有量值要求的则要核查，根据校准数据和核查结果确认是否满足订货合同或设计要求，如果设备制造商提供校准证书就直接核查是否满足合同或设计要求，确保其能满足预期使用要求。

“设备在使用前应进行核查和/或校准”强调的是使用前核查，通过检查、调零、调整、自校准等方式确认其技术性能是否符合预期使用要求。设备在每次使用前先核查其是否正常，如不正常，待维修后经校准符合要求后才能使用，如果是带自校准的设备，要进行自校准。核查应有记录。

五、自校准与内部校准

（一）自校准

自校准（self-calibration）一般是利用测量设备自带的校准程序或功能（比如智能仪器的开机自校准程序）或设备厂商提供的没有溯源证书的标准样品进行的校准活动，通常情况下，其不是有效的量值溯源活动，但特殊领域另有规定的除外。

（二）内部校准

内部校准是在实验室或其所在组织内部实施的，使用自有的设施和测量标准，为实现测量设备的量值溯源而实施的校准。内部校准的结果仅用于内部需要。

根据CNAS-CL01-G004《内部校准要求》，内部校准有如下要求：

1）实施内部校准的人员，应经过相关计量知识、校准技能等必要的培训、考核合格并持证或经授权。

2）实验室实施内部校准的校准环境、设施应满足校准方法的要求。

3）实施内部校准应按照校准方法要求配置和使用参考标准和/或标准物质（计量标准）以及辅助设备，其量值溯源应满足《认可准则》第5.6条“测量溯源性”和CNAS-CL01-G002《测量结果的量值溯源性要求》的要求。

4）实施内部校准应优先采用标准方法，当没有标准方法时，可以使用自编方法、测量设备制造商推荐的方法等非标方法。使用外部非标方法时应转化为实验室文件。非标方法使用前应经过确认。

5）内部校准活动应满足CNAS对校准领域测量不确定度的要求。

6）内部校准的校准证书可以简化，或不出具校准证书，但校准记录的内容应符合校准方法和认可准则的要求。

7）实验室的质量控制程序、质量监督计划应覆盖内部校准活动。

8）相关法规规定属于强制检定管理的计量器具，应按规定检定。

六、检测实验室对溯源的特定要求

检测项目的测量溯源性与对校准的要求基本相同，检测实验室的特定要求只适用于具有测量功能的测量和检测设备。

所谓具有测量功能的检测设备是指仅判断“过”或“不过”、“合格”或“不合格”的检测设备，例如检测孔径用的“止规”和“通规”。所谓具有测量功能的测量设备是指负责监测某一相关参数（“辅助”参数）以保证另一参数（主参数）能准确地测量的“辅助”测量设备，如电动机功率输出检测中要有负责监测电压的电压表，才能给出在稳定于某一电压值下的电流-输出功率曲线，我们主要是测量电动机的电流-输出功率曲线，此时，电压表控制试验条件，即为“具有测量功能的测量设备”。

由于检测的多样性，检测要求差别大。在符合法制计量管理要求的前提下，充分考虑需要与可能、经济与合理，实事求是地按照每个检测项目测量不确定度分析结果，依据设备校准分量对扩展不确定度贡献的大小，来衡量其设备校准溯源要求是比较合理的。对测量准确度要求高的检测项目，设备校准占据着扩展不确定度主要分量时，设备应严格遵循校准要求；若设备校准所带来的贡献对检测结果的扩展不确定度几乎没有影响时，则实验室只要保证所用设备能满足检测工作需要即可，不一定要校准。

实验室应对那些经证实其校准带来的贡献对检测结果的扩展不确定度几乎没有影响的设备一一开列清单，保留检测结果测量不确定度报告作为证明材料，并附上“该设备无须再校准即可满足某项检测工作的测量不确定度要求”的分析报告、审核记录和批准证明。如果此项目检测结果非常重要，则最好能提供实验室之间比对结果作为佐证。

在检测实验室中，测量无法溯源到国际单位制（SI）基准，或与之无关时，要求测量能够追溯到有证标准物质或约定方法和/或协议标准。例如，钢铁中各种成分的标准样块，可以是各有关方面（或国际）约定的方法和/或协议标准。再如，布料的耐磨性检测中规定用多少粒度的砂轮，在多大重物的压力下来回摩擦，并约定多少次不能被磨破为合格，否则为不合格等。

七、校准时间间隔的确定

校准时间间隔取决于测量风险和经济因素，即测量仪器在使用中超出最大允许误差的风险应当尽量小，而年度的校准费用应当最少，换言之，使风险和费用两者的平衡达到最佳。在确定测量仪器校准间隔时，一般需要考虑：

1）相关计量检定规程对检定周期的规定。

2）在进行形式批准时有关部门的要求或建议。

3）制造厂商的要求或建议。

4）使用的频繁程度。

5）维护和使用的记录。

6）磨损和漂移量的趋势。

7）环境的严酷度及其影响（如腐蚀、灰尘、振动、频繁运输和粗暴操作）。

8）追求的测量准确度。

9）期间核查和功能检查的有效性和可靠性。

为便于确定校准间隔，实验室可绘制测量仪器随时间变化的曲线图。在符合法制计量管理要求的前提下，实验室可以根据测量设备的特性和使用情况、测量设备的可靠性指标（R）[一般取 $R(t) \geqslant 90\%$]，结合实验室所涉及专业领域工作的特点，本着科学、经济和量值准确的原则，逐台确定校准周期。校准间隔不是固定不变的，应根据历次校准合格情况，参考 JJF 1139—2005《计量器具检定周期确定原则和方法》进行适当调整（延长或缩短）。

由于实验室相同规格型号的测量仪器有限，给统计分析带来困难，因此目前广泛采用固定的校准间隔。例如，对检定的测量仪器，按检定证书确定检定周期；对校准的测量仪器，若给出建议下次校准时间，则一般遵循其建议，若校准证书未给出建议，该测量仪器有相应检定规程的，按检定规程确定，若无相应检定规程的，则参照同类仪器。这种方法操作方便，但当怀疑存在异常时，应及时调整周期。

第四节　期间核查

一、期间核查及其目的

期间核查（intermediate check）是指为保持设备校准状态的可信度，而对设备示值（或其修正值或修正因子）在规定的时间间隔内是否保持其规定的最大允许误差或扩展不确定度或准确度等级的一种核查。也就是说，期间核查实质上是核查设备示值的系统误差，或者说核查系统效应对设备示值的影响，其目的与方法同 JJF 1033—2016《计量标准考核规范》中所述的稳定性考核是相似的。期间核查的对象是测量设备，具体包括参考标准、基准、传递标准或工作标准、标准物质（参考物质）、测量仪器、辅助设备等，也通常简称为设备。

期间核查的目的是保持设备校准状态的可信度。这里的“保持”与时间有关，所以期间核查必须确定保持的时间间隔；而“校准状态”是指“示值误差”“修正值”或“修正因子”等校准结果的状态。该状态的“可信度”则意味着某个“尺度”，用它对校准状态进行分析、比较和判断。而这个尺度就是其示值的最大允许误差或扩展不确定度或准确度等级/级别。从理论上说，只要可能，实验室应对其所用的每台设备进行期间核查并保存相关记录。但针对不同设备，其核查方法/方式、频次可以不一样。

二、测量设备与计量标准的期间核查

《认可准则》5.5.10 条规定：“当需要利用期间核查以保持设备校准状态的可信度时，应按照规定的程序进行。”而 5.6.3.3 条规定“应根据规定的程序和日程对参考标准、基准、传递标准或工作标准以及标准物质（参考物质）进行核查，以保持其校准状态的置信度。”可见两者是有所不同的。

测量设备的期间核查是在“需要时”才做的，通常可以根据其使用的频繁程度来决定核查的频次。而计量标准的期间核查是必须要做的，核查对象通常是用于量值传递或量值溯源的基准、参考标准、工作标准、标准物质等。

三、期间核查设备的选择

通常对下列测量设备应重点考虑期间核查。

1）使用频次高的。

2）使用环境严酷或环境条件变化剧烈的。

3）测量数据易变的。

4）其他：诸如测量数据具有重要意义或涉及重大经济利益的；新投入使用或对其稳定性尚未全面掌握的。

四、期间核查的实施

《认可准则》5.6.1 条规定："实验室应制定设备校准的计划"，该条款的注中说明"该计划应当包含一个对测量标准、用作测量标准的标准物质（参考物质）以及用于检测和校准的测量与检测设备进行选择、使用、校准、核查、控制和维护的系统。"

实验室应从自身的资源和能力、设备稳定性和使用条件以及管理活动的成本和风险等因素考虑，确定核查的对象、方法和频率。期间核查不是再校准，不需对设备的所有参数和全部测量范围进行核查，一般只对关键参数和常用测点进行。

（1）核查设备的关键参数，对多功能设备则选择基本参数。例如，对数字多用表，由于电阻由直流电压和直流电流导出，交流电压/电流通过积分转换为直流电压/电流，因此核查直流电压和电流即可。

（2）对设备的基本测量范围和常用测点进行核查。例如，对数字多用表，由于其内部基准电压为10V，恒流源的直流电流为1mA，可核查10V直流电压和1mA直流电流两个点。又如，电子天平通常配备100mg的砝码，可选择100mg这个点进行核查。必要时可选择多点进行。

五、标准物质的期间核查

在JJF 1001—2011中，标准物质被定义为"具有足够均匀和稳定的特定特性的物质，其特性被证实适用于测量中或标称特性检查中的预期用途。"《认可准则》5.6.3.3 条规定"应根据规定的程序和日程对参考标准、基准、传递标准或工作标准以及标准物质（参考物质）进行核查，以保持其校准状态的置信度。"由此可见，标准物质需要进行核查。

标准物质分有证标准物质和非有证标准物质。有证标准物质是附有证书的标准物质，其一种或多种特性值用建立了溯源性的程序确定，使之可溯源到准确复现的表示该特性值的测量单位，证书上给出的每个特性值都附有不确定度和溯源性。非有证标准物质是指未经国家行政管理部门审批备案的标准物质，包括参考（标准）物质、质控样品、校准物、自行配置的标准溶液、标准气体等。

对于有证标准物质，核查其是否在有效期内、是否按照其证书要求进行储存，以确保该标准物质的量值为证书所提供的量值。若发现上述情况出现了偏差，实验室则应对标准物质的特性量值进行重新验证，以确认其是否发生了变化。

对于非有证标准物质的期间核查，可采用下面两种方法：

1）定期用有证标准物质对其特性量值进行期间核查。

2）若实验室无法获得适当的有证标准物质，可考虑实验室间比对、送有资质的校准机构进行校准、测试近期参加过能力验证结果满意的样品、检测具有足够稳定的不确定度与被核查对象相近的实验室质量控制样品以及交接批次试验等方式进行期间核查。

有关详细的实验室期间核查的理解实施与现场评审要求请参见本书第十章。

第五章　实验室内部审核和管理评审

第一节　审核及审核类型

一、质量审核概述

（一）质量审核概念

确定质量活动和有关结果是否符合计划的安排，以及这些安排是否有效地实施并适合于达到预定目标的有系统的、独立的检查。

（二）质量审核的对象

质量审核一般用于质量体系或要素、过程、产品或服务的审核，相应称之为“质量体系审核”“产品质量审核”和“服务质量审核”。质量审核应由与被审核领域无直接责任的人员来实施。

（三）质量审核检查的三个方面

符合性：检查质量活动及其有关结果是否符合计划的安排。

有效性：安排是否被有效贯彻。

达标性：贯彻的结果是否达到预期的目标。

注意：上述三个方面是一个整体，构成一次完整的审核，只审核任何一个方面都不能得出正确的审核结论。

二、审核分类

审核一般有三种分类方法，即按审核方分类法、审核对象分类法和审核范围分类法。

（一）按审核方分类

第一方审核（内部审核），由实验室的职工实施或由委任的顾问实施，常为一系列的阶段审核，有时很难做到客观。

第二方审核，由主要顾客实施。一般不支付费用，有计划但一般不事前通知，审核范围严格限制在与顾客的合同要求有关的质量体系、运作和程序方面，由于供需的关系可能会不够客观。

第三方审核，由独立的机构，通常是认可机构来实施，费用和支出由被审核方支付。审核是全面的、客观的，是由有能力和资格的审核员进行的审核，可能不满足某些客户的特定要求。

（二）按审核对象分类

体系审核，通过检查质量体系来评价满足目标的有效性和满足顾客要求的有效性。

过程或程序审核，检查规定的方法能否持续实施。

产品或服务审核，评价产品或服务是否符合规定的标准或要求。

（三）按审核范围分类

全部审核：覆盖全部要素和所有部门的审核。

部分审核：只审核部分要素和部分部门。

三、审核依据

第一方审核时，依据准则、体系文件、检验范围内的技术标准等。

第二方审核时，依据准则、体系文件、审核方所需的特殊技术要求。

第三方审核时，依据准则、体系文件、认可范围内的技术标准、认可规则。

第二节　实验室管理体系内部审核

内部审核简称内审。《认可准则》要求：“实验室应根据预定的日程表和程序定期对其活动进行内部审核，以验证其运作持续符合管理体系和本标准要求。”为此，实验室应通过内部审核活动对管理体系符合性和有效性进行系统的全要素评价，通过对自身的质量方针、程序和相关要求的满足程度的评价，来识别管理体系薄弱环节和潜在的改进机会。

实验管理者应重视内部审核整改整个实施过程，通过内部审核可以验证实验室管理体系是否符合《认可准则》要求、实验室自身管理体系要求及实验室开展的检测和校准作业是否符合相应方法和规程的要求。同时，通过内部审核可以确认管理体系是否得到有效的实施和维持。内部审核可以及时发现管理体系运行中（包括检测和校准技术作业）存在的或潜在的不合格（不符合），实验室可以第一时间采取相应的预防纠正措施，以进一步提高管理体系的符合性和有效性。

一、内审方案策划

（一）质量负责人职责

《认可准则》中规定：“质量主管负责按日程表的要求和管理层的需要策划和组织内部审核。”这意味着实验室质量负责人要对审核方案的策划、组织及实施负有全面的职责。为此实验室最高管理者应授权质量负责人对审核方案实施管理。包括对审核方案的策划、实施及对审核方案实施监视和评审三个阶段的管理职责。其具体职责如下：

1）确定审核的目的、审核的范围与程度。

2）确定职责、程序及资源提供。

3）确保方案的实施。

4）确保保持适当的审核的记录。

5）监视、评审和改进审核方案。

（二）审核程序

实验室应制定文件化的审核程序，明确规定策划审核、实施审核、报告审核以及保存记录方面的职责、要求和方法。按实验室自身实际情况确定具体的实施审核的方法和模式。

（三）审核方案

由审核方案定义中可以认识到审核方案包括在一定时间段（《认可准则》中提出审核周期通常为一年）实验室组织的所有的审核策划、组织和实施活动。其实质就是在一个审核周期内的审核活动及对审核活动的管理。审核方案的相关内容可能分散地体现在不同文件和记录中。其中也包括审核预定日程表的年度审核计划。

（四）审核方案策划

实验室应根据管理体系实施运行的具体情况和运行的特点对审核时机、频率和审核方案进行策划。可以在一年内进行一次全要素审核，也可以在一年内进行多次滚动审核；滚动审核可能对某些要素多次进行审核，但不能放弃某些要素的审核，也要满足全要素审核要求。策划时应重点关注管理体系中的重要过程和区域。如实现检测/校准结果过程，质量监控过程，设备保障管理，持续改进相关活动实施情况等。总之方案要优先考虑产生缺陷或问题较大的过程和区域，以及以往审核中容易出问题或不符合的过程和区域，将其列为审核的重点。通过审核及时发现列出不符合项并采取纠正/纠正措施以确保管理体系持续符合要求。

审核方案除上述内容外还应考虑审核的依据、目的、范围和选择能力合适的审核人员。可能的话，审核人员应独立于被审核活动。

二、内审实施

（一）内审时间

《认可准则》要求质量负责人按照日程表和管理层的需要策划组织内审。这已表明了内审除按年度审核方案中日程表审核外，实验室尚可按管理层需要在定期审核之外安排有针对性的内审。其中也包括对相关区域（部门）、要素进行附加审核。

（二）内审实施过程

内审流程图如图 5-1 所示。

1. 计划日程表和管理层需要

由质量负责人在年初编年度内部审核方案，明确审核目的、依据、范围、审核方式、审核日程及审核人员等。除此外，当管理层需要时还需策划年度计划外的审核，如附加审核等。

2. 组建内审的审核组

按每次内审范围（部门要素）选聘组长和组员。审核人员应经培训并符合相应规定的资格；可能时，应独立于被审核方。

3. 制定内审实施计划

内审实施计划由审核组长编制，征求审核方意见后交质量负责人批准。

审核实施计划由审核组长编制

内审实施计划内容包括审核目的、范围（要素、部门）、依据，审核组成员及分工，日程安排，审核重点，编制人，批准人和分发范围。

4. 审核准备

（1）审查管理体系文件。在现场审核前进行管理体系文件评审，以确定管理体系文件与《认可准则》的符合性。文件评审中发现不合格，应告知质量负责人进行必要修改或补

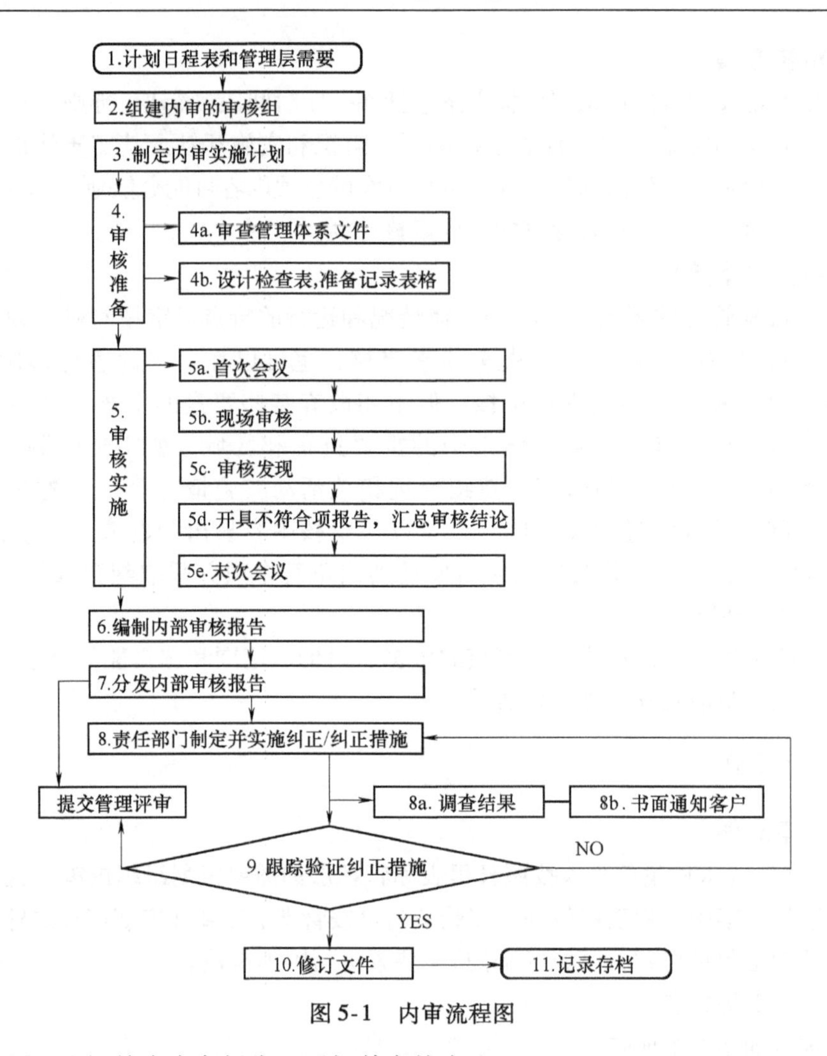

图 5-1　内审流程图

充。这期间还要查阅前次内审报告，了解其审核发现。

（2）设计检查表，准备记录表格。

1）设计检查表。检查表是审核前由审核组成员按分工范围编制并经组长审查用于规范现场审核的重要文件。每个审核组成员应就其审核分工范围、审核次序、时间安排等做全面考虑。其内容包括拟审查的要素、查证的依据文件要点、获取证据的抽样方案（样本代表性、抽样数量、如何抽取等）、时间安排、审核重点（每个要素、每个过程、每个部门都存在着易发生的问题或缺陷，如设备的期间核查，对影响检测/校准结果的供应品验收检查、结果质量的质控计划等）。

① 抽样方案确定要着重考虑以下内容。

样本量大小：应综合考虑审核的时限和风险大小后做出决定。

样品代表性：必要时要按分层抽样、使样本代表性较广泛（如抽样检验报告时，可按产品分类和报告性质等分别抽取样本）。

② 编制检查表时要注意审查的全面性、不能遗漏。

按要素编时：注意要素的接口相关要求要编入。

按部门编时：注意与检查部门相配合、协助职责落实情况。

2）准备记录表格。常见的内审记录表格包括检查记录表、不符合项报告、首末次会议签到表等。

5. 审核实施

（1）首次会议由组长主持，全体组员和受审方代表参加。主要内容为本次审核的目的、范围、依据、审核方案和程序。明确审核过程联系，澄清审核中尚待明确的问题，确定末次会议时间。

（2）现场审核阶段审核员通过问、听、看查寻客观证据。内审是全面搜集客观证据，而绝非只去发现不合格项。

1）审核注意事项。

① 一切用数据事实说话，切忌主观臆断。

② 组长要控制审核的全过程，掌握审核进度。使审核在和谐平等气氛中进行。掌握审核结果的公正性、客观性和适宜性。

2）审核技巧。

① 正确地应用检查表。切不可在某些小问题上纠缠而影响进度。

② 要多看、多听、多问、少讲。不在审核现场讨论学术问题，更不要去议论与审核无关的人和事。

3）内审的路线和方法。

① 按过程顺序。

优点：真实、直观，过程间、要素间接口易查明。

缺点：间接要素难审核到。

② 按要素。

优点：审核较全面。

缺点：要素间接口环节难以充分审核。

建议：以要素为基础，过程顺序为铺，并对疑点深入审核。

③ 部门审核法：优点比较省时间省精力，但要注意一个要素大多跨越若干部门。每个部门的职责都是多方面的，主要职责要查，辅助职责也要查。

（3）审核发现。将收集到的证据对照审核准则进行评价。审核发现有符合和不符合的，不符合项的事实要得到被审核部门确认。

（4）开具不符合项报告，汇总审核结论。不符合项的事实描述，要客观清晰并具有可追溯性。

（5）末次会议。由组长主持，参加人员同首次会议，与会人员需要签到。由组长作内审情况的整体说明，报告不符合项的数量及分类，对管理体系运行情况做综合评价。受审方负责人在不符合项上签字确认，并对不符合项做出整改的承诺。若有争议可提交质量主管或实验室领导协调解决。

6. 编制内审报告

在审核组长主持下编制审核报告。审核报告应提供完整、准确简明的审核记录，其内容如下：审核目的、范围、审核准则（依据），审核活动地点和日期，审核组组长和成员，被审核部门主要参与者，不符合项汇总结果（不符合项报告为附件），审核综述及结论，纠正措施时限要求，改进建议，组长签名、日期等。

7. 分发内审报告

规定分发范围并下发。

8. 责任部门制定并实施纠正/纠正措施

不符合项责任部门的管理者应针对审核组列出的不符合项及时地进行整改，分析不符合项产生的主要原因，开展举一反三的全面整改工作，并采取相应的预防、纠正措施，以彻底消除产生不符合项的根本原因。

在对不符合项原因分析等过程中若发现之前出具的报告结果可能受到影响，应第一时间书面通知客户，以减少或避免对客户造成的损失。

不符合项的责任部门应遵守整改计划规定的时限，及时采取相应整改措施。

9. 跟踪验证纠正措施

实验室或有关部门应对整改所采取的预防、纠正措施进行跟踪验证，确保不符合项整改的有效性和及时性。

10. 修订文件

内部审核过程中提出的改进建议和不符合项纠正措施实施过程可能会涉及文件的修订。文件的修订按文件控制相关程序要求进行。

11. 记录存档

完成内审报告，完成内审相关记录（包括首末次会议签到表）及针对不符合项采取的纠正/纠正措施的实施、验证记录等的汇总整理和存档工作。

三、内审员的条件

内审是维持质量管理体系自我完善机制的关键环节，是一项专业性很强的活动，对实验室体系的持续正常运行起着重要作用。内审员是内审工作的具体承担人员，应接受过专门培训、经考试合格并获得实验室负责人授权。

（1）内审员应接受过审核内容、审核技巧和审核过程方面的专门培训。

培训内容除了审核基础知识，还应包括体系标准和质量管理体系。对认可的实验室，内审员必须掌握认可政策和体系文件。审核员的审核活动应向质量主管报告并接受其领导。

内审员的培训内容应符合 CNAS 内审员培训教程的要求，培训时间不少于 20 学时。经培训后应具备进行内审的能力。当认可政策/准则发生变化时，应接受再培训。

（2）内审员应经考核合格。内审员经培训后要对其进行考核。实验室应有内审员的培训计划和程序，有相关的培训、考核记录。

（3）内审员应得到授权/委派。对内审员提出工作能力和专业知识方面的要求是确保内审工作质量的基础，因此实验室还应对内审员的工作经历和职业素养做出相应的规定，并按规定获得实验室最高管理者的授权。

四、内审不符合项的分类

内审通过持续符合性和有效性验证，发现和纠正管理体系在建立和实施中的问题，考虑到纠正措施的不同，不符合项按性质分为以下三类。

（一）体系性不符合（文-标不符）

体系性不符合是指制定的管理体系文件与有关法律法规、《认可准则》、合同等的要求不符。例如，某实验室未建立投诉处理程序，体系文件中没有规定影响检测/校准质量的辅助设备和消耗性材料的采购应优先考虑质量的原则等。

（二）实施性不符合（文-实不符）

实施性不符合是指未按文件规定实施。例如，虽然某实验室规定了原始观测记录要包括多种信息以便具有可追溯性，但实际上对环境条件、使用设备、测量方法等都未予记录，这就属于实施性的不符合。

（三）效果性不符合（实-效不符）

管理体系文件虽然符合《认可准则》或其他文件要求，也按照文件执行了，但未能实现预期目标。例如，实验室都按文件规定在运行，但质量目标未实现；采取了纠正措施，但是类似问题继续发生等。这类不符合称为效果性不符合。

还有一类问题虽未构成不符合，但有发展成不符合的趋势。这类问题可作为“观察项”向受审方提出，以引起重视并制定出相应的预防措施。

为了使最高管理者注意到那些比较严重的不符合项并引起重视，在审核报告中可将各类问题按重要程度排列，并指出重要的问题。

第三节　管 理 评 审

一、管理评审概述

（一）管理评审概念

管理评审是“由最高管理者就质量方针和目标、对质量体系的现状和适应性进行的正式评价。”在确保质量方针、目标和质量体系的持续适用、有效方面有着重要的作用。

1）管理评审可以包括质量方针评审。

2）质量审核的结果可作为管理评审的一种输入。

3）“最高管理者”是指质量体系受到评审的组织的管理者。

（二）管理评审的对象

管理评审的对象包括：质量方针和目标，质量体系和要求，方针、目标、体系与实验室发展战略、目标、资源、环境的适应性。

（三）管理评审的时机

1）管理评审通常在内审和纠正措施完成后进行，每年至少一次。

2）新建立的质量体系应在运行半年后评审一次。

3）认可机构现场评审前应进行一次。

4）质量体系环境变化后应及时评审。

（四）管理评审要求

1）明确质量体系的现状，加以描述和概括。

2）对质量方针、目标和质量体系的总体效果做出评价。

3）就质量体系对于质量方针、目标的适应性做出评价。

4）就质量方针、目标和质量体系对资源的适应性做出评价。

5）就质量方针、目标和质量体系对环境及变化趋势的适应性做出评价。

6）就质量方针、目标和质量体系对发展战略的适应性做出评价。

7）保存管理评审所形成的正式报告、评审记录及由评审而引起的调整、改进记录。

（五）管理评审方法

管理评审一般采取桌面评审，必要时伴随现场评审。

1. 列表评审

将需要评审的项目和要求列入表内，按某一评审标准逐一评价，评审目的和要求可视每次管理评审的目的重点情况而异。

2. 集体讨论评审

事前先将议题要求通知有关部门和人员，开会时广泛讨论，集思广益。

3. 专题研讨评审

将管理评审的项目和要求分为几个专题，事先发给有关部门和人员，届时进行逐题研讨。

4. 问题导向评审

列出质量体系运行过程中实际的、潜在的、外部的、内部的所有问题，逐个分析论证。

二、管理评审与内审的区别

（一）目的不同

内部审核的目的是确定质量活动及其结果的符合性和有效性。

管理评审的目的是确定质量方针、目标和质量体系的适应性和有效性。

（二）依据不同

内部审核依据准则、体系文件和技术标准。

管理评审依据顾客的期望、内部审核的结果等。

（三）层次不同

内部审核控制质量活动及结果符合方针、目标的要求，是战术性的。

管理评审控制方针、目标本身的正确性，是战略性的。

（四）结果不同

内部审核的结果是发现和纠正不符合项，使体系更有效地运行。

管理评审的结果是改进质量体系，修订质量手册和程序文件，提高质量管理水平和质量管理能力。

（五）执行者不同

内部审核由与被审核领域无直接责任的人员参加。

管理评审由最高管理者或其代表亲自组织有关人员进行。

（六）地点不同

内部审核在现场进行。

管理评审在会议室内进行。

三、管理评审过程

管理评审流程图如图 5-2 所示。

各个阶段的主要工作如下：

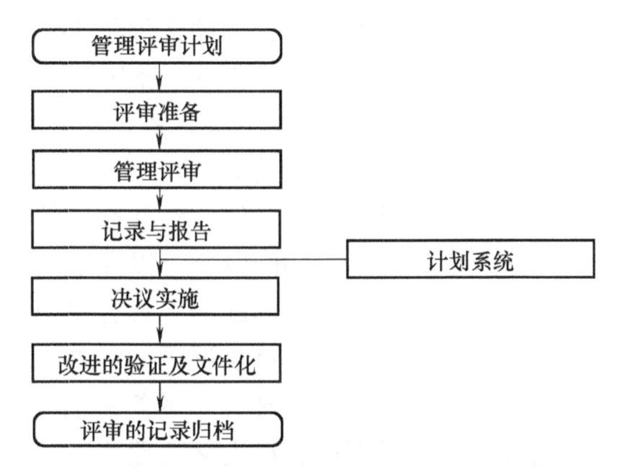

图5-2　管理评审流程图

（一）评审策划

确定评审的目的、组织、内容、重点、方法、时间安排、准备工作等。策划应形成书面记录，必要时形成计划分发至评审人员及有关部门。

（二）评审组织

根据评审策划建立评审组，最高管理者或其指定人任组长，明确分工要求，指定常务部门。

（三）评审准备

由常务部门准备管理评审文件、资料，分发给参加评审的人员作为评审依据。

（四）管理评审的输入

管理评审输入应当包括以下内容：

1）前次管理评审中发现的问题。

2）质量方针、中期和长期目标。

3）质量和运作程序的适宜性，包括对体系（包括质量手册）修订的需求。

4）管理和监督人员的报告。

5）前次管理评审后所实施的内部审核的结果及其后续措施。

6）纠正措施和预防措施的分析。

7）认可机构监督访问和评审的报告，以及实验室所采取的后续措施。

8）来自客户或其他审批机构的审核报告及其后续措施。

9）实验室参加能力验证或实验室间比对的结果的趋势分析，以及在其他检测/校准领域参加此类活动的需求。

10）内部质量控制检查结果的趋势分析。

11）当前人力和设备资源的充分性。

12）对新工作、新员工、新设备、新方法将来的计划和评估。

13）对新员工的培训要求和对现有员工的知识更新要求。

14）对来自客户的投诉以及其他反馈的趋势分析。

15）改进和建议。

管理评审解决质量方针、目标在内部和外部环境发生变化情况下是否仍然适宜；管理体系的运行是否协调，组织机构职责分配是否合理；程序文件是否充分、适宜、有效；过程是否受控；资源配置，包括人力资源（涉及学历、培训、经历、经验、技能等）、物质资源（涉及设备、设施和环境条件、计算机软件、技术方法、资金等）和信息资源（包括标准信息、设备信息、人才信息等）是否满足要求等问题。

管理评审涉及的议题可能很大，也可能十分具体。对什么样的问题做出决策，不同的管理者会有所不同。但细节的问题、不涉及全局的问题、可以在平时解决的问题，不一定留到管理评审时才提出和解决。全局性的、涉及资源调配的、具有普遍意义的、需要有关各方深入研讨获得最佳解决方案的问题，是管理评审的重点议题。对内审采取的纠正或预防措施验证效果不满意的，也可提交管理评审。为此，管理评审的组织者需要收集大量的相关信息，经过初步的分析、判断，在此基础上形成书面材料提交管理评审。

（五）评审会议

由最高管理者或其代表主持，各部门负责人和有关人员参加，按评审内容展开讨论和评价，做好会议记录。

（六）评审报告

整理管理评审代表的意见和会议记录，形成评审报告，内容应包括管理评审的目的、日期、参加人员、评审概况、各项评审内容、评价结论、总体评价结论、主要议题以及调整、改进措施和要求。报告经最高管理者批准后发布。

（1）管理评审的结果可能会引起以下的调整和改进：

1）质量体系文件的更改，包括质量方针、目标、质量手册、程序文件等。

2）资源的调整、补充。

3）过程的调整、改进。

4）机构职能的调整、完善。

5）计划的调整、改进。

管理评审引起的调整、改进大多是影响较大的，必须慎重对待，对实施结果进行跟踪、验证，以防出现负面效应或实施不到位。

（2）提出改进建议，形成评审报告。评审时常提的问题如下：

1）质量方针是否被全体员工所理解、贯彻。

2）质量目标、质量活动是否充分体现贯彻了质量方针。

3）质量方针与发展战略、规划、目标、市场、服务策略是否协调。

4）质量方针是否有特色；能否起指导作用；是否有利于提高实验室竞争力，树立良好的形象；是否充分体现了受益者的期望。

5）质量目标是否先进合理，是否已经自上而下地形成了支持保证系统。

6）质量体系是否健全，运行是否合理，目前处于什么样的状态和水平，其运行所得到的利益和所承担的风险如何。

7）质量体系与内部环境是否协调。

8）质量体系是否满足准则的要求。

9）质量体系是否充分利用了资源，需投入或削减哪些资源，是否充分发挥了实力，需通过哪些方面的努力来挖掘和加强能力。

10）质量方针、目标和质量体系的总体效果如何。

11）质量体系是否适应外部环境，并具有适应外部环境的特点。

12）新的技术、质量观念、服务策略和社会环境条件变化后质量体系有哪些不适应，如何更新质量体系。

四、管理体系的适宜性和有效性

体系的适宜性是指管理体系满足环境变化后要求的程度。环境包括内环境和外环境。内环境包括实验室的组织文化和运行条件。运行条件是维持运行的必要条件，主要是指人员、组织结构、设备设施、薪酬、运行机制以及各种内部管理制度。实验室管理者对内环境的营造起着重要作用。外环境分为一般环境和任务环境，一般环境由政治、法律、社会、文化、科技和经济组成，任务环境由客户、供应商、同盟、对手、公众、政府和股东构成。

体系的有效性是指完成策划活动和达到策划结果的程度。同时体系的有效性也要考虑管理体系运行的经济性，考虑运行效果和所花费成本之间的关系。

第六章 《认可准则》要点理解与评审重点

第一节 《认可准则》应用的关注要点

一、《认可准则》适用范围

《认可准则》适用范围是很广泛的，从其应用范围领域分，可适用于下列实验室建立管理体系。

实验室类型：检测/校准实验室。

实验室服务对象类型：第一方、第二方和第三方实验室。

由于《认可准则》含有实验室保证其结果准确、可重现、可比对的所应具备能力的通用要求，因而也适合于实验室的客户、认可机构、法定主管部门。作为评价其能力的依据和准则。

二、《认可准则》应用原则

《认可准则》是保证实验室具备出具报告结果准确性、可重现性、可比性和科学性的完整管理体系，保证实验室具备服务客户、社会的责任属性。显然，由于实验室服务于商品经济社会，一个充满竞争的社会。它要服务客户、社会，还必须具备良好的社会行为属性——公平、公正、保护客户秘密（包括技术、商业乃至客户身心健康信息等所有秘密资料、数据）。实验室的责任属性和社会行为属性即是其管理体系的总的方针、目标。对《认可准则》中25个要素要求偏离都会影响总方针、目标的实现，都会影响报告数据的准确性、可重现性、可比性和科学性或实验室的公平、公正性。因此，在《认可准则》的应用上，不能根据实验室的专业特点和经验片面强调某些要素或轻视某些要素，而应按实验室专业属性、责任属性和行为属性的要求，科学系统地合理应用《认可准则》每一要素。

三、《认可准则》要素的裁剪

当实验室不从事《认可准则》所包括的一种或多种活动，例如不从事抽样和新方法的设计开发时，可以不采用《认可准则》中相关条款的要求，但需强调指出，这绝不意味着《认可准则》可以随意剪裁，必须依托于科学的理由和专业的评判。

四、实验室的安全、环保和卫生要求

实验室运作必须符合国家规定的安全、卫生和环保等法律法规的要求，这是实验室的管理者的责任，虽然这些法律法规的要求未在《认可准则》中叙述，但这是法人应遵守的基本责任属性和行为属性，故实验室建立其质量管理体系和技术体系时应将这方面的要求补充到体系文件或其他相关的质量文件中去。

五、《认可准则》在特殊领域的应用说明

《认可准则》规定了实验室能力的通用要求（一般性公共要求），对于一些特殊领域的实验室，除了必须满足通用要求外，还要满足一些特殊领域的补充细则的要求。但这些特殊领域应用说明都是依据《认可准则》通用要求加以专业性细化或展开，不能提出超出《认可准则》要求以外的额外要求。这些特殊领域应用细则便于不同知识背景的人统一理解和应用《认可准则》。

《认可准则》的注示、示例不属于要求，不构成《认可准则》的主体。

六、《认可准则》与 ISO 9001 的关系

此两标准同属合格评定体系，但在应用中应注意其间的联系与区别。

（一）质量体系认证不能代替实验室认可

如前所述，ISO/IEC 17025：2005 第二版的第 4 章“管理要求”按照 ISO 9001：2000 版修改。所以实验室符合其要求，则其运作也就符合 ISO 9001：2000 要求。但是若“实验室运作的质量管理体系符合 ISO 9001：2000 要求，并不能表明其具备产生有效技术数据和（检测/校准）结果的能力。”同样，“符合 ISO/IEC 17025：2005 的实验室也不意味着其运作符合 ISO 9001：2000 质量管理体系的所有要求。”

（二）ISO 9001 系列认证成果的利用

基于上述原因，实验室本身不应寻求单独的 ISO 9001 质量管理体系认证。在许多情况下实验室的母体组织已获得/或寻求 9000 系列质量管理体系的认证。对母体体系认证的一般成果中的许多成果，显然实验室也可以利用。但要说明的是，某些方面也不能完全搬用。因为实验室更强调具体技术，而管理只是保证与支持；某些时候更要强调官方或官方授权而负有更重要的社会责任，不可忽视国家、社会的基本法规的要求；它的服务更强调超前、潜在需要服务，过程中服务，而不是售后服务，否则可能会造成严重的或灾难性的后果。因而实验室的“管理要求”不能一般地搬用质量管理体系的认证成果。

第二节 《认可准则》管理要求要点理解与评审重点

如前所述，《认可准则》是实验室建立其管理体系，认可机构评审实验室能力的依据、准则。在应用中，应特别关注《认可准则》本身的“系统”特性，即系统的集合性、相关性、目的性和动态性。

1）集合性是指《认可准则》是由所有要素组成的整体。

2）相关性是指《认可准则》中的各要素都为完成其特定任务而存在，而且任一要素的变化也会影响其他要素完成任务。

3）目的性是就《认可准则》整体而言，实验室应有出具科学、准确、可重现、可比数据的能力、资源。

4）动态性是指《认可准则》所描述的体系在实际实验室中不是个固定的状态，而是有时间阶段性的，评审时还应考虑其动态性。

以系统的观念理解《认可准则》原文要点，是应用《认可准则》的前提。为了应用方

便，本章按"《认可准则》原文""要点理解""评审重点"三大块逐条加以说明评审要求和查证要点。当然，这里的"要点理解"是评审员评审应当侧重理解的要点；"评审重点"是在理解《认可准则》原文要点的基础上，进行现场评审时关注的要点，也是评审员在现场依特定的评审对象进行查验、考察、取证、评价之要点。当然，对现场提问、验证、取证以及评价方法、方式，评审员应根据实际情况科学策划、系统实施。对于《认可准则》中某些要求显而易见或特别明确的条款，本章会从简或从略说明。

一、组织

（一）《认可准则》原文

4.1.1　实验室或其所在组织应是一个能够承担法律责任的实体。

4.1.2　实验室所从事检测和校准工作应符合本准则的要求，并能满足客户、法定管理机构或对其提供承认的组织的需求。

4.1.3　实验室的管理体系应覆盖在实验室固定设施内、离开固定设施的场所，或在相关的临时或移动设施中进行的工作。

4.1.4　如果实验室所在的组织还从事检测和/或校准以外的活动，为了鉴别潜在的利益冲突，应界定该组织中涉及检测和/或校准或对检测和/或校准有影响的关键人员的职责。

注1：如果实验室是某个较大组织的一部分，该组织应使其有利益冲突的部分，如生产、商贸营销或财务部门，不对实验室满足本准则的要求产生不良影响。

注2：如果实验室希望作为第三方实验室得到认可，应能证明其公正性，并且实验室及其员工能够抵御任何可能影响其技术判断的、不正当的商业、财务或其他方面的压力。第三方检测或校准实验室不应参与任何损害其判断独立性和检测或校准诚信度的活动。

4.1.5　实验室应：

a）有管理人员和技术人员，不考虑他们的其他职责，他们应具有所需的权力和资源来履行包括实施、保持和改进管理体系的职责、识别对管理体系或检测和/或校准程序的偏离，以及采取预防或减少这些偏离的措施（见5.2）；

b）有措施保证其管理层和员工不受任何对工作质量有不良影响的、来自内外部的不正当的商业、财务和其他方面的压力和影响；

c）有保护客户的机密信息和所有权的政策和程序，包括保护电子存储和传输结果的程序；

d）有政策和程序以避免卷入任何可能会降低其能力、公正性、判断或运作诚实性的可信度的活动；

e）确定实验室的组织和管理结构、其在母体组织中的地位，以及质量管理、技术运作和支持服务之间的关系；

f）规定对检测和/或校准质量有影响的所有管理、操作和核查人员的职责、权力和相互关系；

g）由熟悉各项检测和/或校准的方法、程序、目的和结果评价的人员对检测和校准人员包括在培员工进行足够的监督；

h）有技术管理者，全面负责技术运作和确保实验室运作质量所需的资源；

i）指定一名人员作为质量主管（不论如何称谓），不管现有的其他职责，应赋予其在任何时候都能保证与质量相关的管理体系得到实施和遵循的责任和权力。质量主管应有直接渠道接触决定实验室政策和资源的最高管理层；

j）指定关键管理人员的代理人（见注）；

k）确保实验室全体人员知晓他们活动的相互关系和重要性，以及如何为管理体系质量目标的实现做出贡献。

注：个别人可能有多项职业，对每项职责都指定代理人可能是不现实的。

4.1.6 最高管理者应确保在实验室内部建立合适的沟通方法，并在事关管理体系有效性时进行沟通。

（二）要点理解

《认可准则》4.1条明确界定实验室这个组织应具备的社会责任属性和行为属性基本要求。其中《认可准则》4.1.1～4.1.4的要求是作为法制社会重要成员应具备的社会责任属性，包括法律地位，应遵循的社会要求，控制场所，防止因岗位人员的设置引起的潜在利益冲突。

我国民法通则规定，社会组织要成为独立法人单位须具备下面四个条件，实验室也适用，以保证其法律地位的可追溯性、法人合法性以及资财与其服务的适应性，不会出现所谓“虚拟”“皮包”式服务机构，而是真正实体。

1）依法成立。

2）有必要的财产与经费。

3）有自己的名称、组织机构和场所。

4）能独立承担民事责任（是法律责任中很重要的一种）。

《认可准则》4.1.5是界定实验室除应保证检测“数据”可靠、准确、可比相关要求外，还应具备的公正、公平、保密等行为属性要求。

（1）《认可准则》4.1.1：从法律上讲，实验室有两种情况必须注意区分：一种是实验室本身就是一个独立法人单位，它在国家有关的政府管理部门依法设立、依法登记注册，获得政府的批准，具有明确的法律身份，因此它的法律地位是明确的，能够独立地承担相应的法律责任。另外一种情况是实验室本身不是独立法人单位，而是某个母体组织的一部分，这时母体组织必须是一个独立法人单位，这样才有可能为实验室承担应有的法律责任，而且母体组织或法定代表人必须正式书面授权实验室进行与检测/校准相关的活动。能满足以上两种情况之一，并能提供书面有效的法律证据者，则可认为本条款要求得到满足。

评审中查验取证通常包括以下内容。

1）法人有效的法律地位文件：对事业法人常是法定主管部门的批建文件，对企业法人常是工商主管部门颁发的营业执照。

2）法人授权文件：如果实验室本身不是一个独立法人单位，而实验室所在母体组织（实验室是母体组织中可区分的一部分时）是独立法人单位，其法定代表人或母体组织书面授权实验室开展实验活动，以表明愿为实验室承担起应有的法律责任。

（2）《认可准则》4.1.2：其规定了实验室行为责任的总要求，评审中查实取证，通常包括：

1）按《认可准则》4.2.4要求查证最高管理者是否建立相应的制度将客户要求和法定要求（含变化）及时全面地在实验室内传递，并查证该制度执行相关记录。

2）查证管理体系文件是否纳入四项总要求，即：《认可准则》的要求、客户的要求、法定管理机构的要求、提供承认的组织（CNAS）的要求。

3）通常在按认可机构评审程序进行全面评审时，要结合实验室工作性质和范围领域评价体系实际运作中满足四项总要求的程度。四项总要求是认可工作的总要求，评审中，要随时格外全面关注。

（3）《认可准则》4.1.3：其要求实验室的管理体系应覆盖实验室各类场所进行的工作（指检测/校准及有关抽样工作）。评审中，要依据实验室的服务范围、项目，审验相应的工作场所，而后查验评审。

1）管理体系文件：建立、实施、保持、改进实验室管理体系首先要建立文件化的管理体系，根据以往的经验，实验室所建立的管理体系（特别是在文件化上）往往容易“忘记”覆盖离开固定设施的场所、临时设施（指设施运行寿命一般不超过6个月）和移动设施中所进行工作管理、控制的适应性。

2）在确认相关检测/校准活动的工作场所在管理体系文件受控后，再按程序评审并记录相关场所的实施的符合性。这里需要说明的是，某些大组织将具有独立运作特性和功能的实验室视为某联合体的“离开固定设施场所”进行管理。要求认可机构进行“打包评审”是不可接受的，通常认可机构还是按以有独立运作的特征和特定功能的实体为基础进行评审认可。

3）有些实验室的检测/校准活动需到客户现场进行，这里设施不属实验室所有，实验室管理体系文件无法覆盖。这时，实验室应利用“现场检测/校准程序”来控制现场检测活动。这时应评审程序的适应性和实施中的符合性。在上述状况下所形成的项目能力不应列入推荐能力范围。

（4）《认可准则》4.1.4：评审中应特别关注组织上的独立性和关键人员职责界定，保证不会发生潜在利益冲突。一般可通过查证管理体系文件和实验室的实际组织结构和相关人员职责分配来评审确认。如一实验室是某一较大组织的一部分，例如某公司（或工厂）的实验室，该公司（或工厂）应确保有利益冲突的部门，例如公司（或工厂）的生产部、商贸营销部或财务部等其他部门，不会对实验室满足本准则要求产生不利的影响。若实验室在组织机构上是处于生产部管辖领导之下就不妥当了，因为这样的组织安排就有可能造成实验室检测/校准的结果要向生产部负责人报告或审批，也就有可能导致生产部负责人对检测/校准结果的干扰，最终导致检测/校准工作的不公正，所以这种组织安排方式是不符合本条款要求的。正确的组织安排应该是实验室不属于生产部管辖，实验室的检测/校准结果也不应向生产部负责人报告，实验室应独立于生产部、财务部、商贸营销部，属于最高管理层直接管辖。

通常认为第三方实验室不会发生这种潜在利益冲突。因此如果某个实验室希望作为第三方实验室获得认可（实验室希望公开为社会各界服务），实验室应能提供充分证据证明它的公正性，并且确保实验室及其成员能够抵抗任何可能影响实验室技术判断的、不正当的商业、财务的和其他方面（例如来自行政方面）的不正当压力或利诱。第三方实验室应保证不参与任何可能危及其判断独立性和检测/校准工作诚实性之信心的活动。

需要说明的是，《认可准则》没有明确规定要区分实验室是第一方、第二方还是第三方，实验室认可机构主要关注的焦点是实验室是否具有公正性、独立性（是否受到外部不正当压力的影响导致判断缺乏独立性）和诚实性，不论实验室是第一方的、第二方的还是第三方的都必须满足这些要求，这一点在《认可准则》4.1.5 中的 b）和 d）中也有相应规定。

有时候出于法律上的需要会要求实验室是一个第三方实验室，此时希望被认定为第三方的实验室就必须为客户和其他各有关方提供证据证明它满足法律上第三方实验室的要求。

（5）《认可准则》4.1.5：实验室（组织）社会责任属性和行为属性还应满足以下要求。

1）《认可准则》4.1.5a)：实验室应配备足够的管理人员和技术人员，其数量和质量应满足实验室工作类型、工作范围和工作量的需要。不论这些管理人员和技术人员的其他责任是什么，他们应有责有权有资源履行、保持和改进管理体系的职责，识别对质量管理体系的偏离和对检测/校准工作程序的偏离，并且采取措施预防或减小这些偏离。为此实验室应对管理人员和技术人员责权及资源使用做出合理界定。评审中可依据这些管理人员和技术人员的岗位职责描述和实施实际进行评审，以确保实验室能组织有效运作为目的，显然本要素要结合体系的实际运作进行评审。

2）《认可准则》4.1.5b)：实验室应有明文规定的措施确保它的管理层（各级管理者）和员工，不受任何对检测/校准工作质量有不良（不利）影响的、来自实验室内部或外部的不正当的商业、财务和其他方面（例如行政方面等）的压力和影响。为此实验室要对可能存在内部或外部不正当压力和影响进行分析。在此基础上制定有针对性的措施，保证所有的工作人员的工作质量不受来自商业、财务和其他方面的压力或利诱等不良影响。这些措施对从属母体组织实验室而言，还应包括母体或其法人代表书面承诺不干预实验室公正独立做出判断。

评审中通常通过如下途径查证。

① 实验室的外部结构网络，评价其独立性，注意分析各种现实和潜在影响的可能性。

② 实验室的财政来源是否会影响其判断独立性和工作质量（实验室应是非盈利单位）。

③ 管理体系文件（方针、制度、程序，如组织人员管理制度、财务政策及员工守则等）的适应性，包括预防性措施等确保不受干预和影响。

3）《认可准则》4.1.5c)：实验室应有保护客户机密信息和所有权的政策和程序，评审中应重点查证以下内容。

① 查证相关程序文件的适应性与完整性，从其总方针开始，尤其是保密程序、员工守则，相关保密管理制度（如资料档案等）与《认可准则》要求的适应性与完整性。

② 结合实验室实际运作，考查关键岗位，关键人员如检测结果的输入（任务受理）、输出（结果发送）、保存（档案报告）实际运作人的理解与应用实况，考察调查实际运行的有效性。

③ 结合《认可准则》其他条款，评审实验室关键程序、关键人员在实际应用中的有效性，相关条款如下。

a.《认可准则》4.7：在确保其他客户机密的前提下允许客户到实验室监视与其工作有关的操作。

b. 《认可准则》4.13.1.3：所有记录应保证安全和保密。

c. 《认可准则》5.4.7.2：数据的保密性。

d. 《认可准则》5.8.1：实验室应有包括保护检测/校准样品完整性、保护实验室和客户利益的所有必要规定。

e. 《认可准则》5.10.7：结果的电子传输应满足数据控制（包括保密）的要求等。

4）《认可准则》4.1.5d)：实验室应有政策和程序，以避免涉及任何可能会降低其在能力、公正性、判断力或工作诚实性方面的可信度的活动。

根据以往经验，实验室管理体系实际运作中，各级人员能否按其相关政策和程序来规范实验室人员的行为，避免涉及任何可能会降低其能力、公正性、判断力或诚实性的活动十分关键。例如检测人员不得涉及被测样品的研究、开发、设计和制造工作；检测人员或校准人员应能秉公检测/校准，以数据说话做出独立公正的判断等。

5）《认可准则》4.1.5e)：实验室应确定自己的组织和管理结构，清楚描述实验室在母体组织中的地位，并确定质量管理、技术工作和支持服务之间的关系。这是质量管理体系设计的重要活动。

评审中应关注以下内容。

① 实验室的组织和管理结构的适应性。一般组织和管理结构常用组织结构图并结合岗位职责的文字描述来表述，组织结构图最好用两张图表述：一张是描述实验室内部组织结构的图，用方框表示各种管理职务或相应的部门，箭头表示权力的指向，通过箭头线将各方框连接，标明了各种管理职务或部门在组织结构中的地位以及它们之间的关系，下级（箭头指向）必须服从上级（箭头发出）指示，必须向上级报告工作。岗位职责的文字描述要求简单明确地指出该管理岗位（职务）的工作内容、职责和权力、组织中其他部门和职务的关系以及担任某项职务者所必须具备的基本素质、技术知识、工作经验、处理问题的能力等任职条件；另一张图主要是用来描述实验室在母体组织中的地位，重点是描述实验室与外部组织之间的接口。当然以上两张图也可以合二为一。

在组织结构图绘制过程中，应把组织结构的质量管理部门、技术工作部门和支持服务部门之间的相互关系尽量表示出来，必要时可用文字补充说明。

评审实验室的组织结构图以及岗位职责描述要求中应紧紧抓住：

a. 清晰的过程、流程；业务洽谈（从识别客户需求开始），合同评审，取样，样品进入实验室，样品的制备，检测/校准环境条件的监控和记录，设备的校准与监控，消耗性材料采购的控制，人员技术水平的监督与控制，检测/校准方法的选择与确认，检测/校准过程的控制，原始记录以及数据处理，直到报告的编制、校核和审批等工作全过程是否进行了岗位职责分配。

b. 职责分配的总原则是“不失控、不冲突”“经济而有效”，按准则要素进行，逐条逐款将质量职能分解到有关领导、部门和岗位上。并要尽量做到分工清晰、职责明确。职责界限清楚，职责内容应具体并要做出明文规定。

c. 职责中还包括横向联系的内容，在评定某个岗位工作职责的同时，必须评定同其他部门、其他岗位协同配合的要求，只有这样才能提高整个体系的功效。

② 评审实验室质量管理、技术工作和支持服务工作之间的关系，特别应明确如下要点原则。

a. 质量管理工作是指领导和控制实验室进行与检测/校准工作质量有关的相互协调的活动，它是各级管理层所进行的活动。一般应有质量策划、质量控制、质量保证和质量改进等四个方面的活动，并结合实验室实际的相关程序来进行评价。

b. 技术工作在实验室中构成周密的技术体系，它应从识别客户需求作为过程开始和输入，利用资源（人力、物力、资金和信息），将过程输入转化为一系列的检测/校准的输出，即测试数据，最后“包装”为检测报告或校准证书，这就是实验室的检测/校准工作的全过程。在这个检测/校准服务的全过程中，需要有足够专业技术水平的专家投入，要控制检测/校准工作的环境条件，要选择利用适当的检测/校准仪器设备，要有一套科学的检测/校准方法，以便得出正确的检测/校准结果，通过记录和数据处理最后向客户报告检测/校准的结果，这就是实验室的技术工作内容，是整个管理体系之主干线、主体。

c. 在实验室中，消耗性材料的采购、设备的维修保养、样品的储存保管与运输、文件资料的清理与保管及仪器设备的周期送校等均可认为是支持服务体系。

总之实验室质量管理技术工作和支持服务工作均应纳入管理体系中，以管理系统方法对其进行系统整合成为相互协调的有机整体，为实现方针目标服务。

6）《认可准则》4. 1. 5f)：要求实验室规定对检测/校准工作质量有影响的三类人员（管理、操作、核查人员）的职责、权力和相互关系。所谓管理人员是指从事计划职能、组织职能、领导职能（高层、中层、基层领导职能）、控制职能的人员；所谓操作人员是指直接从事检测/校准操作的人员；所谓核查人员则是指监督人员、检查人员，在实验室中就是指监督人员［参见《认可准则》4. 1. 5g）中规定］、检查人员（见《认可准则》5. 4. 7. 1等）、审核人员（参见《认可准则》4. 14. 1 中规定）。在规定岗位和职责权力以外还必须规定同其他部门或其他岗位协同配合的要求，这就是相互关系。

7）《认可准则》4. 1. 5g)：实验室要对检测/校准人员包括正在培训的人员进行充分的监督。

评审中应关注以下内容。

① 监督员的条件：

a. 熟悉各项检测/校准的方法、程序。

b. 了解检测/校准工作的目的。

c. 知道如何评价检测/校准结果。

② 监督员的岗位职责：应明确监督员的权力，监督领域，重要问题的报告渠道（有权越级报告）、方式等。

监督员应予认定，并经书面授权公布。

③ 监督的充分性包括以下内容：

a. 对不同类型不同专业范围是否配备了符合资质条件的监督员。

b. 监督员的比例是否足够，并便于实行监督。

c. 对如何监督和监督的内容是否有文件化的规定。

d. 对在培人员的监督方式、方法是否已有明确规定。

e. 质量监督的记录有哪些规定要求。

f. 如何评价监督的有效性。

g. 实验室管理层有无对监督员监督工作质量的监督。

h. 日常的监督如何与管理评审联系起来等。

评审中应查验：监督员素质条件；职责权力的完整性、适应性；监督的充分性（除查相关文件程序外，还要特别面试相关监督人员，查验相关记录，评价其实际充分性。当然，更应着重强调监督的有效性）；监督与被监督人员的比例，通常认为一个监督员不易监督9个以上人员，但因为不同实验室的人员素质和工作熟练程度、仪器设备和环境设施等资源条件以及所从事的检测/校准活动的复杂程度等具体情况均不同，所以实施充分监督所需的监督人员数量也是不同的。例如，实验室人员工作熟练程度较低，或仪器设备自动化程度较低而需要操作人员凭借经验进行操作或判断，或所从事的检测和校准工作复杂程度较高或监督活动（如场地）不方便等，可能就需要更多的监督人员。所以最重要的还是归结为“充分监督”的标准是什么，监督的有效性如何来判定，这需要通过统计并分析由于监督员监督不力所造成的差错及后果来确定。监督人员在日常监督中监督些什么内容、监督的频次、监督的记录等都应有所规定，监督人员（或管理人员）在日常监督中发现的偏离或问题，均应及时记录下来，并在日常的管理会议上汇报，以便进行分析、讨论和改进。

8）《认可准则》4.1.5h）：实验室应有技术管理者全面负责技术工作和所需资源供应，以保证实验室工作质量。对于规模较大、学科门类众多的实验室来说，仅有一名技术管理者全面负责技术工作是不实际的，而由一个技术管理层（特别强调可以是多个人）来全面负责技术工作；此外技术管理者要全面负责所需资源（物资资源、人力资源、信息资源等）的提供。

评审中应特别关注：个人的职责能力和经历适应性；组织运作中所需资源调动控制权力。

9）《认可准则》4.1.5i）：实验室应指定一名人员担任质量经理，无论如何称谓，也不管有何其他职务和责任，他必须有明确的责任和权力保证质量相关的管理体系在任何方面都应有效实施和遵循。

评审中除关注个人的职责能力经历的适应性外，还应注意：质量经理的地位不能太低，必须能与最高管理层（最高管理者及其代理人）直接接触和沟通，而这些最高管理层是实验室的方针、政策和资源的决策者。

10）《认可准则》4.1.5j）：本条款中的关键管理人员一般指最高管理者、技术管理层、质量主管和最终批准报告或证书的授权签字人等，在实验室的实际运作中处于关键的领导、协调、决策岗位。他们离开其岗位势必会影响管理体系正常运作。因此离开时应指定其合格的代理人，当然，有时在某些实验室可能一人身兼数职，要求每一重要岗位均有代理人也不现实。总的原则是不影响实际运作，保证运作受控、有效。但要强调的是，授权签字人不可由未经 CNAS 考核合格的人员代替，授权签字人一般不考虑代理问题。

评审中应关注：代理人应有明文规定，代理人资质的适应性；关键人员变更应报告CNAS。

11）《认可准则》4.1.5k）：确保实验室全体人员知晓他们所在岗位活动的相互关系和重要性，以及如何为管理体系质量目标的实现做出贡献。这是管理体系思想的根本要素，只有实现这一点，管理体系才能真正有效、能动地运作。

评审中通常以抽查方式考核相应关键人员，以验证实际情况的符合程度。抽查“样本”数量、考核方法，评审组组长应依实验室实际、复杂（专业面等）程度、工作量大小统筹计划，组织相关评审员一并进行考核、评审。特别是上、下、左、右有内在联系的岗位责任人，除考查其岗位本人的“应知会”外，更要关注其对上、下、左、右关系及影响的“知会”。

(6)《认可准则》4.1.6：实验室最高管理者应在实验室内建立适当沟通的方法、程序，并能保证在事关管理有效性时进行沟通。这条说明了，最高管理者在管理体系有效运行中协调组织的独特作用，他是其他人无法取代的角色。通常按沟通方式和内容，查实相关记录评价最高管理者的执行程度。

(三) 评审重点

基于“组织”要素是实验室实现其总方针、目标的组织保证，许多条文都是纲领性要求，为此，评审中应关注以下两点。

1) 本要素通常由组长直接组织评审，为此组长要制定评审计划。计划的制定与实施要与全组成员进行充分沟通，以保证整个评审组在各项评审活动中不离《认可准则》总要求进行评审。

2) 基于“组织”要素内容涉及广泛，故按条款讲述评审、查证方法。其中许多内容评审组长还要按评审计划组织评审员结合管理体系实际运作进行评审。

二、管理体系

(一)《认可准则》原文

4.2.1 实验室应建立、实施和保持与其活动范围相适应的管理体系；应将其政策、制度、计划、程序和指导书制订成文件，并达到确保实验室检测和/或校准结果质量所需的要求。体系文件应传达至有关人员，并被其理解、获取和执行。

4.2.2 实验室管理体系中与质量有关的政策，包括质量方针声明，应在质量手册(不论如何称谓)中阐明。应制定总体目标并在管理评审时加以评审。质量方针声明应在最高管理者的授权下发布，至少包括下列内容：

a) 实验室管理者对良好职业行为和为客户提供检测和校准服务质量的承诺；

b) 管理者关于实验室服务标准的声明；

c) 与质量有关的管理体系的目的；

d) 要求实验室所有与检测和校准活动有关的人员熟悉质量文件，并在工作中执行这些政策和程序；

e) 实验室管理者对遵循本准则及持续改进管理体系有效性的承诺。

注：质量方针声明应当简明，可包括应始终按照声明的方法和客户的要求来进行检测和/或校准的要求。当检测和/或校准实验室是某个较大组织的一部分时，某些质量方针要素可以列于其他文件之中。

4.2.3 最高管理者应提供建立和实施管理体系以及持续改进其有效性承诺的证据。

4.2.4 最高管理者应将满足客户要求和法定要求的重要性传达到组织。

4.2.5 质量手册应包括或指明含技术程序在内的支持性程序，并概述管理体系中所用文件的架构。

4.2.6 质量手册中应规定技术管理者和质量主管的作用和责任，包括确保遵循本准则的责任。

4.2.7 当策划和实施管理体系的变更时，最高管理者应确保保持管理体系的完整性。

（二）要点理解

(1)《认可准则》4.2.1：本条款是对实验室管理体系提出总的要求。

1）实验室应按自身活动范围（包括实验类型、专业范围、工作量、专业人员的水平以及相关行业的特殊法规要求和国家相关法规的要求）建立、实施和保持符合《认可准则》要求的管理体系。

2）实验室应将管理体系文件化，应对影响检测和/或校准结果质量的相关过程控制要求均予以明确，最终达到确保检测/校准结果质量和客户满意的目的。

3）管理体系文件应传达或宣贯至有关人员，并使之容易被有关人员获取，以及保证它们得到正确的理解和实施。

评审时应关注该条款在整体评审基础上对实验室管理体系适应性、可操作性、有效性及可持续性做出综合的评价。

(2)《认可准则》4.2.2：评审中应关注以下内容。

1）方针、目标、相关政策是否与本实验室相适应，并已文件化、正式发布。质量方针是否在质量手册中阐明。

2）最高管理者授权发布的内容、要求是否在管理体系中得到贯彻，所有各级员工是否理解，并加以执行。

3）方针、目标、政策是否定期加以评审确保适应性。

(3)《认可准则》4.2.3：最高管理者应是管理体系建立和实施以及持续改进的第一责任人，其承诺有效性的证据可以通过如下活动与记录进行评审。

1）向组织宣讲满足客户和法律、法规规定要求的重要性。

2）制定质量方针目标。

3）已发布适用系统的文件化管理体系。

4）按计划进行内部审核和管理评审。

5）确保所需资源的获得，特别技术运作中所需相关资源的保证。

(4)《认可准则》4.2.4：最高管理者应将满足客户要求和法定要求的重要性传递到组织。显然，最高管理者在理解了客户、法定主管部门及社会整体要求后，结合实验室自身属性（社会性、管理性）来传递这些重要性会更加深刻，更具权威性，也更易理解。评审中，要了解实验室是否建立相关机制确保相关法定要求和客户要求能及时全面地在组织内传递。可查相关活动记录，并调查询问相关人员加以证实。

(5)《认可准则》4.2.5：质量手册应描述整个质量管理体系文件的架构。应评审整个文件体系的层次结构，典型文件的典型章节，阅读者能清楚地了解整个质量管理体系文件的构成、编制要求和具体的内容。对质量手册的支持性程序的文件，有的可以包括在质量手册内，如果不能包含在质量手册中，则在质量手册中必须包含其目录清单以便于查找。程序文件的支持性文件如作业指导书等应在程序文件中引出。

(6)《认可准则》4.2.6：质量手册应明确规定技术管理者和质量主管的职责权限和作用，除了其相应岗位的职责外，还应包括确认遵循《认可准则》的责任。

评审中应关注的是通过实际调查了解技术管理者和质量主管如何履行职责，确保遵循《认可准则》的责任得以落实。

(7)《认可准则》4.2.7：最高管理者保证文件体系完整性的评审可以通过文件形成的

关键阶段（如文件变更申请，文件的审批）记录来评价。

（三）评审重点

1）评审组长在资料初审中，应对管理体系的适应性按《认可准则》要求进行初步评审，并记录其特性和相关可疑之处，作为现场评审和与评审员沟通初审计划的重要内容。

2）评审组长必要时还要组织相关评审员在实验室评审现场对从实验室任务受理到结果报告全过程的关键阶段和文件初审的可疑点进行实际评审，保证整个体系基本运行可靠、有效。

3）评审员，特别是相关技术评审员应按组长的计划要求，结合实际运作评审管理体系各相关技术领域的适应性与符合性。

三、文件控制

（一）《认可准则》原文

4.3.1 总则

实验室应建立和维持程序来控制构成其管理体系的所有文件（内部制订或来自外部的），诸如规章、标准、其他规范化文件、检测和（或）校准方法，以及图纸、软件、规范、指导书和手册等。

注1：本文中的“文件”可以是方针声明、程序、规范、校准表格、图表、教科书、张贴品、通知、备忘录、软件、图纸、计划等。这些文件可能承载在各种载体上，无论是硬拷贝或是电子媒体，并且可以是数字的、模拟的、摄影的或书面的形式。

注2：有关检测和校准数据的控制在5.4.7条中规定；记录的控制在4.13条中规定。

4.3.2 文件的批准和发布

4.3.2.1 凡作为管理体系组成部分发给实验室人员的所有文件，在发布之前应由授权人员审查并批准使用。应建立识别管理体系中文件当前的修订状态和分发的控制清单或等同的文件控制程序并易于查阅，以防止使用无效和（或）作废的文件。

4.3.2.2 文件控制程序应确保：

a）在对实验室有效运作起重要作用的所有作业场所都能得到相应文件的授权版本；

b）定期审查文件，必要时进行修订，以保证持续适用和满足使用的要求；

c）及时地从所有使用和发布处撤除无效或作废的文件，或用其他方法确保防止误用；

d）出于法律或知识保存目的而保留的作废文件，应有适当的标记。

4.3.2.3 实验室制定的质量管理体系文件应有唯一性标识。该标识应包括发布日期和（或）修订标识、页码、总页数或表示文件结束的标记和发布机构。

4.3.3 文件变更

4.3.3.1 除非另有特别指定，文件的变更应由原审查责任人进行审查和批准。被指定的人员应获得进行审查和批准所依据的有关背景资料。

4.3.3.2 若可行，更改的或新的内容应在文件或适当的附件中标明。

> 4.3.3.3　如果实验室的文件控制制度允许在文件再版之前对文件进行手写修改，则应确定修改的程序和权限。修改之处应有清晰的标注、签名缩写并注明日期。修订的文件应尽快地正式发布。
>
> 4.3.3.4　应制订程序来描述如何更改和控制保存在计算机系统中的文件。

（二）要点理解

实验室文件（包括内部制定的文件和外来文件）是保证其管理体系正常运作，规范各项质量活动，防止、克服随意性的内部法规。实验室管理层为保证其文件体系的现行有效性和适应性，必须按《认可准则》要求，实施文件控制管理程序。《认可准则》要求和实施控制的流程如图 6-1 所示。

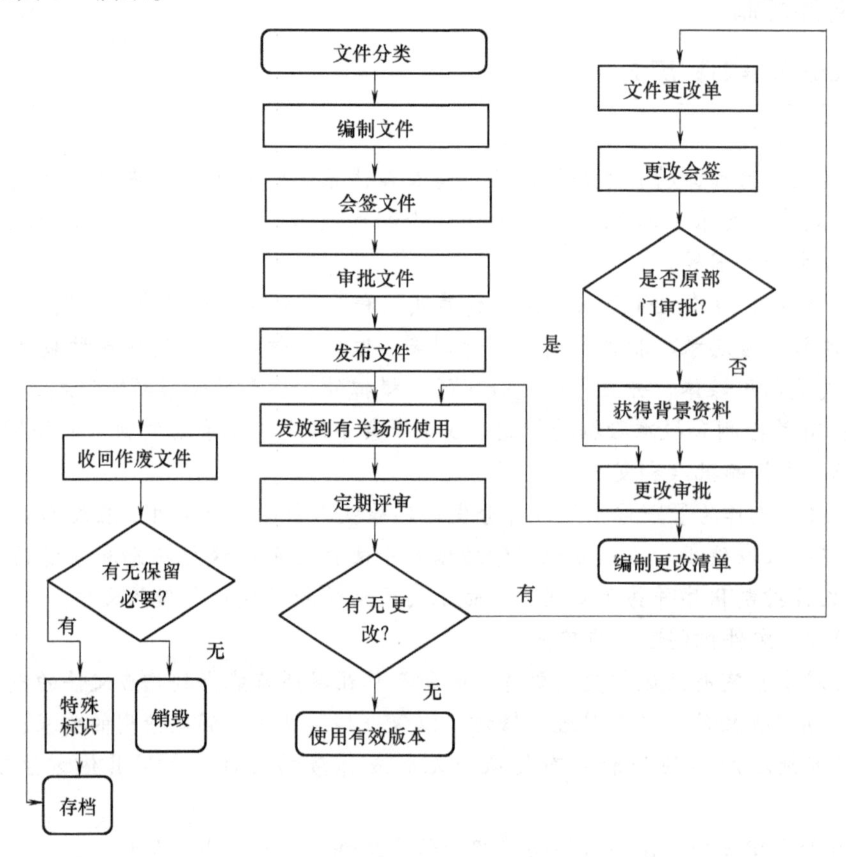

图 6-1　文件控制流程图

（1）《认可准则》4.3.1：实验室应建立并保持构成其管理体系的所有文件（包括内部产生的和来自外部的）的控制程序，简称为文件控制程序。

文件的定义是信息及其承载媒体。《认可准则》中的文件包括方针声明、程序、技术规范、校准方法、表格、图表、通告、备忘录、软件、图样、计划等；承载媒体可以是纸张、磁盘、光盘或其他电子媒体、照片或标准样品，或是它们的组合。

记录是阐明所取得的结果或提供所完成活动的证据等文件，是可追溯性文件，其设计应能提供验证、预防措施和纠正措施的证据等相应信息。记录要求见《认可准则》4.13 的相关说明。校准/检测数据控制见《认可准则》5.4.7 的相关说明。

(2)《认可准则》4.3.2：文件的批准和发布是控制有效性的重要阶段，评审时应注意以下七个方面：

1）明确纳入到管理体系控制范围之内的所有文件（包括外来文件的转化、生效）在发布给实验室工作人员使用之前，必须经过文件控制程序中指定的授权人员对各类文件进行审核并批准，以确保文件体系的完整性和适宜性。

2）编制识别管理体系文件现行修改状态和分发清单或相应的文件控制程序，目的是便于文件按规定分发和及时收回过期或修改过文件，便于查阅，避免使用失效或作废的文件。

3）确保在实验室作业现场都能得到相关文件的有效版本。

4）按文件控制程序规定定期审核文件（必要时修订）确保持续适用。

5）及时从发布处或使用场所撤出无效或作废文件，或用其他方法确保不被误用。

6）有必要保留的作废文件应有适当标识（如加上“收藏”字样）以防误用。

7）实验室制定的管理体系各类文件应有唯一性标识系统，文件标识应包括发布日期和（或）修订标识、页码、总页数或表示文件结束的标记和发布人。

(3)《认可准则》4.3.3：随着管理体系的不断完善、改进，文件也要相应更改，对文件更改的评审应注意以下四个方面：

1）除非另有特别指定，文件更改最好由原审批人（或审批部门）负责；若要特别指定（如原审批人已不在岗位了），则被指定人员应获得进行审批所依据的有关背景资料，以保证文件的连续性、有效性。

2）可行的话，更新的内容应在文件或相应附件中标明，以方便使用者。

3）如果实验室的文件控制体系允许手写修改，则应明确规定此类修改的程序和权限，修改之处应清晰标明，并签名和注明日期；修改的文件应尽快正式重新发布。

4）应制定程序规定如何更改和控制保存在计算机系统中的文件，以保证存放在计算机系统内的文件现行有效。

（三）评审重点

评审中评审组组长负责文件总体构架、适应性，尤其实验室编制的管理体系文件的评审，各专业评审员应按组长的评审计划对各相应层次的文件进行评审。典型文件和执行记录的抽样样本应能反映其文件控制现状，评审时应重点查证关注：

1）文控程序的完整性和适应性。是否涵盖适用其所有文件及载体的管理、控制。确保文件从制定（转化）、修订、审批、发布，到作废收藏、存放等环节受控。

2）按文件构架体系评审受控文件是否按文控程序实施管理。

① 各层次文件制定、批准、管理的有效性及相关记录完整性。

② 电子文档管理控制实施同样保证其有效性。

③ 文件有效性审核活动按程序进行，确保现行文件（包括外来规章、标准、规范和检测/校准方法）适时修订、完善。

④ 文件修订的管理是否符合要求。

3）外来文件收集渠道是否保持畅通，采用和/或转化规定措施是否有效。

四、要求、标书和合同评审

（一）《认可准则》原文

> 4.4.1　实验室应建立和维持评审客户要求、标书和合同的程序。这些为签订检测和（或）校准合同而进行评审的政策和程序应确保：
>
> a）对包括所用方法在内的要求应予适当规定，形成文件，并易于理解（见5.4.2）；
>
> b）实验室有能力和资源满足这些要求；
>
> c）选择适当的、能满足客户要求的检测和（或）校准方法（见5.4.2）。
>
> 客户要求或标书与合同之间的任何差异，应在工作开始之前得到解决。每项合同应得到实验室和客户双方的接受。
>
> 注1：对要求、标书和合同的评审应以可行和有效的方式进行，并考虑财务、法律和时间安排等方面的影响。对内部客户的要求、标书和合同的审查可用简化方式进行。
>
> 注2：对实验室能力的评审，应证实实验室具备了必要的物力、人力和信息资源，且实验室人员对所从事的检测和（或）校准具有必要的技能和专业技术。该评审也可包括以前参加的实验室间比对或能力验证的结果和（或）为确定测量不确定度、检出限、置信限等而使用的已知样品或物品所做的试验性检测或校准计划的结果。
>
> 注3：合同可以是为客户提供检测和（或）校准服务的任何书面的或口头的协议。
>
> 4.4.2　应保存包括任何重大变化在内的评审的记录。在执行合同期间，就客户的要求或工作结果与客户进行讨论的有关记录，也应予以保存。
>
> 注：对例行的和其他简单任务的评审，由实验室中负责合同工作的人员注明日期并加以标识（如签名缩写）即可。对于重复性的例行工作，如果客户要求不变，仅需在初期调查阶段，或在与客户的总协议下对持续进行的例行工作合同批准时进行评审。对于新的、复杂的或先进的检测和（或）校准任务，则需保存较全面的记录。
>
> 4.4.3　评审的内容应包括被实验室分包出去的所有工作。
>
> 4.4.4　对合同的任何偏离均应通知客户。
>
> 4.4.5　工作开始后如果需要修改合同，应重复进行同样的合同评审过程，并将所有修改内容通知所有受到影响的人员。

（二）要点理解

合同评审实际上是指合同签订前对合同草案的评审，是指实验室对客户订约提议未接受前（即签订合同、接受订单前），由实验室对招标书、合同草案、书面或口头的订单草案进行系统的评审活动，以保证客户提出的质量要求及其他要求合理、明确且所需相关资料齐全，同时确定实验室确有能力和资源履约。实验室合同评审流程如图6-2所示。

（1）《认可准则》4.4.1：合同评审程序应确保以下三点。

1）客户的要求（包括所使用检测/校准方法）应做适当的规定并文件化，便于双方理解。

2）评审确认实验室有能力和资源满足客户要求。这里的能力指实验室人员对所要求的检测/校准项目具备必要的技能和专业技术并且能够满足客户的要求；资源包括必要的物质资源、信息资源、人力资源等。

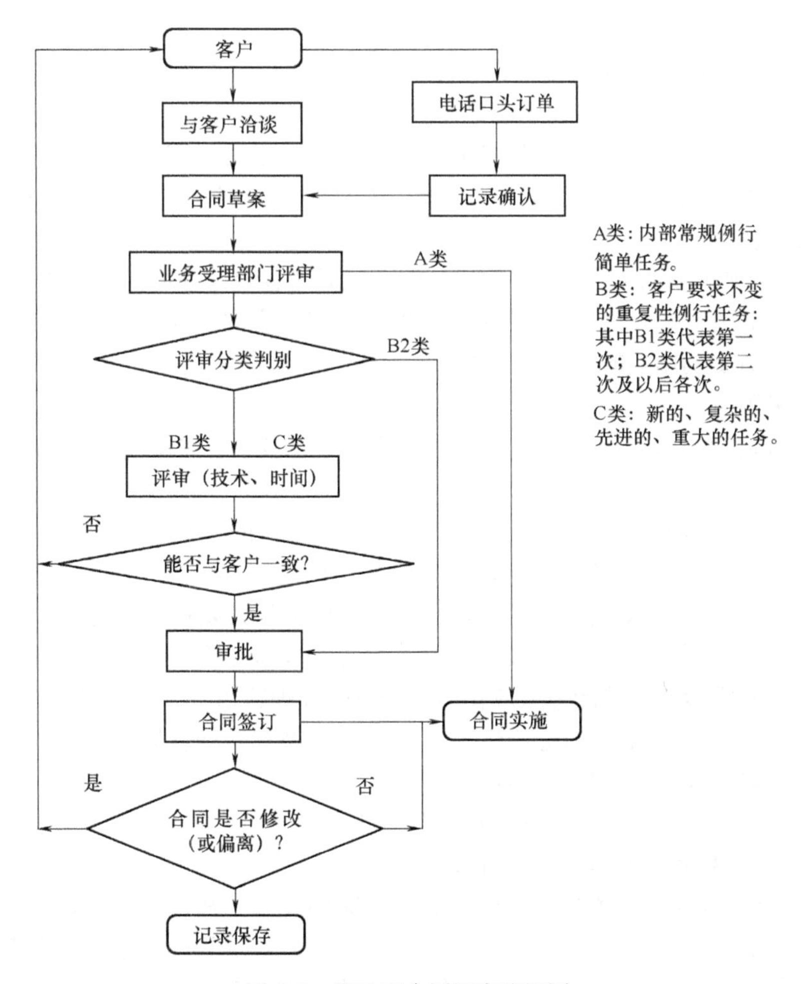

图6-2 实验室合同评审流程图

3）选择适当的能满足客户要求的检测/校准方法（参见《认可准则》5.4.2）。

通过对合同的事先评审确保客户的要求（招标书）、投标书（实验室的承诺）、合同草案之间的差异在工作开始之前得到解决，合同应被实验室和客户双方接受。对客户要求、投标书和合同的评审应按程序规定的方式进行，同时还应考虑财务、法律和时间等因素的影响，尤其是要考虑法律责任问题。对于内部客户来说，合同评审可用简化的方法进行，即按内部运作体系规定进行。

（2）《认可准则》4.4.2：合同评审的记录应保存，包括任何重大变化的记录、合同执行期间与客户之间进行的关于客户要求或工作结果的相关讨论的记录等。依据经验，实验室合同评审通常分以下三种情况来考虑。

1）对常规、简单或内部客户检测（如生产线上的定时抽检等）工作的评审，只要实验室中负责该合同工作的人员（应授权）确认记录日期或加以标识（如签字）即可。

2）对重复性的常规工作，如果客户要求不变，则只需在初期调查阶段进行评审或在与客户总协议项下的连续常规工作中按常规委托程序评审。

3）对于新的（第一次）、复杂的或高要求的检测/校准工作，则需要进行复杂细致的评审，且需保存较全面完整的记录。

总之上述三种情况的合同均要加以评审，合同评审程序应对三种情况的合同的评审方式、评审内容、评审合同职责做出明确规定，并明确对三种情况合同评审记录要求。

(3)《认可准则》4.4.3：当合同涉及分包项目时，合同评审的内容应包括被分包出去的所有工作，例如确认是否有符合条件的分包方以及该分包方是否具备接受检测/校准任务所需的资源和时间等。

(4)《认可准则》4.4.4：对合同的任何偏离应通知客户，并取得客户认可。

(5)《认可准则》4.4.5：工作开始后如果需要修改合同，应重新进行合同评审，并将变更情况通知所有受到影响的人员，防止工作差错造成损失。

(三) 评审重点

评审组长（必要时组织相关评审员）结合实验室的实际运作评审本要素，评审中应特别关注以下内容。

(1) 实验室合同评审程序的适应性和完整性，尤其是下面几点。

1) 不同情况的合同评审管理、定位、处理方式准确。

2) 组织策划、参与、管理合同评审的部门或岗位责任人职责任务明确。

3) 合同评审是否能确保：客户要求（尤其是方法要求、保密要求等）形成文件，并易理解，文字明确；实验室资源能力适应；出现分歧时处理适当，并充分记录。

(2) 委托书（合同）格式的适应性。有时实验室需有多种合同格式，各种格式均要进行适应性评审，以保证满足其程序要求。

“检测/校准委托合同书”通常包含的内容如下：

1) 名称要适当体现合同或协议的性质。

2) 合同的要素应包括技术要素、财务要素、时间要素、法律责任要素、分包要求、样品要求（包括样品的制备、安装、托运、返回、处置方式等）、保密和保护所有权的要求（有时客户申明同意放弃其中某些要求）、传送检测结果的要求、根据检测结果提供评价和说明的要求以及其他要求（例如检测报告是否有测量不确定度）等，都应有相应的评审、记录。

(3) 应对不同形式合同（内部、口头协议，通用委托协议，专用合同）评审记录进行查证，并了解合同评审人员履行职责情况。

(4) 能否满足客户、法定主管部门的潜在要求，是否符合实验室的社会责任属性，尤其应慎之又慎地保证执行国家基本法律、法规要求。

五、检测/校准工作分包

(一)《认可准则》原文

4.5.1　当实验室由于未预料的原因（如工作量、需要更多专业技术或暂时不具备能力）或持续性的原因（如通过长期分包、代理或特殊协议）需将工作分包时，应分包给合格的分包方，例如能够遵照本标准要求进行工作的分包方。

4.5.2　实验室应将分包安排以书面形式通知客户，适当时应得到客户的准许，最好是书面的同意。

> 4.5.3 实验室应就其分包方的工作对客户负责，由客户或法定管理机构指定的分包方除外。
>
> 4.5.4 实验室应保存检测和（或）校准中使用的所有分包方的注册资料，并保存其工作符合本标准的证明记录。

（二）要点理解

检测工作分包是合理充分有效利用有限检测资源、能力的有效途径，是市场经济行为在检测实验室乃至某些校准实验室的反映。为了节省资源、满足合同要求，把某些项目，特别那些使用频度低、投资很大的项目分包给其他有能力的实验室有利于社会经济的发展，但条件是执行分包实验室除了具备相应能力外，还要求有相同运作体系——符合本《认可准则》或 ISO/IEC 17025 的要求，以保证检测数据有效、可靠、可比、可信。

（三）评审重点

（1）本要素评审时应考虑其工作范围和资源配备有无分包的必要，若实验室认为近期无分包的必要，可以裁剪掉。有些实验室认为目前虽无必要，但考虑将来需要，并使文件要素完整而保留此要素，也合常理。无论上述哪种情况，评审只需记录“目前无分包活动”。

（2）若实验室有分包活动，则应按准则要求进行评审。

1）管理体系文件中对分包工作规范是否完整适应。

2）分包实验室能力符合《认可准则》要求的证据充分有效（这些证据通常为两种：分包实验室获 CNAS 认可证书和分包项目被认可确认证明文件。实验室派出有能力按《认可准则》进行实验室评审的人员对分包方进行调查，评价所得出结论及调查评价相关记录）。

3）分包时保护客户权益的证据（客户对分包认可的证据，分包结果负责的证据，保守机密等）。

4）对分包工作结果负责的措施的评价（包括结果的评价利用，责任承诺的合理性等）。

六、服务和供应品的采购

（一）《认可准则》原文

> 4.6.1 实验室应有选择和购买对检测和/或校准质量有影响的服务和供应品的政策和程序。还应有与检测和校准有关的试剂和消耗材料的购买、验收和存储的程序。
>
> 4.6.2 实验室应确保所购买的、影响检测和/或校准质量的供应品、试剂和消耗材料，只有在经检查或证实符合有关检测和/或校准方法中规定的标准规范或要求之后才投入使用。所使用的服务和供应品应符合规定的要求。应保存所采取的符合性检查活动的记录。
>
> 4.6.3 影响实验室输出质量的物品采购文件，应包含描述所购服务和供应品的资料。这些采购文件在发出之前，其技术内容应经过审查和批准。
>
> 注：该描述可包括型式、类别、等级、精确的标识、规格、图纸、检查说明、包括检测结果批准在内的其他技术资料、质量要求和进行这些工作所依据的管理体系标准。
>
> 4.6.4 实验室应对影响检测和校准质量的重要消耗品、供应品和服务的供应商进行评价，并保存这些评价的记录和获批准的供应商名单。

（二）要点理解

服务和供应品的采购是商品经济社会中不可缺少的日常商业行为。但基于实验室所需的服务和供应品专指为“检测/校准”活动所必需的，并构成影响检测/校准结果的重要因素，这又是在实际工作中往往被忽视的一个因素。所以要纳入管理体系并加以严格控制管理。服务和供应品质量控制流程图如图 6-3 所示。

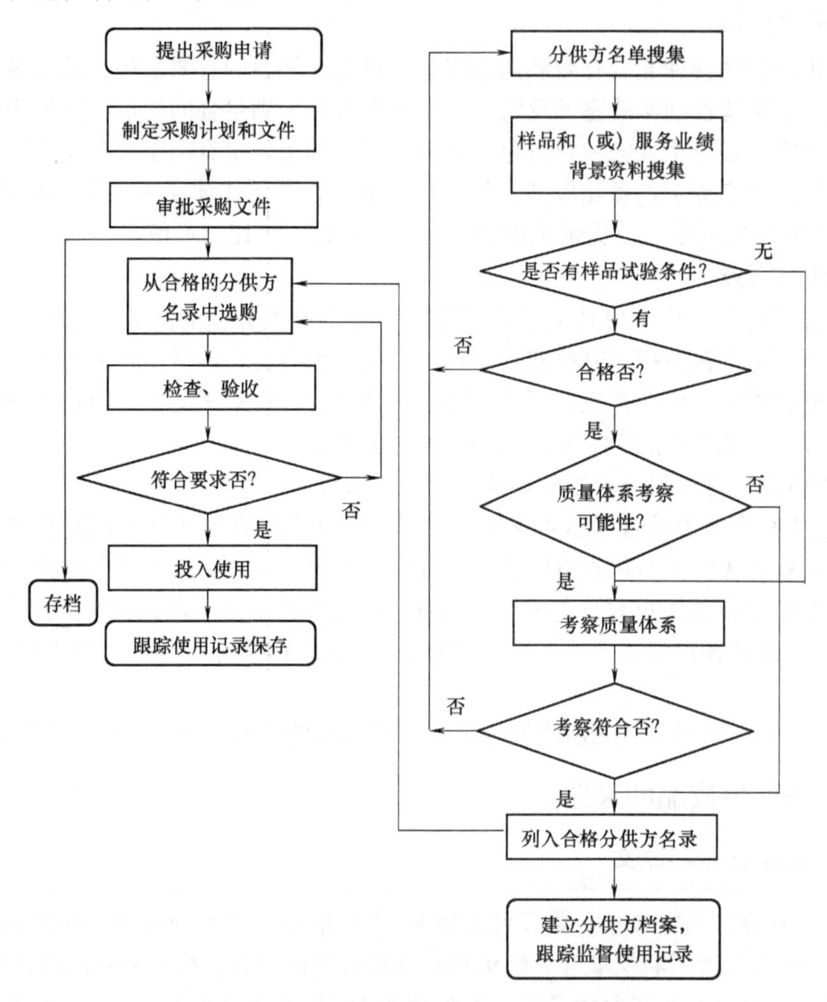

图 6-3　实验室服务和供应品质量控制流程图

（三）评审重点

现场评审中评审组长除评审程序的完整性、适应性外，还应组织相关技术评审员，结合现场试验等评审活动，评审服务和供应品的管理、控制成效。评审时重点关注以下内容。

（1）采购程序是否适用完整，能否有效控制。其控制方法应明确列出对检测/校准质量有影响的供应品、试剂、消耗材料的种类及其相应检查项目、检查方法和判定要求等。

（2）对结果有影响的供应品质量检查是否按相关程序进行并能提供相应证据。

质量特性适应证据包括采购文件中技术要求、批准记录、进货检查验证记录等。

（3）危险品（若有剧毒、违禁药物等时）的管理特殊措施的完备性评价（如单独安全存放条件，双人互锁管理收发，可追溯的消耗发放证明、记录等）。

（4）查证服务和供应品供应商评价记录及供应商名单。

1）对供应商进行合格分供方评价，应由供应品受益者或使用者进行，在一个质量周期内至少进行一次。

2）供应商评价的内容包括：质量信誉（如认证、认可证书）、供货质量、性价比、售后服务、供货能力、服务支持能力等。实验室应对每个供应商逐一评价，按评价结果撤除不合格的供应商，编列新的供应商名录。

《认可准则》4.6.1 说明示例：

1）对于校准服务，若 CNAS 已对校准实验室进行了认可，因而对检测实验室的服务不必要求其资质证明，因为在同体系内应能互相认可。

2）对于检测/校准设备采购，某些实验室的检测设备按《认可准则》5.5 的相关程序严格控制管理，在此要素不涉及亦算合理。

3）对于实验设施和环境条件等工程服务，往往要按专门合同验收要求进行管理。

七、服务客户

（一）《认可准则》原文

> 4.7.1　实验室应与客户或其代表合作，以明确客户的要求，并在确保其他客户机密的前提下，允许客户到实验室监视与其工作有关的操作。
>
> 注 1：这种合作可包括：
>
> a）允许客户或其代表合理进入实验室的相关区域直接观察为其进行的检测和/或校准。
>
> b）客户为验证目的所需的检测和/或校准物品的准备、包装和发送。
>
> 注 2：客户非常重视与实验室保持技术方面的良好沟通并获得建议和指导，以及根据结果得出的意见和解释。实验室在整个工作过程中，宜与客户尤其是大宗业务的客户保持沟通。实验室应将检测和（或）校准过程中的任何延误和主要偏离通知客户。
>
> 4.7.2　鼓励实验室从其客户处搜集其他反馈资料（例如通过客户调查），无论是正面的还是负面的反馈。这些反馈可用于改进管理体系、检测和校准工作及对客户的服务。
>
> 注：反馈的类型示例包括：客户满意度调查、与客户一起评价检测或校准报告。

（二）要点理解

实验室与一般企业（强调售后服务）不同，它更关注前期（开始检测/校准前）和过程中的服务，因此它应与客户或客户的代表协作，通过协作可以比较全面而且深入地正确理解客户的要求，尤其是客户潜在要求和过程中的要求，保证服务有效、到位。这种协作包括在确保不损害其他客户机密的前提下，允许客户或其代表进入实验室的相关区域直接观察或监视与该客户所委托的检测/校准工作有关的操作。为客户制备、包装和分发验证所需要的样品（可以为客户节省相关资源，还能使样品易于满足试验要求）等。除此外，客户非常重视与实验室保持技术方面的良好沟通，并希望从实验室方面获得建议或指导以及根据检测结果得出的意见和解释。

实验室应设法从其客户处搜集反馈信息（例如客户调查），无论是正面的还是负面的反馈意见，这是实验室识别改进机会的重要途径，对改进质量管理体系、检测/校准工作质量以及改善对客户的服务都有帮助。

（三）评审重点

（1）在允许客户进入试验现场时应特别关注保护其他客户机密的措施。

（2）查证向客户征求反馈意见（建议）的相关记录及对改进活动所起的作用。

（3）本要素可以结合《认可准则》4.10、《认可准则》4.15 进行评审，并查证相关记录，评价其服务意识和质量。

八、投诉

（一）《认可准则》原文

> 4.8　投诉
>
> 实验室应有政策和程序处理来自客户或其他方面的投诉。应保存所有投诉的记录以及实验室针对投诉所开展的调查和纠正措施的记录（见 4.11）。

（二）要点理解

投诉是客户维护自己权益的权利，也是实验室保证其工作规范、公正，对客户意见进行反馈处理的重要承诺。因此其程序应规范、严谨。

（三）评审重点

本要素极为重要，评审组长（必要时组织相关评审员）应认真仔细地实施评审，评审中应关注以下内容。

（1）投诉（抱怨）处理的程序的完整适应性，程序主要包括以下内容。

1）目的。

2）适用范围。

3）职责：职责分配，谁（或部门）负责接收（受理）申诉、投诉，谁负责投诉的记录（书面投诉、口头电话投诉要记录在案；向谁报告，由谁来处理投诉；必要时，要成立调查小组调查，或进行一次临时局部的内审等）。

4）调查处理程序：调查问题，问题分类，分析问题，找出根本原因，判断（包括验证试验等）投诉是否成立（如果不成立也要向客户很好地有礼貌地解释清楚）。如果投诉成立，则要采取纠正措施，转入《认可准则》4.11 纠正措施程序，乃至包括对造成损失的适当补偿；最终结果与客户的沟通、实施等。

5）质量记录：所有有关投诉的调查和处理记录必须保存好。

处理投诉的流程如图 6-4 所示。

（2）查验案例（近期）处理的正确性，包括投诉登记、立项、处理。

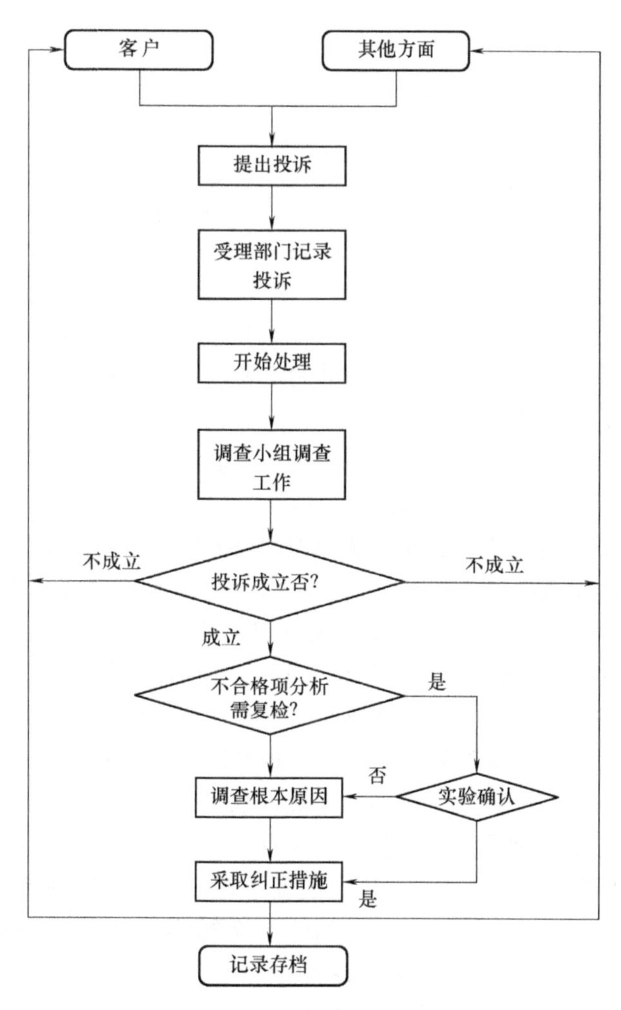

图6-4 处理投诉的流程图

九、不符合检测和（或）校准工作控制

（一）《认可准则》原文

4.9.1 实验室应有政策和程序，当检测和（或）校准工作的任何方面，或该工作的结果不符合其程序或与客户达成一致的要求时，予以实施。该政策和程序应确保：

a）确定对不符合工作进行管理的责任和权力，规定当不符合工作被确定时所采取的措施（包括必要时暂停工作，扣发检测报告和校准证书）；

b）对不符合工作的严重性进行评价；

c）立即采取纠正，同时对不符合工作的可接受性做出决定；

d）必要时，通知客户并取消工作；

e）确定批准恢复工作的职责。

> 注：对管理体系或检测和（或）校准活动的不符合工作或问题的识别，可能在管理体系和技术运作的各个环节，例如客户投诉、质量控制、仪器校准、消耗材料的核查、对员工的考察或监督、检测报告和校准证书的核查、管理评审和内部或外部审核。
>
> 4.9.2　当评价表明不符合工作可能再度发生，或对实验室的运作与其政策和程序的符合性产生怀疑时，应立即执行4.11中规定的纠正措施程序。

（二）要点理解

（1）《认可准则》4.9.1：不符合检测/校准工作是指检测/校准工作的任一方面或该工作的结果不符合实验室的程序要求或与客户的约定要求，这与样品检测结果是合格还是不合格是两个不同的概念，不可混淆。

实验室应建立并实施不符合工作的控制程序。我们知道，一个复杂的动态体系发生不符合（或不合格）现象是正常的，人们期望一旦发生应尽早、尽快地识别出不符合工作并及时处理，以免造成后续的各种不良影响。这种识别可能发生在下列相关活动中：日常质量监督员的监督［见《认可准则》4.1.5a)、4.1.5g)］、合同评审（见《认可准则》4.4）、样品处置（见《认可准则》5.8）、客户投诉（见《认可准则》4.8）、方法选择（见《认可准则》5.4）、环境条件控制（见《认可准则》5.3）、仪器管理和校准（见《认可准则》5.5和5.6）、试剂易耗品检查（见《认可准则》4.6）、报告或证书的检查（见《认可准则》5.10）、内部审核（见《认可准则》4.13）、外部审核和质量控制（见《认可准则》5.3、5.4.7.1和5）等。一旦不符合检测/校准工作被识别出来，就要依据"不符合检测/校准工作控制程序"来解决，该控制程序应确保以下几点。

1）依据不符合的严重程度及影响范围，明确不符合工作的管理者及其职责和权限，规定在不符合工作发生时可以采取的行动，包括停止检测/校准工作并在必要时收回报告或证书等，以避免问题扩大化造成严重的后果或损失。

2）明确如何对不符合工作的严重性做出评估。

3）明确立即采取纠正的职责，同时对不符合工作的可接受性做出决定。

4）规定必要时通知客户并取消工作的责任部门（人员）及其权限。

5）规定批准恢复工作的责任人及其责任。

不符合工作控制流程图如图6-5所示。

（2）《认可准则》4.9.2：在按《认可准则》4.9.1进行评价中，发现不符合工作可能会再度发生，或对实验室的运作与其政策和程序的符合性产生怀疑时，应进入《认可准则》4.11纠正措施程序。

（三）评审重点

评审中评审组长应组织所有评审员抽查相关不符合工作处理案例，以确定以下几点：

1）不符合工作控制程序的完整性与适应性。

2）不符合工作的识别、报告方式的合理性与及时性，不致产生后续不良影响。

3）不符合工作严重的界定、纠正处理的及时性和合理性，扣发报告/证书、停止工作是否符合程序规定。

4）不符合工作转入《认可准则》4.11程序的合理性与适时性。

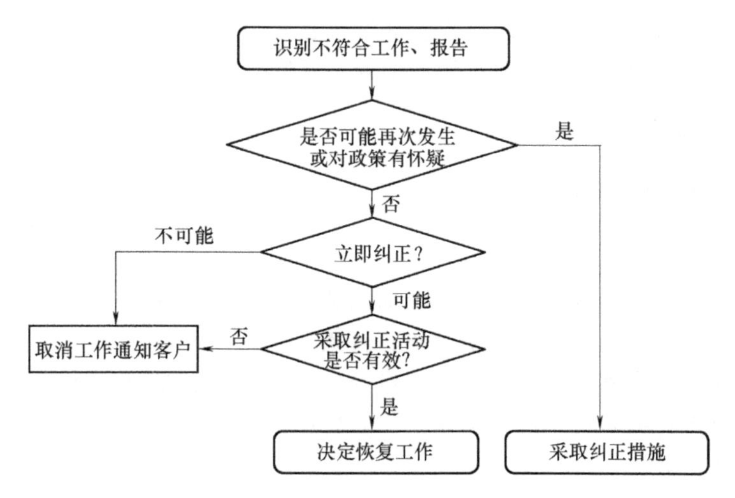

图 6-5 不符合工作控制流程图

十、改进

（一）《认可准则》原文

4.10 实验室应通过质量方针、质量目标、审核结果、数据分析、纠正措施和预防措施，以及管理评审持续改进管理体系的有效性。

（二）要点理解

质量管理体系的时序性、动态性决定了实验室的最高管理者和管理层，必然要通过评审结果、市场调查、客户反馈、数据分析等，随时调整质量方针、目标，或在方针、目标实现活动过程中，坚持体系的改进，以不断提高体系的有效性和效率，更好地服务于客户和社会。

实验室最高管理者应制定实施持续改进的相关政策，并营造全体员工参与改进活动的氛围，使得全体员工能在自身工作范围内积极地识别改进的机会，得以完善。使管理体系、检测/校准活动及客户服务处于持续改进状态。这种改进通常可按如下途径进行：

1）日常例行改进，质量管理体系运行中的日常例行改进，常由技术负责人和质量负责人按《认可准则》4.11 的“纠正措施程序”和《认可准则》4.12 的“预防措施程序”组织实施。

2）重大改进项目（管理体系运行中所需重大改进项目），常由最高管理者批准立项，技术负责人/质量负责人制定质量改进计划，组织实施。

3）质量方针、目标的调整以及实施过程中所需重大改进，常由最高管理者，通过“管理评审程序”组织实施。

（三）评审重点

评审组长依据管理体系的特性，结合实验室实际对本要素进行评审，评审中应特别关注以下两点：

1）最高管理者和管理层对持续改进管理体系意义的认识。

2）查证最高管理者组织相关改进活动记录、评价改进工作的有效性和适时性。

十一、纠正措施

（一）《认可准则》原文

4.11.1 总则

实验室应制定政策和程序并规定相应的权力，以便在确认了不符合工作、偏离管理体系或技术运作中的政策和程序时实施纠正措施。

注：实验室管理体系或技术运作中的问题可以通过各种活动来识别，例如不符合工作的控制、内部或外部审核、管理评审、客户的反馈或员工的观察。

4.11.2 原因分析

纠正措施程序应从确定问题根本原因的调查开始。

注：原因分析是纠正措施程序中最关键有时也是最困难的部分。根本原因通常并不明显，因此需要仔细分析产生问题的所有潜在原因。潜在原因可包括：客户要求、样品、样品规格、方法和程序、员工的技能和培训、消耗品、设备及其校准。

4.11.3 纠正措施的选择和实施

需要采取纠正措施时，实验室应对潜在的各项纠正措施进行识别，并选择和实施最可能消除问题和防止问题再次发生的措施。

纠正措施应与问题的严重程度和风险大小相适应。

实验室应将纠正措施调查所要求的任何变更制定成文件并加以实施。

4.11.4 纠正措施的监控

实验室应对纠正措施的结果进行监控，以确保所采取的纠正措施是有效的。

4.11.5 附加审核

当对不符合或偏离的识别引起对实验室符合其政策和程序，或符合本准则产生怀疑时，实验室应尽快依据4.14条的规定对相关活动区域进行审核。

注：附加审核常在纠正措施实施后进行，以确定纠正措施的有效性。仅在识别出问题严重或对业务有危害时，才有必要进行附加审核。

（二）要点理解

“纠正”和“纠正措施”有着本质的不同。简单地讲，“纠正”是消除已发现不符合所采取的行动或措施；而纠正措施是为消除已发现不符合原因，或其他不期望的原因所采取的措施，以防不符合再度发生。纠正措施程序流程如图6-6所示。

发现（识别、鉴别）和确定需进入纠正措施程序的不符合工作的途径或环节有很多，包括不符合工作控制、内部或外部审核、管理评审、客户反馈、监督人员报告、投诉、内部或外部试验比对、能力验证、质量控制等。

纠正措施程序应从调查确定不符合可能再度发生问题的根本原因开始。根本原因调查分析是该程序最关键也是最困难的部分，所以在解决比较复杂的问题时，往往需要集中相关部门来研究分析造成不符合的根本原因（包括一些难以发现的潜在原因），如客户要求、样品本身、工作程序、员工技能与培训，设备标物管理、消耗品乃至标物

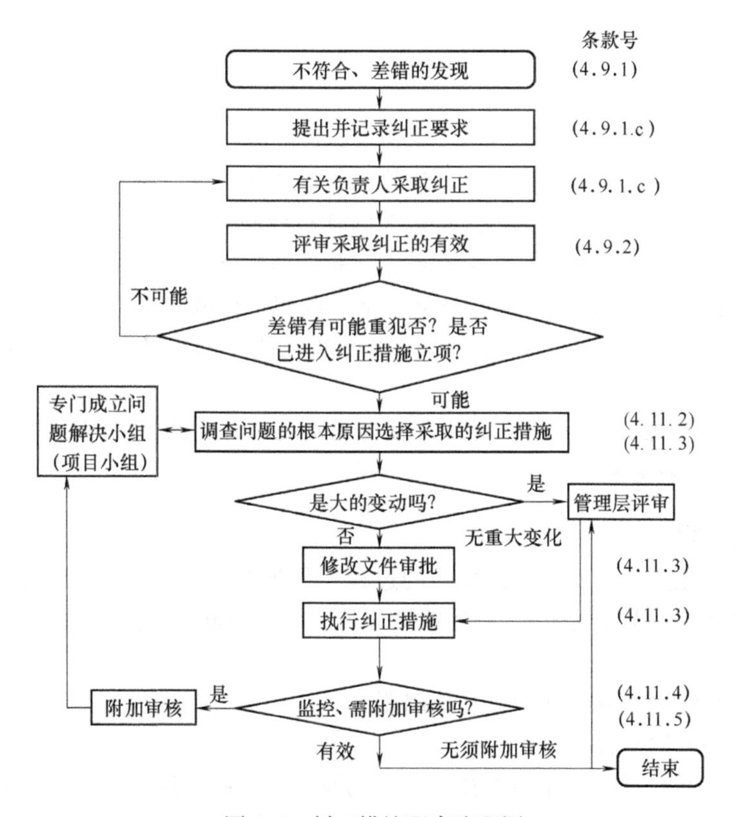

图 6-6 纠正措施程序流程图

本身的问题。不分析发现问题的根本原因，而仅对表面原因进行了纠正，则可能无法保证消除问题并防止问题再次发生。若采取纠正措施后问题依然发生就说明纠正措施无效。为此实验室应对纠正措施的实施结果进行跟踪验证和监控，以确保纠正措施的有效性。

同时应注意的是，纠正措施实施结果往往会导致对原质量管理体系文件的修改，此时应遵循文件控制程序，按规定修订文件并经批准后发布实施。

（三）评审重点

评审组长应重点关注以下内容。

1）程序的完整与适应性。

2）应利用其程序和典型案例考核其技术管理层、质量负责人执行程序的符合性。

① 纠正措施立项、确认。

② 不符合的根本原因的分析（方法、途径）。

③ 纠正措施的选择、实施、监控和验证过程，进一步确认程序的适应性。

④ 附加内审启动的适时性与有效性。

3）确认有效后，按程序修改、完善相关作业文件的准确性与适时性。

4）查证纠正措施记录中有否重复发生的同类不符合项。

十二、预防措施

（一）《认可准则》原文

4.12.1　应识别确定潜在不符合工作的原因和所需改进，无论是技术方面的还是相关管理体系方面。在识别出改进机会或需采取预防措施时，应制定、执行和监控这些措施计划，以减少类似不符合情况发生的可能性并借机改进。

4.12.2　预防措施程序应包括措施的启动和控制，以确保其有效性。

注1：预防措施是事先主动识别改进机会的过程，而不是对已发现问题或投诉的反应。

注2：除对运作程序进行评审之外，预防措施还涉及包括趋势和风险分析以及能力验证结果在内的资料分析。

（二）要点理解

预防措施是事先主动地确定改进机会的过程，预防措施除了包括对原先的操作程序进行评审之外，还可能涉及数据分析，包括趋势分析、风险分析以及能力验证结果等资讯的分析，客户的潜在需求等。

实验室的各种资讯的分析处理应有战略眼光，应当对过程进行持续改进，从而提高实验室的业绩，使相关方均受益。

实验室应分析确定可能存在的潜在不符合的原因，并制定所需采取的预防措施，包括检测/校准技术工作方面的，也包括质量管理体系方面的。

预防措施往往涉及多方因素、多个部门，需各方协调运作，才能保证经济而有效，因此它应制定、实施并监控预防措施计划，目的是充分利用改进的机会，达到最经济的最佳“预防”效果。

实验室应建立预防措施控制程序，该程序应包括两个方面，一个方面是预防措施的启动或者准备，另一个方面是预防措施的实施与监控。启动阶段可以包括策划、调查研究、分析信息资料、培训教育队伍以及在此基础上制定出预防措施计划，为实施和监控工作奠定基础，从而确保预防措施的有效性。预防措施控制流程如图6-7所示。

（三）评审重点

评审中，组长组织相关技术评审员可结合《认可准则》4.9、《认可准则》4.11、《认可准则》4.12，对实验室最高管理者、技术管理层、质量负责人进行评审，着重关注以下几点。

（1）纠正、纠正措施、预防措施三者的区别界定是否清楚，预防措施程序的完整性与适应性的评审。

（2）依据程序和实际案例评审预防措施实施过程的符合性，尤其是以下几点：

1）依据信息分析处理，确定预防措施立项过程的评审。

2）分析研究找出引起潜在不符合原因的评审。

3）针对潜在原因，依据问题的严重程度和风险大小所选择预防措施合理性评价。

4）依据所选预防措施制定实施、监控计划的评审，尤其是相关资源配置、启动计划的协调性的评价。

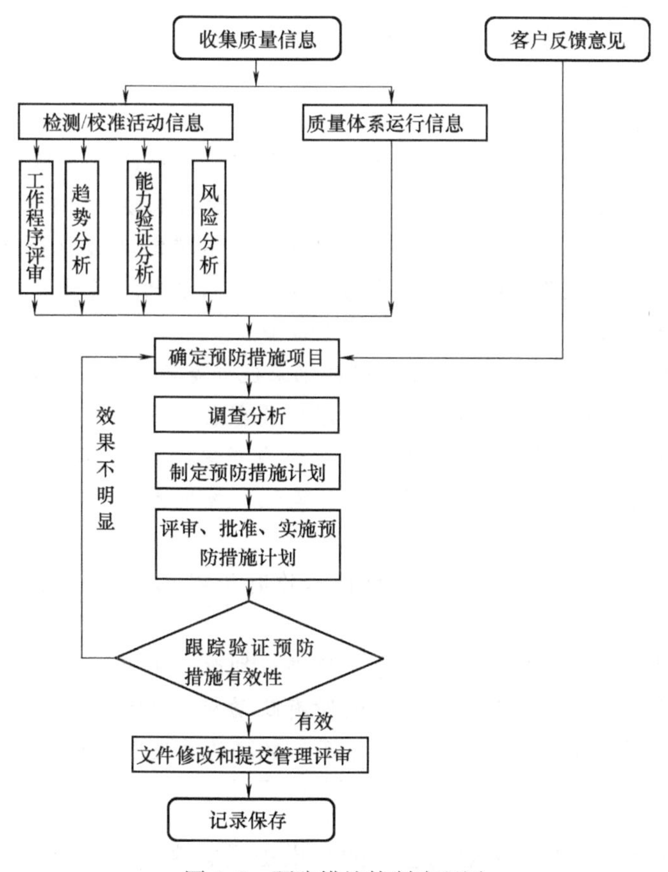

图6-7 预防措施控制流程图

5）预防措施实施、监控计划的评审、批准和组织实施过程记录评价，并特别关注启动、控制、协调的适应性。

（3）预防措施实施结果分析评审结论的评价。

（4）措施确认有效后，修改、完善相关管理体系文件的适应性评价。

十三、记录控制

（一）《认可准则》原文

> 4.13.1 总则
>
> 4.13.1.1 实验室应建立和维持识别、收集、索引、存取、存档、存放、维护和清理质量记录和技术记录的程序。质量记录应包括内部审核和管理评审的报告及纠正和预防措施的记录。
>
> 4.13.1.2 所有记录应清晰明了，并以便于存取的方式存放和保存在具有防止损坏、变质、丢失等适宜环境的设施中。应规定记录的保存期。
>
> 注：记录可存于任何形式的载体上，例如硬拷贝或电子媒体。
>
> 4.13.1.3 所有记录应予安全保护和保密。

4.13.1.4 实验室应有程序来保护和备份以电子形式存储的记录，并防止未经授权的侵入或修改。

4.13.2 技术记录

4.13.2.1 实验室应将原始观察记录、导出数据、开展跟踪审核的足够信息、校准记录、员工记录以及发出的每份检测报告或校准证书的副本按规定的时间保存。如可能，每项检测或校准的记录应包含足够的信息，以便识别不确定度的影响因素，并保证该检测或校准在尽可能接近原条件的情况下能够复现。记录应包括负责抽样的人员、从事各项检测和（或）校准的人员和结果校核人员的标识。

注1：在某些领域，保留所有的原始观察记录也许是不可能或不实际的。

注2：技术记录是进行检测和（或）校准所得数据（见5.4.7）和信息的累积，它们表明检测和（或）校准是否达到了规定的质量或规定的过程参数。技术记录可包括表格、合同、工作单、工作手册、核查表、工作笔记、控制图、外部和内部的检测报告及校准证书、客户信函、文件和反馈。

4.13.2.2 观察结果、数据和计算应在工作时予以记录，并能按照特定任务分类识别。

4.13.2.3 当记录中出现错误时，每一错误应划改，不可擦涂掉，以免字迹模糊或消失，并将正确值填写在其旁边。对记录的所有改动应有改动人的签名或签名缩写。对电子存储的记录也应采取同等措施，以避免原始数据的丢失或改动。

（二）要点理解

记录的定义是为已完成的活动或达到的结果提供客观证据的文件。这就是说它应对“已完成活动”从开始到其结束的全过程运作进行记录；或对“所达到的结果”从初始启动条件直到结果产生的全过程操作进行记录，以证实活动的规范，保证结果的可靠。因此活动的关键过程的运作条件、方法程序、发生的过程现象等，均应予以记录，以便为可追溯性提供文字依据，为验证纠正措施、预防措施提供证据。

《认可准则》将记录分成两种：第一种称为质量记录，第二种称为技术记录。

实验室应制定记录管理程序。记录管理流程见图6-8。其程序至少应保证以下内容。

1）有唯一性标识，以便识别。

2）记录清楚而不会消失。

3）储存保管方式应使其便于检索，并应明确查阅人员范围和批准查阅手续，因为这涉及保护客户机密和所有权等问题。

4）储存保管应当环境适宜，防止损坏、变质和丢失，如防潮、防火、防蛀、防失窃等。

5）应明确规定记录保存期限，不同种类的记录可以有不同的保存期限，当然，保存期应符合法律法规、客户、官方管理机构、认可机构以及标准规定的要求；保存期常分为永远保存（如基本建设资料、收藏性资料）、长期保存（如设备档案、人员档案等）、短期保存［常为一个质量周期（3～5年），一般公文可二年左右，检测报告/证书、质量运行记录多为5年左右］。CNAS-CL01-A025《检测和校准实验室能力认可准则在校准领域的应用说明》中对记录的控制有新的要求，如其8.4.2规定：测量标准（设备、装置或系统）的技术记录（如溯源证书、质控数据、维修记录等）应长期保存，即使在标准设备报废后，也应

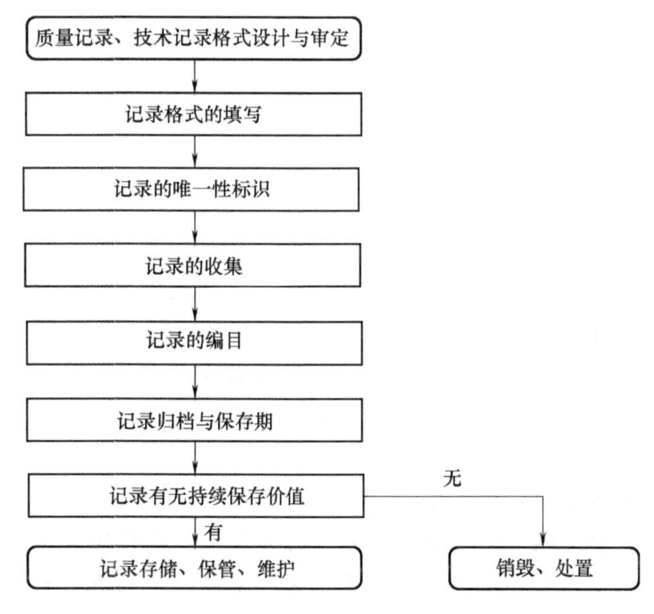

图 6-8 记录管理流程图

至少保留 3 年。

6）载体可以有硬拷贝或电子媒体等不同形式。

7）应保证安全与保密。

8）电子方式储存的记录应有保护和备份程序，防止未经授权的接触或修改。

9）过了保存期的记录需要销毁时，应列出清单，应经过审查和批准，以免造成无可挽回的损失（批准的清单应永久保存）。

为了确保记录足够，信息充分。实验室应根据所进行的检测、校准、抽样工作以及质量管理体系的不同要求设计不同的质量管理记录表格和技术活动记录表格的格式。格式栏目中所要求填写的内容应满足信息足够和方便使用的原则，并经审核和批准。应定期评审其必要性、充分性和可追溯性，并不断改进完善。实验室应有记录格式的控制清单，在批准启用新格式时，原有的老格式应予以废止。

（三）评审重点

基于记录能为完成的活动或达到的结果提供客观证据，因而它也就成了评审评价实验室检测/校准活动及其结果质量的重要要素，评审组长及其成员必须对所评审每一领域的记录进行评审。对某些数量多的记录可按合适的抽样方案进行抽样审查，并重点关注：

1）实验室是否编制了《质量记录和技术记录管理程序》，并评价其完整性与适应性。

2）各类记录格式设计栏目内容是否符合信息足够的原则，并方便使用。

3）记录填写是否正确、完整、清晰、明了、实时（无追记、补记、重抄等）。

4）记录差错的更改是否符合规定要求。

5）技术记录信息是否充分应作为查证重点，尤其是与所用方法相关的信息。

6）记录的保存期是否都有明确的规定，并满足相关需求。

7）记录是否进行了很好的分类，存取是否方便。

8）记录保存的环境是否符合要求。

9）所有记录保存、提取使用是否都做到了妥善（安全）保护和保密。

10）实验室是否有程序保护电子形式存储的记录，能否防止未经授权的侵入和修改。

11）记录管理控制记录（表）是否完备。

十四、内部审核

（一）《认可准则》原文

4.14.1　实验室应根据预定的日程表和程序，定期地对其活动进行内部审核，以验证其运作持续符合管理体系和本准则的要求。内部审核计划应涉及管理体系的全部要素，包括检测和（或）校准活动。质量主管负责按照日程表的要求和管理层的需要策划和组织内部审核。审核应由经过培训和具备资格的人员来执行，只要资源允许，审核人员应独立于被审核的活动。

注：内部审核的周期通常为一年。

4.14.2　当审核中发现的问题导致对运作的有效性，或对实验室检测和（或）校准结果的正确性或有效性产生怀疑时，实验室应及时采取纠正措施。如果调查表明实验室的结果可能已受影响，应书面通知客户。

4.14.3　审核活动的领域、审核发现的情况和因此采取的纠正措施，应予以记录。

4.14.4　跟踪审核活动应验证和记录纠正措施的实施情况及有效性。

（二）要点理解

审核即质量审核，一般地讲，它是为确定质量活动和有关结果是否符合方案和计划的安排，以及这些安排是否有效地实施并适合于达到预定目标的有系统的、独立的检查。由于审核用于实验室内部（称内部审核，也称第一方审核）构成了实验室质量体系自我诊断、自我完善机制的关键要素，是实验室保证检测数据可靠、有效，实现质量方针的关键因素。为此实验室在内审中不可忽略了对技术要求的审核。故实验室在内审员的培训时除通用内审培训外还要结合实验室具体专业进行相关的技术审核方面的培训。

（三）评审重点

评审组长应亲自主持评审此要素，必要时组织相关评审员参与，评审时应结合管理体系运行实际的近期内审案例进行，并重点关注以下项目。

（1）内审程序的完整性与适应性。内审程序应符合《认可准则》要求，同时又适应本实验室管理体系运作特性、特点需要。

（2）评审质量负责人和相关人员执行内审程序的符合性，并特别注意查证以下几点。

1）年度内审方案和计划的完整性与适应性：内审时机适应实验室总体工作安排和管理体系运行的需要；频度适宜、要素和相关部门对应准确，保证相关部门和所有要素每年至少内审一次，重要要素可能要审核多次。

2）内审实施计划的完整性与适应性：包括计划内容完整性、审核范围界定准确性、审核依据充分性，日程和内审分工合理性、以及明确审核重点。

3）审核准备阶段：主要查证对管理文件评审情况，了解内审员对相关管理体系文件的熟悉程度；内审所用检查表是否在审核实施前已由内审员按各自分工范围编制并经组长审批；检查表的内容是否完整、适用并有可操作性。

4）内审实施过程的符合性：正确使用检查表；抽取样品的典型性和代理性；取证记录的准确性与完整性；不符合报告中证据的充分性，结论正确性，采取的纠正/纠正措施有效性。

5）内审报告的完整性和符合性评价。

6）依据内审结果，修改相关程序和作业文件完整性和适宜性评价。

（3）质量主管向管理评审输入“内审活动报告”的评审。

实验室内审活动评审应着重对其实效性进行评价，应识破表演性的内审活动。所谓表演性，即“严格”按内审程序对管理体系运行进行一一内审，“发现”“记录”和“整改”了一些无关紧要的“问题”，而对管理体系实际运行的问题视而不见。此类走场表演性内审是无成效的质量活动。其实，完备、良好运行的体系并非是无缺陷的体系，而是能自我诊断缺陷、自我完善的体系。对表演性的内审活动应要求切实改正，保证内审活动的深度、广度。

十五、管理评审

（一）《认可准则》原文

> 4.15.1 实验室的最高管理者应根据预定的日程表和程序，定期地对实验室的管理体系和检测和/或校准活动进行评审，以确保其持续适用和有效，并进行必要的变更或改进。评审应考虑到：
>
> ——政策和程序的适用性；
>
> ——管理和监督人员的报告；
>
> ——近期内部审核的结果；
>
> ——纠正措施和预防措施；
>
> ——由外部机构进行的评审；
>
> ——实验室间比对或能力验证的结果；
>
> ——工作量和工作类型的变化；
>
> ——客户反馈；
>
> ——投诉；
>
> ——改进的建议；
>
> ——其他相关因素，如质量控制活动、资源以及员工培训。
>
> 注1：管理评审的典型周期为12个月。
>
> 注2：评审结果应当输入实验室策划系统，并包括下年度的目的、目标和活动计划。
>
> 注3：管理评审包括对日常管理会议中有关议题的研究。
>
> 4.15.2 应记录管理评审中的发现和由此采取的措施。管理者应确保这些措施在适当和约定的时限内得到实施。

（二）要点理解

质量管理体系评审是“最高管理者的任务之一，是就质量方针和目标有规则地、系统地评价质量管理体系适宜性、充分性、有效性和效率。”这种评审可包括考虑修改质量方针和目标的需求，以适应有关方需求和期望的变化。从系统学上讲，它是实验室管理层，特别是最高管理者，全面、及时认识、了解其管理体系动态变化的重要手段，因此具有时序性。上至其方针和目标，下至每一过程活动，必须随着时间的延伸，环境条件（社会的、内部的）变化，适时地、系统地调整，从而使其具有充分的活力，形成质量体系持续改进、自我完善的最高决策机制。这种机制应以文件形式固定下来，形成专门的程序——管理评审程序。

归纳起来实验室管理评审应对以下三方面进行讨论分析。

（1）分析质量管理体系的符合性：对内部质量管理体系审核结果的分析，分析对象包括内部质量管理体系审核报告、纠正措施实施情况，以及结合质量管理体系运行需要对质量管理体系文件提出修改、补充意见等。

（2）分析质量管理体系的有效性：包括检测/校准结果质量情况、客户投诉、能力验证结果等，分析管理体系运行的有效性，并提出相关的纠正和预防措施的建议。

（3）分析质量管理体系的适应性：对于出现的新情况，如市场需求，是否要新开项目，新标准，或标准更改，技术手段、组织机构、客户要求等是否发生变化；对出现的新需求、新变化，分析方针目标、资源设施、人员控制等的适应性并提出建议。

为此实验室在开展管理评审前已责成有关部门对管理评审输入所需资料进行汇总并形成专题报告。基于第五章已对管理评审有专门介绍，本节略去相关细节和具体要求。

（三）评审重点

评审组长负责评审本要素，依据程序，结合实验室体系运行实际的近期管理评审案例进行评审，评审中应关注以下内容。

（1）管理评审程序的符合性和适应性。

（2）评审其管理评审程序的实施，包括：管理评审的目的、组织者、参加者和管理评审的输入等符合性的评审。管理评审的组织者为实验室的执行管理层，管理评审的参加者通常为实验室的各层次管理人员，可包括监督人员。管理评审的输入（技术管理者、质量负责人及相关部门等向最高管理者提出的书面报告）包括方针和程序的适用性、总体目标实现情况、管理和监督人员的报告、近期内部审核的结果、纠正和预防措施、外部机构的评定、实验室间比对或能力验证的结果、工作量和类型的变化、客户反馈、投诉、质量控制活动情况、资源及人员培训问题等，同时还应包括对日常管理层会议上有关问题的考虑。管理评审输入是否充分、完整是本节评审的重点。

应重点关注管理评审的周期是否超过 12 个月。

（3）管理评审的结果是否输入到实验室的计划体系中，作为实验室来年（乃至长远）的目标、任务和措施计划的依据。

管理评审的结果（包括各项决议案及质量管理体系的修改和预防措施等）应制定实施计划，并形成文件，实验室管理层应确保在商定的时间内按规定执行各项决议，以保持实验室质量管理体系的持续适用性和有效性。应关注实施过程及相关记录是否完整并归档保存。

基于管理评审在管理体系运行中的重要性，评审中要着重其深度和高度，切记防止走过场性质的“表演”，强调实效。

第三节 《认可准则》技术要求要点理解与评审重点

如前所述，《认可准则》将实验室的基本社会属性和行为属性责任要求分成“管理要求”和“技术要求”两部分来表述。“技术要求”是实验室管理体系中的特定基本属性，是保证检测/校准结果数据正确、可靠的核心，“技术要求”要有“管理要求”作支持和保证，二者有机融合成实验室管理体系总要求。

一、总则

（一）《认可准则》原文

5.1.1 决定实验室检测和（或）校准的正确性和可靠性的因素有很多，包括：
——人员（5.2）；
——设施和环境条件（5.3）；
——检测和校准方法及方法的确认（5.4）；
——设备（5.5）；
——测量的溯源性（5.6）；
——抽样（5.7）；
——检测和校准物品的处置（5.8）。

5.1.2 上述因素对总的测量不确定度的影响，在（各类）检测之间和（各类）校准之间明显不同。实验室在制定检测和校准的方法和程序、培训和考核人员、选择和校准所用设备时，应考虑到这些因素。

（二）要点理解

实验室为了保证其检测/校准结果——数据的正确、可靠、有效、一致（可比），最终实现结果——数据的互认，均按系统科学原理，建立形成了一整套技术系统、技术体系，形成了成熟的系统误差分析理论。最早（1978 年）的实验室认可准则构架，就是实验室的技术系统要求。后来才逐步加进质量管理要求，形成了技术与管理要求融为一体的《认可准则》，从某种角度讲，技术系统要求是实验室实现其方针、目标的关键、核心要素，也是实验室认可机构认可其能力的核心要素。

影响检测/校准结果有七类主要因素，对不同类别的检测和校准结果的测量不确定度的影响程度有明显差别，所以实验室在制定实验方法和程序、培训和考核人员以及选择检测和校准所用的设备（仪器）时应考虑到这些因素。

在现场评审时本条款不需要做是否符合的评价。本条作为技术要求总纲，在评审本章其他条款时应考虑到本条所提到的原则。

二、人员

（一）《认可准则》原文

5.2.1 实验室管理者应确保所有操作专门设备、从事检测和/或校准、评价结果、签署检测报告和校准证书的人员的能力。当使用在培员工时，应对其安排适当的监督。

对从事特定工作的人员，应按要求根据相应的教育、培训、经验和/或可证明的技能进行资格确认。

注 1：某些技术领域（如无损检测）可能要求从事某些工作的人员持有个人资格证书，实验室有责任满足这些指定人员持证上岗的要求。人员持证上岗的要求可能是法定的、特殊技术领域标准包含的，或是客户要求的。

注2：对检测报告所含意见和解释负责的人员，除了具备相应的资格、培训、经验以及所进行的检测方面的充分知识外，还需具有：

——用于制造被检测物品、材料、产品等的相关技术知识、已使用或拟使用方法的知识，以及在使用过程中可能出现的缺陷或降级等方面的知识；

——法规和标准中阐明的通用要求的知识；

——对物品、材料和产品等正常使用中发现的偏离所产生影响程度的了解。

5.2.2 实验室管理者应制定实验室人员的教育、培训和技能目标。应有确定培训需求和提供人员培训和政策和程序。培训计划应与实验室当前和预期的任务相适应。应评审这些培训活动的有效性。

5.2.3 实验室应使用长期雇佣人员或签约人员。在使用签约人员和额外技术人员及关键的支持人员时，实验室应确保这些人员是胜任的且受到监督，并按照实验室管理体系要求工作。

5.2.4 对与检测和/或校准有关的管理人员、技术人员和关键支持人员，实验室应保留其当前工作的描述。

注：工作描述可用多种方式规定。但至少需规定以下内容：

——从事检测和/或校准工作方面的职责；

——检测和/或校准策划和结果评价方面的职责；

——提交意见和解释的职责；

——方法改进、新方法制定和确认方面的职责；

——所需的专业知识和经验；

——资格和培训计划；

——管理职责。

5.2.5 管理层应授权专门人员进行特殊类型的抽样、检测和/或校准、发布检测报告和校准证书、提出意见和解释以及操作特殊类型的设备。实验室应保留所有技术人员（包括签约人员）的相关授权、能力、教育和专业资格、培训、技能和经验的记录，并包含授权和（或）能力确认的日期。这些信息应易于获取。

（二）要点理解

实验室管理体系中，影响其工作结果的诸多因素中，人员是最重要的因素。人员的素质，合理的结构配备，适时的培训，严格的考核、管理、监督，形成一个完整的人员管理体系，保证发挥全员的能力和创造性，为实现其质量方针提供最强有力的保证。它是诸多因素中最具活力，最富有创造力的要素，也是认可机构对其能力评审最关键的要素。该要素是管理体系中不可缺少的要素。这是社会学、管理学、系统学的共识。某些实验室的设施设备条件在同类实验室并无优势，但在国际能力验证试验中表现了很高水平，其原因在于人员能力和人员管理水平较高。

鉴于人员要素的重要性，在现场评审时除了按本节要求逐条评审外，还需要结合《认可准则》中其他相关条款对实验室人员的素质、胜任程度及人员管理机制做出正确评价。

（三）评审重点

评审组长尤其相关技术评审员评审时应结合实验室实际需求和实际人员管理进行评审，

并重点关注：

（1）技术管理体系中“以人为中心”的人员配置理念。在影响实验室检测或校准工作质量的诸多因素中，人是最重要的因素。为此实验室的最高管理者，尤其是技术管理层必须从系统的角度来加以策划和设计，应根据当前和可预计的未来所开展的检测、校准、抽样任务（项目和标准）以及质量体系的要求来识别和确定人力资源的需求。所以本要素应与“《认可准则》4.1 组织”、“《认可准则》4.2 管理体系”联系起来考虑，特别是在进行组织结构及岗位、部门的设计时，必须保证有足够数量（包括不同专业、不同特长）的胜任人员。岗位部门设计好后要确定岗位（及部门）职责，它应覆盖所有要求的职能。因此必须认真仔细地确定每一岗位的任职资格条件并将其文件化。实验室管理层应负责确保各类人员、各岗位人员具有相应的资格和能力并进行确认（制定标准，并经考核合格）；对于在培人员则必须在有资格人员（质量监督员）监督（足够、适当）下工作。这些可通过人员配置表和工作岗位描述、人员技术档案及相关活动来评审其符合性。

（2）人员培训程序的完整性与适应性。实验室针对技术岗位需要制定人员培训教育技术方面的目标（该目标是实验室总目标的一部分）。为保证目标的实现，实验室应制定人员培训的控制程序，可按图 6-9 所示的工作流程运作，评审该程序的完整性及实际运作符合性。

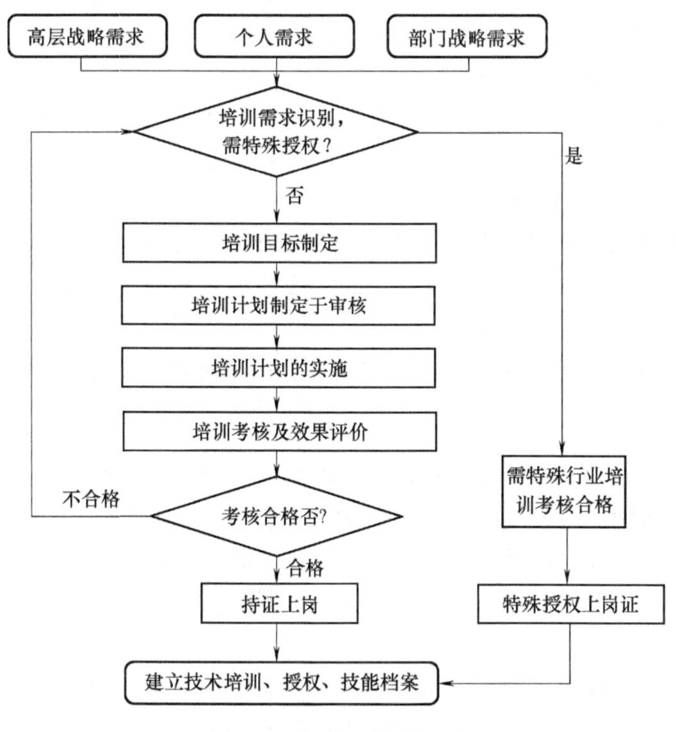

图 6-9 培训工作流程图

（3）人员培训计划是否能在需求分析基础上制定，与实验室当前和预期工作相适应。培训是否按计划实施，实施的有效性是否进行了评价。

（4）相关重要岗位具体查证以下内容。

1）人员管理程序执行情况的符合性：能否确保所有技术人员的能力；对在培人员是否安

排足够监督；需要时是否对相关人员的资格进行认可；人员资格证书是否满足法规、标准或客户的要求；是否持证上岗；授权签字人，对检测报告提供意见和解释的人员是否符合条件。

2）关键人员的岗位描述是否到位。

3）是否使用了长期人员和签约人员；检测/校准人员是否进行了监督；所有技术人员是否胜任；他们的工作是否符合管理体系要求。

4）是否按《认可准则》要求对关键人员授权；人员档案的保存信息、资料、记录、授权情况等是否充分、完整、符合要求。

（5）评审员，尤其是技术评审员应结合体系实际运作情况、现场试验等，对重要岗位责任人员资格、能力的符合性进行评价。

三、设施和环境

（一）《认可准则》原文

> 5.3.1　用于检测和/或校准的实验室设施，包括但不限于能源、照明和环境条件，应有助于检测和/或校准的正确实施。
>
> 实验室应确保其环境条件不会使结果无效，或对所要求的测量质量产生不良影响。在实验室固定设施以外的场所进行抽样、检测和/或校准时，应予特别注意。对影响检测和校准结果的设施和环境条件的技术要求应制定成文件。
>
> 5.3.2　相关的规范、方法和程序有要求，或对结果的质量有影响时，实验室应监测、控制和记录环境条件。对诸如生物消毒、灰尘、电磁干扰、辐射、湿度、供电、温度、声级和振级等应予重视，使其适应于相关的技术活动。当环境条件危及检测和/或校准的结果时，应停止检测和校准。
>
> 5.3.3　应将不相容活动的相邻区域进行有效隔离。应采取措施以防止交叉污染。
>
> 5.3.4　应对影响检测和/或校准质量的区域的进入和使用加以控制。实验室应根据其特定情况确定控制的范围。
>
> 5.3.5　应采取措施确保实验室的良好内务，必要时应制定专门的程序。

（二）要点理解

设施和环境条件是实验室为保证检测/校准结果——数据正确、可靠、一致（可比）而建设的相应环境，所配相应设施。主要要求包括：标准/规范所规定的环境要求，其中所配设备仪器规定的工作条件，以及在其中工作的人员所需环境条件，即所谓人机工程需求。这是非常重要的，必须有专门设计，营造、维护、监控管理规定，以形成一个适于检测/校准的环境。

本节除了对实验室合理布局和实验室的环境及监控环境提出要求外，尚要求实验室保持良好内务，营造安全、舒适、规范、有序的工作环境。

虽然在《认可准则》中没有单独条款要求实验室应符合有关健康、安全和环保的要求，认为其不属于能力要求范畴。但是严格地讲一般实验室均存在不同程度的安全问题，故各国政府的法定主管部门均有相应法律、法规规定，实验室应结合本实验室的特点性质建立一个安全环境，这是保证实验室安全运作的最基本条件。这里的安全要求包括三方面，一是实验室及员工生命财产安全防护要求；二是实验室废弃物，如有害物质、病毒、病菌等的处理要求，保证不致危及社会和环境安全卫生要求。三是对有害有毒物质的保管和使用的规定。为此实验室必须具备基本安全环境设施条件，再加上相关程序和作业指导书中的安全运作指南构成实验室安全体系。

（三）评审重点

评审中，评审组长应组织相关专业的技术评审员按实验室相关方法标准规定、人员工作和设备运行之需，对所有相关试验场地、区域进行评审，并特别关注以下内容：

1）对影响检测和校准结果的设施和环境条件的技术要求是否已经全部文件化了，并查验是否符合上述“三方面”需求。

2）现有的设施和环境条件是否均有利于检测或校准活动的正确实施；是否存在会使结果无效或对所要求的测量质量产生不良影响的情况。

3）在实验室永久设施以外的场所进行抽样、检测或校准时，对环境条件和设施的控制是否做出合理安排。

4）需要监测、控制和记录的环境条件，实验室是否都进行了监控并记录。

5）当环境条件已经危及检测或校准结果时，是否立即停止检测或校准；对已检测或校准的数据是否按无效处理，并执行《认可准则》4.9 不符合检测/校准工作程序。

6）对相互不相容活动的相邻区域是否进行了有效的隔离；是否能有效地防止相互（交叉）污染的发生。

7）对进入和使用对检测/校准质量有影响的区域是否有明显的控制；控制范围是否有明文规定，控制措施是否有效。

8）实验室是否有必要的内务管理程序文件；内务管理是否良好；是否符合本实验室需要的有关健康、安全和环保要求的相关规定和必要措施，实施是否有效。

四、检测和校准方法及方法的确认

（一）《认可准则》原文

5.4.1 总则

实验室应使用适合的方法和程序进行所有检测和/或校准，包括被检测和/或校准物品的抽样、处理、运输、存储和准备，适当时，还应包括测量不确定度的评定和分析检测和/或校准数据的统计技术。

如果缺少指导书可能影响检测和/或校准结果，实验室应具有所有相关设备的使用和操作指导书以及处置、准备检测和/或校准物品的指导书，或者二者兼有。所有与实验室工作有关的指导书、标准、手册和参考资料应保持现行有效并易于员工取阅（见4.3）。对检测和校准方法的偏离，仅应在该偏离已被文件规定、经技术判断、授权和客户接受的情况下才允许发生。

注：如果国际的、区域的或国家的标准，或其他公认的规范已包含了如何进行检测和/或校准的简明和充分信息，并且这些标准是以可被实验室操作人员作为公开文件使用的方式书写时，则不需再进行补充或改写为内部程序。对方法中的可选择步骤，可能有必要制定附加细则或补充文件。

5.4.2　方法的选择

实验室应采用满足客户需求并适用于所进行的检测和/或校准的方法，包括抽样的方法。应优先使用以国际、区域或国家标准发布的方法。实验室应确保使用标准的最新有效版本，除非该版本不适宜或不可能使用。必要时，应采用附加细则对标准加以补充，以确保应用的一致性。

当客户未指定所用方法时，实验室应从国际、区域或国家标准中发布的，或由知名的技术组织或有关科学书籍和期刊公布的，或由设备制造商指定的方法中选择合适的方法。实验室制定的或采用的方法如能满足预期用途并经过确认，也可使用。所选用的方法应通知客户。在引入检测或校准之前，实验室应证实能够正确地运用这些标准方法。

如果标准方法发生了变化，应重新进行证实。

当认为客户建议的方法不适合或已过期时，实验室应通知客户。

5.4.3　实验室制定的方法

实验室为其应用而制定检测和校准方法的过程应是有计划的活动，并应指定具有足够资源的有资格的人员进行。

计划应随方法制定的进度加以更新，并确保所有有关人员之间的有效沟通。

5.4.4　非标准方法

当必须使用标准方法中未包含的方法时，应遵守与客户达成的协议，且应包括对客户要求的清晰说明以及检测和/或校准的目的。所制定的方法在使用前应经适当的确认。

注：对新的检测和/或校准方法，在进行检测和/或校准之前应当制定程序。程序中至少应该包含下列信息：

a）适当的标识；

b）范围；

c）被检测或校准物品类型的描述；

d）被测定的参数或量和范围；

e）仪器和设备，包括技术性能要求；

f）所需的参考标准和标准物质（参考物质）；

g）要求的环境条件和所需的稳定周期；

h）程序的描述，包括：

——物品的附加识别标志、处置、运输、存储和准备；

——工作开始前所进行的检查；

——检查设备工作是否正常，需要时，在每次使用之前对设备进行校准和调整；

——观察和结果的记录方法；

——需遵循的安全措施；

i）接受（或拒绝）的准则和/或要求；

j）需记录的数据以及分析和表达的方法；

k）不确定度或评定不确定度的程序。

5.4.5　方法的确认

5.4.5.1 确认是通过检查并提供客观证据，以证实某一特定预期用途的特定要求得到满足。

5.4.5.2 实验室应对非标准方法、实验室设计（制定）的方法、超出其预定范围使用的标准方法、扩充和修改过的标准方法进行确认，以证实该方法适用于预期的用途。

确认应尽可能全面，以满足预定用途或应用领域的需要。实验室应记录所获得的结果、使用的确认程序以及该方法是否适合预期用途的声明。

注1：确认可包括对抽样、处置和运输程序的确认。

注2：用于确定某方法性能的技术应当是下列之一，或是其组合：

——使用参考标准或标准物质（参考物质）进行校准；

——与其他方法所得的结果进行比较；

——实验室间比对；

——对影响结果的因素作系统性评审；

——根据对方法的理论原理和实践经验的科学理解，对所得结果不确定度进行的评定。

注3：当对已确认的非标准方法做某些改动时，应当将这些改动的影响制订成文件，适当时应当重新进行确认。

5.4.5.3 按预期用途进行评价所确认的方法得到的值的范围和准确度，应与客户的需求紧密相关。这些值诸如：结果的不确定度、检出限、方法的选择性、线性、重复性限和/或复现性限、抵御外来影响的稳健度和/或抵御来自样品（或测试物）基体干扰的交互灵敏度。

注1：确认包括对要求的详细说明、对方法特性量的测定、对利用该方法能满足要求的核查以及对有效性的声明。

注2：在方法制定过程中，需进行定期的评审，以证实客户的需求仍能得到满足。要求中的认可变更需要对方法制定计划进行调整时，应当得到批准和授权。

注3：确认通常是成本、风险和技术可行性之间的一种平衡。许多情况下，由于缺乏信息，数值（如：准确度、检出限、选择性、线性、重复性、复现性、稳健度和交互灵敏度）的范围和不确定度只能以简化的方式给出。

5.4.6 测量不确定度的评定

5.4.6.1 校准实验室或进行自校准的检测实验室，对所有的校准和各种校准类型都应具有并应用评定测量不确定度的程序。

5.4.6.2 检测实验室应具有并应用评定测量不确定度的程序。某些情况下，检测方法的性质会妨碍对测量不确定度进行严密的计量学和统计学上的有效计算。这种情况下，实验室至少应努力找出不确定度的所有分量且作出合理评定，并确保结果的报告方式不会对不确定度造成错觉。合理的评定应依据对方法特性的理解和测量范围，并利用诸如过去的经验和确认的数据。

注1：测量不确定度评定所需的严密程度取决于某些因素，诸如：

——检测方法的要求；

——客户的要求；

——据以做出满足某规范决定的窄限。

注 2：某些情况下，公认的检测方法规定了测量不确定度主要来源的值的极限，并规定了计算结果的表示方式，这时，实验室只要遵守该检测方法和报告的说明（5.10），即被认为符合本款的要求。

5.4.6.3　在评定测量不确定度时，对给定情况下的所有重要不确定度分量，均应采用适当的分析方法加以考虑。

注 1：不确定度的来源包括（但不限于）所用的参考标准和标准物质（参考物质）、方法和设备、环境条件、被检测或校准物品的性能和状态以及操作人员。

注 2：在评定测量不确定度时，通常不考虑被检测和/或校准物品预计的长期性能。

注 3：进一步信息参见 ISO 5725 和“测量不确定度表述指南”（见参考文献）。

5.4.7　数据控制

5.4.7.1　应对计算和数据转移进行系统和适当的检查。

5.4.7.2　当利用计算机或自动设备对检测或校准数据进行采集、处理、记录、报告、存储或检索时，实验室应确保：

a）由使用者开发的计算机软件应被制定成足够详细的文件，并对其适用性进行适当确认；

b）建立并实施数据保护的程序。这些程序应包括（但不限于）：数据输入或采集、数据存储、数据转移和数据处理的完整性和保密性；

c）维护计算机和自动设备以确保其功能正常，并提供保护检测和校准数据完整性所必需的环境和运行条件。

注：通用的商业现成软件（如文字处理、数据库和统计程序），在其设计的应用范围内可认为是经充分确认的，但实验室对软件进行了配置或调整，则应当按 5.4.7.2a）进行确认。

（二）要点理解

检测/校准方法是实验室保证其出具结果-数据科学、合理、实现互认的依据。

此要素要求实验室按系统原理，以客户需求（见《认可准则》4.4，5.4.2）为宗旨，从方法的选择（见《认可准则》5.4.2），必要时方法的设计（见《认可准则》5.4.3，4.4），方法的确认（见《认可准则》5.4.5），合适方法的使用（见《认可准则》5.4.1），最终到结果的质量评估与表达（见《认可准则》5.4.6）和结果数据的质量控制（见《认可准则》5.4.7）形成一个完整的系统。实验室管理层，尤其是技术管理层需进行严格管理、控制，也是认可机构技术评审员评审活动中关注的重点。

（三）评审重点

基于本要素涉及面广、内容多、专业性强，组长应要求相关专业评审员及专家制定计划按申请认可领域结合其他评审活动（如现场试验等）全面评审或抽样评审，重点包括以下内容。

（1）实验室的检测/校准管理方法和程序的适应性与完整性：确保各检测/校准都使用适当的方法和程序（包括抽样方法和程序）。需要时，方法中还应包括评估测量不确定程序和数据分析方法和程序。

（2）实验室三类作业指导书（设备操作规程类，样品准备规程，补充的检测或校准细则）的适应性，能否规范统一现场检测/校准活动。

（3）方法和程序以及作业指导书、标准、手册、参考资料的现行有效性和易获得性。

（4）对检测/校准方法的偏离做出文件化的规定及实施效果的评价。

（5）方法的选择是否符合《认可准则》方法选择原则。

（6）对新引入的标准方法（含原应用的标准方法变更时），是否对正确应用这些方法的能力进行证实，并能提供证实的相关有效记录。

（7）实验室自己开发设计新方法的有效性评审。

（8）实验室采用非标准方法管理程序的完整性与适应性：实验室所制定的方法，非标方法使用前进行确认的资料（确认程序，结果记录，适合预期用途声明）是否完整、有效；新设计开发方法是否在使用前编写了文件化的程序；该程序的内容是否全面。

（9）用非标准方法确认所测得的值的范围和准确度是否满足客户需求；这些测得的值诸如测量结果的不确定度、检出限、选择性、线性、重复性限、复现性限、稳健性、交互灵敏度是否恰当。

（10）对校准实验室或有内部（自）校准服务的检测实验室，它们所进行的各种校准是否都实施了“评估测量不确定度的程序”。

（11）检测实验室是否有并应用了评估测量不确定度的程序；在某些情况下，当检测方法和程序的性质（特性）会妨碍对测量不确定度进行严格的计量学和统计学上的有效计算时，实验室处置方法的合理性；测量不确定度评估方法及其严密程度是否满足检测方法的要求和客户的要求；值得注意的是，当在某些情况下，公认的检测方法规定了测量不确定度主要来源值的极限，并规定了计算的结果的表示方式。这时，实验室只要遵守检测方法的规定要求以及遵守编写报告的规定要求，则可以认为符合本条款的要求。检测实验室是否遵循《认可准则》5.10.3.1c）项的要求，在适用时在报告中包括不确定度的信息。

（12）通过抽查，评审实验室对计算和数据换算、数据转换、数据传输是否进行系统、充分的核查活动。

（13）当实验室采用计算机或自动化设备对数据进行采集、处理、记录、报告、存储或检索时，对其进行有效性和/或适用性、数据保护程序（包括数据采集、存储、传输、处理中）的完整性和保密性评审；计算机系统的环境条件和运行条件是否符合要求。实验室自己开发的计算机软件是否制定了详细的文件，并对其进行适当确认。

五、设备

（一）《认可准则》原文

5.5.1 实验室应配备正确进行检测和/或校准（包括抽样、物品制备、数据处理与分析）所要求的所有抽样、测量和检测设备。当实验室需要使用永久控制之外的设备时，应确保满足本准则的要求。

5.5.2 用于检测、校准和抽样的设备及其软件应达到要求的准确度，并符合检测和/或校准相应的规范要求。对结果有重要影响的仪器的关键量或值，应制定校准计划。设备（包括用于抽样的设备）在投入服务前应进行校准或核查，以证实其能够满足实验室的规范要求和相应的标准规范。设备在使用前应进行核查和/或校准（见5.6）。

5.5.3 设备应由经过授权的人员操作。设备使用和维护的最新版说明书（包括设备制造商提供的有关手册）应便于合适的实验室有关人员取用。

5.5.4 用于检测和校准并对结果有影响的每一设备及其软件，如可能，均应加以唯一性标识。

5.5.5 应保存对检测和/或校准具有重要影响的每一设备及其软件的记录。该记录至少应包括：

a）设备及其软件的识别；

b）制造商名称、型式标识、系列号或其他唯一性标识；

c）对设备是否符合规范的核查（见5.5.2）；

d）当前的位置（如果适用）；

e）制造商的说明书（如果有），或指明其地点；

f）所有校准报告和证书的日期、结果及复印件，设备调整、验收准则和下次校准的预定日期；

g）设备维护计划，以及已进行的维护（适当时）；

h）设备的任何损坏、故障、改装或修理。

5.5.6 实验室应具有安全处置、运输、存放、使用和有计划维护测量设备的程序，以确保其功能正常并防止污染或性能退化。

在实验室固定场所外使用测量设备进行检测、校准或抽样时，可能需要附加的程序。

5.5.7 曾经过载或处置不当、给出可疑结果，或已显示出缺陷、超出规定限度的设备，均应停止使用。这些设备应予隔离以防误用，或加贴标签、标记以清晰表明该设备已停用，直至修复并通过校准或检测表明能正常工作为止。实验室应核查这些缺陷或偏离规定极限对先前的检测和（或）校准的影响，并执行“不符合工作控制”程序（见4.9）。

5.5.8 实验室控制下的需校准的所有设备，只要可行，应使用标签、编码或其他标识表明其校准状态，包括上次校准的日期、再校准或失效日期。

5.5.9 无论什么原因，若设备脱离了实验室的直接控制，实验室应确保该设备返回后，在使用前对其功能和校准状态进行核查并能显示满意结果。

5.5.10 当需要利用期间核查以维持设备校准状态的可信度时，应按照规定的程序进行。

5.5.11 当校准产生了一组修正因子时，实验室应有程序确保其所有备份（例如计算机软件中的备份）得到正确更新。

5.5.12 检测和校准设备包括硬件和软件应得到保护，以避免发生致使检测和（或）校准结果失效的调整。

（二）要点理解

设备是实现检测/校准的技术手段，是测量仪器、测量标准、参考物质、辅助设备、软件及测量所需的资料总称。它的正确选择、装备、使用与维护，不仅直接影响到实验室的运行成本，而且直接关系到其输出——检测/校准数据的质量（可靠性、准确性），关系检测/校准数据的互认。此要素对设备的正确装备、使用、维护、管理提出了详细要求。实验室应建立相应的制度/程序，技术管理层应在相应岗位上确保相应程序的有效实施。特别是使用永久控制外、使用非固定场所设备时，对如何确保仍符合《认可准则》要求，应做出相应的规定。

（三）评审重点

评审中，评审组长应组织相关技术评审员，按申请认可项目所需设备，对各现场各场所在用设备和设备管理文件全面评审，并特别关注以下内容：

（1）实验室是否正确配备了申请认可项目（标准、产品、参数等）技术能力范围内所需的所有设备（含配套的附件）；这些设备（包括租用设备）均符合《认可准则》和CNAS的相关要求。要特别关注配置的正确性，如用于检测/校准或抽样的设备（包括其软件在内）的功能、准确度、量程等应保证满足测量/校准参数需要。

（2）实验室是否为对结果有影响的设备的关键量或值制定校准计划，其内容是否正确完整。设备在投入服役前是否都经过校准或核查并证实达到要求的准确度和检测/校准标准要求；评审时应查验相关记录，并参考《认可准则》5.6进行。

（3）实验室设备是否仅由授权人员操作；应对授权人员的考核记录和实际操作进行审核（特定关键设备）。设备的使用和维护的作业指导书是否对应现行有效版本的说明书，并便于有关工作人员获得。

（4）实验室设备是否有唯一性标识。

（5）设备及其软件的档案是否齐全；所含资料、记录是否符合《认可准则》5.5.5中的8项要求。

（6）实验室是否编写了设备的安全处置、运输、存放、使用、计划维护测量设备的（总）控制程序，并加以正确执行；在实验室固定场所以外的地方使用测量设备进行检测或校准或抽样，是否有附加的控制程序（当然这些附加控制要求可以包括在上述总的控制程序中也可另行规定）。

（7）可疑的设备是否均已停用，并加贴明显标记隔离以防误用；设备有问题（缺陷或偏离规定极限）是否对先前的检测或校准的影响进行了追溯，是否按《认可准则》4.9“不符合工作控制”程序处理。停用设备修理合格后是否经过校准/检测表明正常后才再次投入使用。

（8）实验室的所有设备（在申请认可范围内的）是否有校准状态标识；是否均在有效期内。

（9）离开实验室控制而返回实验室的仪器设备，实验室是否按程序对其功能和校准状态进行了核查。

（10）实验室期间核查的程序中是否明确规定需进行期间核查设备的种类及所处的使用状态，并明确规定各类设备核查方法。评审时需评价期间核查仪器计划齐全性，并通过抽查相关核查记录。了解设备期间核查程序和计划执行情况。

（11）实验室是否有程序确保校准产生的一组修正因子的备份（例如在计算机软件中）得到正确的更新，并了解执行情况。

（12）实验室的设备（包括硬件、软件）是否得到了保护；是否有规定保证能避免致使检测/校准失效的调整。可以现场考核主要操作人或管理人员是否理解。

六、测量溯源性

（一）《认可准则》原文

5.6.1　总则

用于检测和/或校准的对检测、校准和抽样结果的准确性或有效性有显著影响的所有设备，包括辅助测量设备（例如用于测量环境条件的设备），在投入使用前应进行校准。实验室应制定设备校准的计划和程序。

注：该计划应当包含一个对测量标准、用作测量标准的标准物质（参考物质）以及用于检测和校准的测量与检测设备进行选择、使用、校准、核查、控制和维护的系统。

5.6.2　特定要求

5.6.2.1　校准

5.6.2.1.1　对于校准实验室，设备校准计划的制定和实施应确保实验室所进行的校准和测量可溯源到国际单位制（SI）。

校准实验室通过不间断的校准链或比较链与相应测量的SI单位基准相连接，以建立测量标准和测量仪器对SI的溯源性。对SI的链接可以通过参比国家测量标准来达到。国家测量标准可以是基准，它们是SI单位的原级实现或是以基本物理常量为根据的SI单位约定的表达式，或是由其他国家计量院所校准的次级标准。当使用外部校准服务时，应使用能够证明资格、测量能力和溯源性的实验室的校准服务，以保证测量的溯源性。由这些实验室发布的校准证书应有包括测量不确定度和/或符合确定的计量规范声明的测量结果（见5.10.4.2）。

注1：满足本准则要求的校准实验室即被认为是有资格的。由依据本准则认可的校准实验室发布的带有认可机构标志的校准证书，对相关校准来说，是所报告校准数据溯源性的充分证明。

注2：对测量SI单位的溯源可以通过参比适当的基准（见VIM：1993.6.4），或参比一个自然常数来达到，用相对SI单位表示的该常数的值是已知的，并由国际计量大会（CIPM）和国际计量委员会（CIPM）推荐。

注3：持有自己的基准或基于基本物理常量的SI单位表达式的校准实验室，只有在将这些标准直接或间接地与国家计量院的类似标准进行比对之后，方能宣称溯源到SI单位制。

注4："确定的计量规范"是指在校准证书中必须清楚表明该测量已与何种规范进行过比对，这可以通过在证书中包含该规范或明确指出已参照了该规范来达到。

注5：当"国际标准"和"国家标准"与溯源性关联使用时，则是假定这些标准满足了实现SI单位基准的性能。

注6：对国家测量标准的溯源不要求必须使用实验室所在国的国家计量院。

注7：如果校准实验室希望或需要溯源到本国以外的其他国家计量院，应当选择直接参与或通过区域组织积极参与国际计量局（BIPM）活动的国家计量院。

注8：不间断的校准或比较链，可以通过不同的、能证明溯源性的实验室经过若干步骤来实现。

5.6.2.1.2 某些校准目前尚不能严格按照SI单位进行，这种情况下，校准应通过建立对适当测量标准的溯源来提供测量的可信度，例如：

——使用有能力的供应者提供的有证标准物质（参考物质）来对某种材料给出可靠的物理或化学特性；

——使用规定的方法和/或被有关各方接受并且描述清晰的协议标准。

可能时，要求参加适当的实验室间比对计划。

5.6.2.2 检测

5.6.2.2.1 对检测实验室，5.6.2.1中给出的要求适用于测量设备和具有测量功能的检测设备，除非已经证实校准带来的贡献对检测结果总的不确定度几乎没有影响。这种情况下，实验室应确保所用设备能够提供所需的测量不确定度。

注：对5.6.2.1的遵循程度应当取决于校准的不确定度对总的不确定度的相对贡献。如果校准是主导因素，则应当严格遵循该要求。

5.6.2.2.2 测量无法溯源到SI单位或与之无关时，与对校准实验室的要求一样，要求测量能够溯源到诸如有证标准物质（参考物质）、约定的方法和/或协议标准（见5.6.2.1.2）。

5.6.3 参考标准和标准物质（参考物质）

5.6.3.1 参考标准

实验室应有校准其参考标准的计划和程序。参考标准应由5.6.2.1中所述的能够提供溯源的机构进行校准。实验室持有的测量参考标准应仅用于校准而不用于其他目的，除非能证明作为参考标准的性能不会失效。参考标准在任何调整之前和之后均应校准。

5.6.3.2 标准物质（参考物质）

可能时，标准物质（参考物质）应溯源到SI测量单位或有证标准物质（参考物质）。只要技术和经济条件允许，应对内部标准物质（参考物质）进行核查。

5.6.3.3 期间核查

应根据规定的程序和日程对参考标准、基准、传递标准或工作标准以及标准物质（参考物质）进行核查，以保持其校准状态的置信度。

5.6.3.4 运输和储存

实验室应有程序来安全处置、运输、存储和使用参考标准和标准物质（参考物质），以防止污染或损坏，确保其完整性。

注：当参考标准和标准物质（参考物质）用于实验室固定场所以外的检测、校准或抽样时，也许有必要制定附加的程序。

（二）要点理解

溯源性是通过一条具有规定不确定度的不间断的比较链，使测量结果或测量标准的值能够与规定的参考标准（通常是与国家测量标准或国际测量标准）联系起来的特性。这条不间断的比较链称为溯源链。很显然它是达到实验室之间检测/校准结果-数据一致、可比的参考、依据，也是实验室之间实现检测/校准数据互认的参考基标，是实验室认可的理论基础与依据之一。实验室技术管理层应依此要素，制定本实验室的量值溯源管理程序，确保所有对检测/校准结果的准确性或有效性有影响的设备（含参考标准和参考物质）在投入使用前都进行校准，使其检测/校准值均能得到溯源。

（三）评审重点

评审中相关专业的技术评审员应对申请认可领域内所有现场在用设备量值溯源和相关管理文件进行全面评审，并着重关注以下内容。

（1）实验室技术管理层对实施测量溯源性是否有正确的理解和足够的重视。

（2）实验室校准计划和程序的适应性与完整性：凡对检测、校准和抽样结果的准确性或有效性有显著影响的设备（包括辅助测量设备），在投入使用前均应进行校准并能证实满足检测工作要求。

1）校准计划和程序是否考虑到对测量参考标准、标准物质、检测和校准设备从选配、使用、校准、核查到控制使用和正常维护等所有环节。

2）实验室设备校准计划应确保实验室所进行的校准溯源到国际单位制（SI）基准；校准实验室有没有溯源图表或文字说明；设备是通过一系列符合测量不确定度要求的连续比较链或校准链溯源到国家测量标准（也可以由非实验室所在国的国家测量标准溯源至 SI 基准）；检测实验室进入溯源链计划是否包括应校准的所有设备。

3）校准实验室使用外部校准服务时，是否已选择能够证明是有资格、有测量能力并满足溯源性要求的实验室；这些实验室发布的校准证书是否包括测量结果、测量不确定度和/或符合某个计量规范的声明。

4）某些校准目前尚不能严格溯源到 SI 单位制基准时，实验室是否都已明确并列出这些校准项目和对适当测量标准溯源的方式。并对提供的证明材料和实验室的审核结论进行审查。

（3）实验室对目前无法溯源到 SI 单位的校准项目是否积极主动地参加实验室之间的比对；有没有“比对计划”及“比对结果分析报告”，以证实其测量溯源性。

（4）就“测量溯源性”而言，对检测和校准的要求基本相同，但校准实验室要考核所进行校准和测量的完整的溯源链及其不确定度；检测实验室只考核其检测设备的溯源性，而且由于检测的多样性，检测要求差别又很大，考虑到需要与可行性、经济性与合理性，实事求是地按照每个检测项目测量不确定度分析结果，依据设备校准分量对总的测量不确定度贡献的大小来衡量其设备校准溯源要求是比较合理的。对测量准确度要求高的检测项目，设备校准占据着总测量不确定度主要分量时，设备应严格遵循校准要求；若设备校准所带来的贡献对检测总的不确定度几乎没有影响时，则实验室只要保证所用设备能满足检测工作需要就行，不一定要强行溯源校准。但这些设备应列出清单，并有检测结果测量不确定度分析报告作为证明材料，即“该设备所具备的不确定度无须再校准即可以满足某项检测工作的测量不确定要求”的分析报告。评审中应审核记录和批准证明的合理性和正确性。

为此，检测实验室应对所有承检项目进行评估，审核设备校准对检测总的测量不确定度的影响，并在此基础上合理地制定适用于自身设备的校准与测量溯源计划和程序。计划中对要求严格按标准要求进行校准的设备，应开列清单，并明确区分，哪些是可以溯源到国际单位制（SI）基准的，哪些是溯源到国家规定标准物的（如硬度、表面粗糙度、标准物质等），绘制量值溯源图表或用文字表述清楚地说明所进入的溯源链。哪些是不属于前两类，而按约定的方法和协商标准实施追溯的（如标准录音磁带，布料耐磨性测量等），应收集并开列有关标准、协议、合同和使用说明书等作为依据，并用参加实验室之间比对结果的相符性作为佐证。

（5）实验室是否已制定并实施了校准其测量参考标准的计划和程序。参考标准是否选择有资格有能力并能够提供溯源的机构进行校准。列出全部测量参考标准，并明确规定测量参考标准仅用于校准而不用于其他目的，除非能证明其作为参考标准性能不会失效。测量参考标准在任何调整前后均应进行校准，记录校准结果，进行分析并采取必要的措施（包括书面通知调整前可能受到影响的客户，并对先前校准进行必要复校或修正）。

（6）实验室是否已制定并实施对所使用的标准物质进行严格管理的计划和程序；确保标准物质的溯源性（溯源到国际单位制基准或有证标准物质）；对其内部制备和配制的标准物质进行核查的规定和核查方法（核查记录及与外部标准物质相比较或实验室间测量结果比对进行佐证的记录）；标准物质进行期间核查的规定和计划，以及实施记录的评审。

（7）实验室是否按所用参考标准/标准物质特性要求制定专门程序来安全处置、运输、存储和使用参考标准和标准物质，以防止它们在任何环境中被污染和损坏，尤其当实验室需要在固定场所以外使用它们时，更应该有明确的必要的附加程序规定，包括如携出前和返回后进行核查的规定等。

七、抽样

（一）《认可准则》原文

5.7.1 实验室为后续检测或校准而对物质、材料或产品进行抽样时，应有用于抽样的抽样计划和程序。抽样计划和程序在抽样的地点应能够得到。只要合理，抽样计划应根据适当的统计方法制定。抽样过程应注意需要控制的因素，以确保检测和校准结果的有效性。

注1：抽样是取出物质、材料或产品的一部分作为其整体的代表性样品进行检测或校准一种规定程序。抽样也可能是由检测或校准该物质、材料或产品的相关规范要求的。某些情况下（如法医分析），样品可能不具备代表性，而是由其可获性所决定。

注2：抽样程序宜对取自某个物质、材料或产品的一个或多个样品的选择、抽样计划、提取和制备进行描述，以提供所需的信息。

5.7.2 当客户对文件规定的抽样程序有偏离、添加或删节的要求时，这些要求应与相关抽样资料一起被详细记录，并被纳入包含检测和/或校准结果的所有文件中，同时告知相关人员。

5.7.3 当抽样作为检测或校准工作的一部分时，实验室应有程序记录与抽样有关的资料和操作。这些记录应包括所用的抽样程序、抽样人的识别、环境条件（如果相关）、必要时有抽样地点的图示或其他等效方法，如果合适，还应包括抽样程序所依据的统计方法。

（二）要点理解

某些情况下，抽样过程是整个检测（或校准）过程中的重要环节，也可能是构成检测（或校准）测量总不确定度中的一个重要分量。实验室应努力分析抽样的不确定度的贡献大小。实验室必须重视并确保检测的抽样工作是由有足够技术水平的人员依据已经批准的抽样程序和正规的抽样方案计划来进行的。如果实验室不直接负责抽样，或不能保证从批量产品中抽取的样品具有足够充分的代表性，实验室可考虑在报告上做出如下声明："实验结果仅与所收到的样品（件）有关。"一方面保护自己，一方面也是向社会及客户表明客观事实情况，防止结果误导误用。

只要实验室有可能涉及抽样，不能轻易将本要素"抽样"裁剪掉，因为《认可准则》5.7.1、《认可准则》5.7.2 和《认可准则》5.7.3 是指导并要求抽样工作的重要原则。如果实验室暂时还没有"抽样"工作，则这些原则要求可以暂时免于考核。

（三）评审重点

如果实验室有抽样活动，则评审员应依《认可准则》和相应程序进行评审，并重点关注以下内容：

（1）抽样过程的控制程序和抽样计划的完整性与适应性，抽样计划是否根据相关标准规范或适当的统计技术来制定；抽样过程的因素控制是否恰当；抽样结果能否确保检测或校准结果的有效性。

（2）在与检测或校准结果有关的文件中，当客户对文件化抽样程序有偏离、增加、删减要求时是否规定详细记录相关信息以及相关的抽样资料和操作。并纳入相关的检测报告或校准证书及其相关记录中，详见《认可准则》5.10.2h)、《认可准则》5.10.3.2f)；相关人员是否均已认知抽样程序变化。

（3）当抽样作为检测或校准工作的一部分时，实验室是否有程序规定记录与抽样有关的数据资料和操作；评审记录数据资料是否齐全，能否保证抽样活动的可追溯性，并以此判断抽样活动的有效性。

八、检测和校准物品（样品）的处置

（一）《认可准则》原文

5.8.1　实验室应有用于检测和（或）校准物品的运输、接收、处置、保护、存储、保留和（或）清理的程序，包括为保护检测和（或）校准物品的完整性以及实验室与客户利益所需的全部条款。

5.8.2　实验室应具有检测和（或）校准物品的标识系统。物品在实验室的整个期间应保留该标识。标识系统的设计和使用应确保物品不会在实物上或在涉及的记录和其他文件中混淆。如果合适，标识系统应包含物品群组的细分和物品在实验室内外部的传递。

5.8.3　在接收检测或校准物品时，应记录异常情况或对检测或校准方法中所述正常（或规定）条件的偏离。当对物品是否适合于检测或校准存有疑问，或当物品不符合所提供的描述，或对所要求的检测或校准规定得不够详尽时，实验室应在开始工作之前问询客户，以得到进一步的说明，并记录下讨论的内容。

5.8.4　实验室应有程序和适当的设施避免检测或校准物品在存储、处置和准备过程中发生退化、丢失或损坏。应遵守随物品提供的处理说明。当物品需要被存放或在规定的环境条件下养护时，应维持、监控和记录这些条件。当一个检测或校准物品或其一部分需要安全保护时，实验室应对存放和安全做出安排，以保护该物品或其有关部分的状态和完整性。

> 注1：在检测之后要重新投入使用的检测物品，需特别注意确保物品的处置、检测或存储（或待检）过程中不被破坏或损伤。
>
> 注2：需向负责抽样和运输样品的人员提供有关样品存储和运输的信息，包括影响检测或校准结果的抽样要求的信息。
>
> 注3：维护检测或校准样品安全的缘由可能出自记录、安全或价值的原因，或是为了日后进行补充的检测和/或校准。

（二）要点理解

物品、样品指实验室按合同要求实施检测/校准的实物对象，它可以是按程序抽取的样品，也可以是按合同规定由客户选送的样品。为保证检测/校准结果诚实、完整地反应样品的本身属性，达到检测/校准数据的一致、可比，实验室必须有程序保证自样品接收确认符合要求后，直至检测/校准结束，在清理处置的整个过程保护样品的完整性。同时，对客户提供样品及其相关资料，尤其是专利样品及相关资料，应按客户要求对其机密加以保护。故实验室应对其加以唯一标识确保不混淆，并按程序严格保护其完整性和所有权。

（三）评审重点

专业评审员应依据《认可准则》要求和实验室样品管理程序进行评审，评审中应该重点关注以下内容：

（1）实验室样品管理程序的完整性、适宜性。

（2）程序实施的有效性评审。

1）样品在实验室的整个期间是否保留了标识；样品标识系统的设计是否合理（标识系统包括唯一性标识、流转阶段状态标识，必要时还含样品群组细分标识）；是否能确保在任何时候都能做到不混淆。

2）保护样品完整性的相关规定是否得以执行。

3）保护客户（机密等）和实验室（有限责任）权益的措施规定是否执行。

4）样品接收过程中适用性检查记录（尤其是有关偏离的记录）是否充分详细。对样品适用性有疑问时是否在工作之前询问客户以得到解决。

（3）实验室是否有程序和设施来确保样品在实验室中的存储、处置和准备过程中，不会发生退化变质、丢失或损坏。

1）是否遵守随样品提供的说明书要求。

2）当样品需存放在规定的环境条件下时，是否维持、监控并记录这些环境条件。

3）当样品或其一部分需“妥善”保存时，是否具备相应的措施，尤其是保密、安全等相关措施的适应性与完整性。

4）专利、机密样品的清理处置能否保护客户机密。

应特别强调，在现场评审中应对样品流转整个过程实施评审，而不能只对样品储存场所执行样品管理程序情况进行评审。

九、检测和校准结果的质量保证

（一）《认可准则》原文

5.9.1　实验室应有质量控制程序以监控检测和校准的有效性。所得数据的记录方式应便于可发现其发展趋势，如可行，应采用统计技术对结果进行审查。这种监控应有计划并加以评审，可包括（但不限于）下列内容：

a）定期使用有证标准物质（参考物质）进行监控和/或使用次级标准物质（参考物质）开展内部质量控制；

b）参加实验室间的比对或能力验证计划；

c）使用相同或不同方法进行重复检测或校准；

d）对存留物品进行再检测或再校准；

e）分析一个物品不同特性结果的相关性。

注：选用的方法应当与所进行工作的类型和工作量相适应。

5.9.2　应分析质量控制的数据，当发现质量控制数据将要超出预先确定的判据时，应采取有计划的措施来纠正出现的问题，并防止报告错误的结果。

（二）要点理解

实验室为了保证检测/校准结果的质量，应通过对各检测/校准系统实施质量监控活动来保证。为此实验室应编制质量监控程序，制定监控计划，对各检测/校准系统选择有针对性的监控方式进行监控（常见方法在《认可准则》5.9.1 中列举）。及时发现检测/校准系统出现的不良趋势，并采取有计划的措施加以纠正，使检测/校准系统回归正常。

质量控制可以分内部质量控制活动和外部质量控制活动。《认可准则》5.9.1 中列举的参加实验室间比对计划和参加能力验证计划就是属于外部质量控制活动。如果我们实验室的检测系统、检测过程及其检测结果不能同我们国内的其他实验室相比较，其不一致性（差异）没有控制在公认的允许误差范围内，或者我国实验室的检测系统、检测过程以及检测结果不能与国际上（例如亚洲太平洋区域）的其他国家实验室相比较，其不一致性（差异）不能控制在一定允许误差范围内，则我们的实验室就很难与国际接轨。除此以外，实验室也可以应用实验室间比对和能力验证结果分析某检测系统是否正常。实验室无论采用外部监控活动还是内部监控活动，其目的均是对各检测系统进行监控，及时发现检测系统中的不良趋势。

应该指出结果质量监控和日常质量监督是不能混淆的两类质量活动，质量监控的目的在于检测/校准结果质量能得到保证，而日常监督的目的是督促从事检测/校准的相关人员按管理体系要求开展各项工作。两者之间不能相互替代。

为了使监控活动可操作性和有效性不断提高，实验室应对监控计划执行情况定期进行评审，并将其执行结果提交管理评审。

（三）评审重点

评审中，评审组长和相关技术评审员应按程序和实验室实际评审相关控制计划及相关执行人，并特别关注：

（1）实验室监控其检测/校准工作结果的质量控制程序的完整性和适应性评审。

（2）监控计划的适用性和有效性评审，监控计划能否落实到具体检测/校准系统，是否按监控计划实施，对监控结果发现不良倾向是否采取有计划的纠正措施。是否主动积极地参与能力验证活动，其参与程序是否满足 CNAS 相关政策和程序的要求；评价能力验证试验活动实施的符合性。

（3）监控所得数据的记录方式是否便于发现其发展趋势；如可行的话，是否应用了统计技术对结果进行评审。

（4）监控计划及其使用的监控方法是否定期评审，以便每年一度向管理评审汇报，并通过管理评审取得持续改进。

十、结果报告

（一）《认可准则》原文

5.10.1 总则

实验室应准确、清晰、明确和客观地报告每一项检测、校准，或一系列的检测或校准的结果，并符合检测或校准方法中规定的要求。

结果通常应以检测报告或校准证书的形式出具，并且应包括客户要求的、说明检测或校准结果所必需的和所用方法要求的全部信息。这些信息通常是 5.10.2 和 5.10.3 或 5.10.4 中要求的内容。

在为内部客户进行检测和校准或与客户有书面协议的情况下，可用简化的方式报告结果。对于 5.10.2 至 5.10.4 中所列却未向客户报告的信息，应能方便地从进行检测和/或校准的实验室中获得。

注 1：检测报告和校准证书有时分别称为检测证书和校准报告。

注 2：只要满足本准则的要求，检测报告或校准证书可用硬拷贝或电子数据传输的方式发布。

5.10.2 检测报告和校准证书

除非实验室有充分的理由，否则每份检测报告或校准证书应至少包括下列信息：

a）标题（例如“检测报告”或“校准证书”）；

b）实验室的名称和地址，进行检测和/或校准的地点（如果与实验室的地址不同）；

c）检测报告或校准证书的唯一性标识（如系列号）和每一页上的标识，以确保能够识别该页是属于检测报告或校准证书的一部分，以及表明检测报告或校准证书结束的清晰标识；

d）客户的名称和地址；

e）所用方法的识别；

f）检测或校准物品的描述、状态和明确的标识；

g）对结果的有效性和应用至关重要的检测或校准物品的接收日期和进行检测或校准的日期；

h）如与结果的有效性或应用相关时，实验室或其他机构所用的抽样计划和程序的说明；

i）检测和校准的结果，适用时，带有测量单位；

j）检测报告或校准证书批准人的姓名、职务、签字或等效的标识；

k）相关时，结果仅与被检测或被校准物品有关的声明。

注1：检测报告和校准证书的硬拷贝应当有页码和总页数。

注2：建议实验室做出未经实验室书面批准，不得复制（全文复制除外）检测报告或校准证书的声明。

5.10.3 检测报告

5.10.3.1 当需对检测结果做出解释时，除5.10.2中所列的要求之外，检测报告中还应包括下列内容：

a）对检测方法的偏离、增添或删节，以及特定检测条件的信息，如环境条件；

b）相关时，符合（或不符合）要求和/或规范的声明；

c）适用时，评定测量不确定度的声明。当不确定度与检测结果的有效性或应用有关，或客户的指令中有要求，或当不确定度影响到对规范限度的符合性时，检测报告中还需要包括有关不确定度的信息；

d）适用且需要时，提出意见和解释（见5.10.5）；

e）特定方法、客户或客户群体要求的附加信息。

5.10.3.2 当需对检测结果作解释时，对含抽样结果在内的检测报告，除了5.10.2和5.10.3.1所列的要求之外，还应包括下列内容：

a）抽样日期；

b）抽取的物质、材料或产品的清晰标识（适当时，包括制造者的名称、标示的型号或类型和相应的系列号）；

c）抽样位置，包括任何简图、草图或照片；

d）列出所用的抽样计划和程序；

e）抽样过程中可能影响检测结果解释的环境条件的详细信息；

f）与抽样方法或程序有关的标准或规范，以及对这些规范的偏离、增添或删节。

5.10.4 校准证书

5.10.4.1 如需对校准结果进行解释时，除5.10.2中所列的要求之外，校准证书还应包含下列内容：

a）校准活动中对测量结果有影响的条件（例如环境条件）；

b）测量不确定度和/或符合确定的计量规范或条款的声明；

c）测量可溯源的证据（见5.6.2.1.1注2）。

5.10.4.2 校准证书应仅与量和功能性检测的结果有关。如欲做出符合某规范的声明，应指明符合或不符合该规范的哪些条款。

当符合某规范的声明中略去了测量结果和相关的不确定度时，实验室应记录并保存这些结果，以备日后查阅。

做出符合性声明时，应考虑测量不确定度。

5.10.4.3 当被校准的仪器已被调整或修理时，如果可获得，应报告调整或修理前后的校准结果。

5.10.4.4 校准证书（或校准标签）不应包含对校准时间间隔的建议，除非已与客户达成协议。该要求可能被法规取代。

5.10.5 意见和解释

当含有意见和解释时，实验室应把做出意见和解释的依据制定成文件。意见和解释应像在检测报告中的一样被清晰标注。

注1：意见和解释不应与ISO/IEC17020和ISO/IEC指南65中所指的检查和产品认证相混淆。

注2：检测报告中包含的意见和解释可以包括（但不限于）下列内容：

——对结果符合（或不符合）要求的声明的意见；

——合同要求的履行；

——如何使用结果的建议；

——用于改进的指导。

注3：许多情况下，通过与客户直接对话来传达意见和解释或许更为恰当，但这些对话应当有文字记录。

5.10.6 从分包方获得的检测和校准结果

当检测报告包含了由分包方所出具的检测结果时，这些结果应予清晰标明。分包方应以书面或电子方式报告结果。

当校准工作被分包时，执行该工作的实验室应向分包给其工作的实验室出具校准证书。

5.10.7 结果的电子传送

当用电话、电传、传真或其他电子或电磁方式传送检测或校准结果时，应满足本准则的要求（见5.4.7）。

5.10.8 报告和证书的格式

报告和证书的格式应设计为适用于所进行的各种检测或校准类型，并尽量减小产生误解或误用的可能性。

注1：应当注意检测报告或校准证书的编排，尤其是检测或校准数据的表达方式，并易于读者理解。

注2：表头应当尽可能地标准化。

5.10.9 检测报告和校准证书的修改

对已发布的检测报告或校准证书的实质性修改，应仅以追加文件或资料更换的形式，并包括如下声明：

“对检测报告（或校准证书）的补充，系列号……（或其他标识）”，或其他等同的文字形式。

这种修改就满足本准则的所有要求。

当有必要发布全新的检测报告或校准证书时，应注以唯一性标识，并注明所替代的原件。

（二）要点理解

实验室所完成的检测/校准结果应按合同要求予以报告。除第一方实验室所进行的内部检测结果按内部管理制度可以适当简化报告外，其他所有的结果报告均应以报告/证书的形式向客户报告。报告的结果——数据不仅应能向客户提供所需的全部信息，而且可让客户正确利用这些数据向其用户传递所需信息，乃至作互认结果的证据。

此要素从报告/证书出具原则、信息要求、到管理均做了明确要求，实验室技术管理层尤其是授权签字人应予以重点关注。

实验室应对报告/证书的产生过程妥善地加以识别和策划。尽管本准则没有提出一定要制定有关报告/证书的起草、校核、审核、批准的控制程序，但是应该在文件化的质量管理体系中把报告/证书的起草、校核、审核、批准等流程描绘清楚，明确职责分工和相互关系，包括起草报告者、校核者、审查者、批准者（授权签字人）的职责，并识别、监控每个阶段应注意的重点，同时还应考虑相关的支持性文件和必要的质量记录。

（三）评审重点

评审中，评审组应抽查所有领域内的近期典型报告和评价现场试验的报告，组长侧重总体质量评审，技术评审员应对技术数据产生的科学性、合理性、可靠性及信息齐全性予以重点关注。

（1）实验室的报告或证书是否都做到“准确、清晰、明确、客观”八字要求，并符合检测或校准方法中规定的要求。报告/证书格式设计、编排表达是否便于客户阅读利用。内容是否包括客户（合同）的所有要求，说明结果所必需的全部信息以及所用方法要求的全部信息。

（2）除非实验室有充足的理由，否则每份报告或证书都必须包括《认可准则》有关信息的要求。

（3）需要对检测报告结果进行解释时，检测报告是否包括了附加信息。尤其是需给出测量不确定度评定说明和“意见和解释”的处理过程及方法的评审。

（4）如果对校准的结果需要加以解释时，校准证书是否包括了附加要求，若欲做出符合规范的声明，必须指明符合或不符合某规范哪条款。如果符合某规范的声明中略去了测量结果和不确定度，则实验室必须记录并保存好这些结果以备日后检查，做出符合性声明，必须考虑测量不确定度。校准的仪器如果调整或修理过，如可能，应报告其调整或修理前后的校准结果。校准证书不应包含校准时间间隔的建议，但法规有另外规定者可例外。

（5）当报告中包含“意见和解释”时，首先要检查进行“意见和解释”的“依据”是否文件化，然后检查这些“意见和解释”是否和客观结果能清楚地区分开来，并按规定程序审批确保准确而不误导客户。并应重点评估相关人员的资质和能力。

（6）检测报告中包含有分包方检测结果时，是否标注清楚明显；分包方是否用书面或电子方式向发包方报告结果。

（7）发包实验室出具的校准证书是不允许包括分包校准结果的，分包校准结果必须由分包实验室单独出具分包校准证书。

（8）结果的电子传送能否保证结果的完整性和保密性。

（9）报告或证书的格式和报告或证书的修改是否符合《认可准则》5.10 相关要求。

第七章　实验室认可的评审过程

第一节　文件资料的评审

文件资料审查是指对申请认可的实验室（以下简称实验室）提交的《实验室认可申请书》《质量手册》及其他相关文件的审查，旨在了解和评价实验室检测/校准能力范围和配置的完整性，管理体系运行中所有过程是否被确定以及相关过程程序是否被科学地文件化。鉴于现场评审不仅要对实验室的管理体系进行符合性审查，更重要的是对实验室的技术能力进行评价和确认。因此资料审查是现场评审的基础。如果资料审查表明实验室提供的技术能力范围或其配置不清晰或描述的管理体系不能满足要求，可暂停后续评审工作，待问题弄清楚后再进行后续评审工作。

一、《实验室认可申请书》的审查

（一）审查的目的

（1）《实验室认可申请书》是实验室与 CNAS 之间的一份正式契约（合同），它包含了实验室现场评审所需的基本信息，是评审组长最初了解实验室的重要文件之一。

（2）《实验室认可申请书》不仅包含实验室的工作类型、工作范围、工作量及检测、校准能力配置的基本信息，也为拟定现场评审计划提供了大量的信息。

（3）《实验室认可申请书》提供的信息与实验室管理体系有着密切的联系，对了解实验室管理体系运作所涵盖的范围，及为现场评审应确定的评审范围提供依据。

（二）审查的要求

（1）《实验室认可申请书》的内容，是否已按照 CNAS 的要求填写完整。

（2）《实验室认可申请书》要求的内容的填写，是否能做到如实、准确、清楚地反映实验室的建制、类别、特点、资源和能力。

（3）《实验室认可申请书》的内容能否清晰地反映申请认可的能力范围，对不具备的能力能否做解释，且不回避、不遗漏。

（4）《实验室认可申请书》中所反映的能力范围，是否处在实验室运作中的管理体系控制范围之中。

（三）审查的内容

仔细阅读申请书，获得如下信息：是否独立法人，机构获得的其他资质（从事特殊行业或国家要求有特殊资质的行业是否获得相关资质）；组织架构关系：影响质量控制的各个层次和部门，仪器设备采购，人员培训，仪器设备校准的管理等；存在分中心或多工作场所时，管理体系的覆盖与运作情况；分中心的管理运作方式，与中心各职能部门的衔接等；存在多工作场所时，工作场所的工作模式与管理方式，各分中心或工作地点的检测/校准能力范围和相应的授权签字人等。这些资料和信息的科学获取，都将为现场评审工作正常开展做好充分的准备。

通过“实验室检测/校准领域简述”可以了解实验室技术能力范围，确认选派的评审员是否能覆盖申请领域；特别是在多领域、综合性实验室的评审员不能覆盖申请认可的全部技术能力时，需要及时提请项目负责人增派评审员；同时还要确认特殊领域应用说明的适用性。

通过实验室人数、占地面积、试验场地等可以了解实验室的规模，特别是了解多工作场所等相关问题，这一点对安排评审计划与评审日程有特别重要的意义（通常在制定评审计划时还要考虑人数、地点、地点间的距离、交通与用时、每个地点的技术能力范围、评审员的能力特长等），评审组长应在文件审核后给出评审人日数的建议。

通过仔细审查实验室申报的“技术能力表”可以清楚地获知实验室申请认可的检测/校准能力，并确认描述方式是否符合认可机构的要求，申请版本是否现行有效，中英文对应关系是否正确，检测/校准项目与方法是否适宜。还应特别关注对校准和测量能力（CMC）的描述是否符合 CNAS-GL025《校准和测量能力（CMC）表示指南》的要求；当存在多地点时每个地点的技术能力情况应分别描述。当实验室申报的检测标准中包括非标方法时，应考虑如何对非标方法进行确认，如果认为评审组在现场评审时无法确认非标方法，应提前报项目负责人，以专业委员会评审或其他适宜的方式进行确认。

通过审查授权签字人的资料，包括学历背景、工作背景、培训背景、特殊行业获得检验/校准资质的情况（如无损检测领域获得本领域资格的证明）等，可以为合理选择现场评审授权签字人的方式做好充分准备。

通过审查“人员一览表”不仅可以了解实验室人员的基本构成，如知识结构、年龄构成、岗位分工，同时也可以以此作为选择现场考核人员的基础。

通过审查“仪器设备与标准物质配置表”，查看实验室是否有与申请的技术能力相适应的仪器设备，仪器设备的等级是否满足检测/校准要求。

通过了解实验室能力验证情况及能力验证结果，确定本次评审可以利用其结果的项目，需要关注的不合格项目和连带项目，以及实验室的能力特长。

通过实验室仪器设备溯源情况描述，可以了解实验室对溯源概念的理解，相关知识的培训情况，仪器设备的类型与溯源情况。

通过实验室不确定度评估程序与实例可以了解实验室对认可知识的深入学习与培训情况以及对相关认可知识的掌握情况。如果实验室进行的不确定度评估程序与评估实例不能满足认可要求，应在进入现场评审前补充相关资料。

通过实验室提供的检测/校准报告的格式内容，可以更深入具体地了解检测/校准内容，了解记录与报告的文件管理要求与记录的实际控制。

二、实验室管理体系文件的评审

（一）管理体系文件评审的要点

（1）评审文件化的管理体系是否符合认可准则要求：制定和执行现行有效的质量手册，是实验室表明自己的管理体系符合认可要求的基本文件，因此质量手册必须涉及认可准则中的全部要素，而且每一要素的控制程度也必须满足准则要求。对从事特定检测/校准领域的实验室，还应有满足相关专业领域工作的特定要求，并符合认可机构制定的实验室认可准则在特殊检测/校准领域的应用说明。

（2）评审管理体系文件中是否具有明确的质量方针和目标：规定的质量方针是否与实验室相应的校准和检测服务密切相关，既体现了实验室的工作宗旨，又反映了广大客户的需求。质量目标是否围绕质量方针提出了具体的、可测量的要求。实验室是否制定了总体目标并在管理评审中加以评审。

（3）评审管理体系文件是否明确规定各部门的职责和权限及相对其他部门的组织独立性：规定主要质量活动的归口负责部门和相关责任部门及相互的协调关系，各质量职能应明确清晰，不交叉重叠，也无遗漏。文件还应明确规定对检测和校准质量有影响的所有人员的职责和权限。

（4）评审管理体系文件是否具有系统性、协调性、层次性：质量手册是规定组织管理体系的文件，因此应有相适应的管理体系支持性文件，即程序文件、作业指导书等。形成管理体系的所有文件应体现良好的系统性、协调性和层次性，并服务于质量方针。各程序文件既要保持独立性，又要与相关程序文件有清晰明确的接口；程序文件的控制过程应与质量手册要求相一致；各程序之间的有关内容不矛盾。每个程序文件应具有明确的控制目的、适用范围、职责分配、活动过程规定和相关质量记录要求，结合本实验室的实际，具有较好的可操作性。质量手册应提及具体操作应执行的程序文件，程序文件也应指明过程中所采用的作业指导书、记录表格和涉及的相关程序。

（5）评审管理体系的文件有效性：管理体系文件（包括质量手册、程序文件、作业指导书、记录格式等）应有唯一性标识（发布和实施日期、修订标识、页号/总页数或文件结尾标记、发布机构）；文件更改的实施应符合文件控制程序要求。

需要强调的是，评审组不应强求实验室管理体系文件必须符合固定模式。实验室为了适应自己的需要编写的管理体系文件，力求适用于本实验室的实际情况，因此应有自己的特点和侧重点。可以采用不同的编排格式和文字风格。

（二）管理体系文件评审的主要内容

（1）最高管理者声明的质量方针、质量目标、总体目标及其承诺，以及公正性声明。

（2）实验室组织结构、部门职责、实验室具有明确法律地位的说明和隶属关系、组织机构图；质量管理、技术运作、支持服务之间关系的说明。

（3）关键人员工作职责描述以及其他人员工作职责描述；实验室关键管理人员权力委派的说明。

（4）为客户保密和保护客户所有权（包括结果的电子转移）的控制要求及程序。

（5）实验室授权签字人在管理体系中是否有充分的授权。

（6）实验室检测/校准工作范围的说明。

（7）文件控制要求及程序。

（8）要求、投标书和合同的评审及程序。

（9）对检测/校准工作分包的控制要求。

（10）对外部支持服务和供应的控制要求及程序。

（11）对客户服务的有关要求。

（12）对客户投诉的控制要求及程序。

（13）不符合检测和（或）校准工作的控制要求及程序。

（14）实施纠正和预防措施的要求及程序。

（15）对质量记录和技术记录的控制要求及程序。

（16）内部审核和管理评审的控制要求及程序。

（17）对实验室人员的资格、培训、技能和经验的要求及程序。

（18）对实验室设施环境的控制要求和内务管理程序。

（19）检测/校准标准方法使用的控制要求、测量不确定度的评估程序、对检测/校准数据的控制要求及程序。

（20）实验室设备校准及维护的要求和程序，参考标准和标准物质的控制要求和程序，并列明在用主要设备、计量标准器具和标准物质以及实现测量溯源的路径。

（21）检测/校准样品的控制要求及程序。

（22）检测/校准结果的质量控制的要求及程序。

（23）检测/校准证书和报告的要求。

第二节　预　评　审

一、预评审的目的

预评审的目的是为了澄清文件评审时存在的是否能够进行现场评审的疑问，了解实验室的环境设施情况是否适宜，了解实验室的场所分布及规模；各场所之间的路程用时、所采用的交通方式等，以便更合理地制定现场评审日程表。需要时，预评审还应了解实验室人员对认可准则及管理体系文件的理解程度是否适宜在近期内进行现场评审。

评审组长对实验室提交的申请文件审查后，如果存在以下情况，应向项目负责人提出安排预评审的建议，经项目负责人与实验室沟通协商后，实施预评审：

1）尚不能确定现场评审的有关事宜。

2）实验室申请认可的项目对环境设施有特殊要求。

3）对大型、综合型、多场所、超小型的实验室需要预先了解有关情况。

二、预评审时应注意的问题

预评审时，评审组长应注意以下两点：

1）避免咨询。

2）避免成为正式评审的预演。

评审组长应在预评审结束后 10 个工作日内向 CNAS 实验室处项目负责人报送预评审报告，并给出建议近期安排现场评审或暂缓安排现场评审的建议。

第三节　现场评审策划

在进入现场评审前，评审组长要组织评审员做好评审策划工作。首先要使评审组成员获得申请方的相关资料，了解评审任务。评审员按相关技术领域明确组内分工与职责，编制评审计划，准备现场试验方案，准备必要的评审文件。这是保证现场评审能够高效有序进行的重要步骤，特别是对于多技术领域多专业的实验室、多地点多分支机构的实验室等，这一过程更为重要。每次现场评审每个评审员都应在评审前根据分工做好策划并填写《现场评审策划方案表》。

一、明确评审组职责与分工

评审组一般包括评审组长和评审员，必要时可以包括实习评审员和技术专家，他们在评审中的作用和职责是不同的，实习评审员和技术专家不能单独进行评审工作，应在评审员的指导下工作；根据需要，评审组内还可能派观察员。

（一）评审组长的职责

1）对评审结果的准确性、真实性、完整性负责。

2）负责与认可机构及实验室的联系，及时传递认可机构的方针、政策、规则和程序，管理和协调现场评审工作，确保按照认可机构的要求，带领评审组完成现场评审任务，对评审工作负主要责任；在现场评审过程中，是认可机构派出的评审组发言人。

3）准备评审工作文件，制定评审计划并负责编制评审日程；检查评审组成员的评审策划工作；现场评审前，对技术专家进行简短培训。

4）做好管理要求和技术要求评审的分工安排，使评审组的每位成员都明确自己在评审中的作用与任务；协调和监督各技术评审小组之间的活动，协助他们得到实验室良好的配合与合作。

5）负责召开和主持预备会议、首次会议、内部交流讨论及末次会议等；负责对实验室管理体系的评审；在评审员协助下对报告证书授权签字人进行评审；负责评审报告的编制。

6）现场评审结束后，负责组织对纠正措施的跟踪评审，并向认可机构报送评审报告及对实验室整改情况的意见等一系列现场评审资料。

7）为评审员评审时的现场表现做出评价。

（二）评审员的职责

评审员是能够独立地对特定领域的技术能力进行评审的人员，其在评审中的职责如下：

1）评审实验室工作在技术上的完整性，评审实验室申请认可范围内的技术能力。

2）协助评审组长评审管理体系，特别是质量要求和技术要求的接口。

3）评审文件化的检测/校准程序及其有效性。

4）评审并确认现场评审中发现的技术问题。

5）按照认可机构的程序和要求提供书面记录。

（三）技术专家的职责

当评审组中的评审员不能完全覆盖被评审的技术能力范围时，可通过技术专家予以满足。技术专家是具有特定专业技术领域知识、经验丰富、经过短期培训/辅导后受认可机构聘请参加实验室现场评审工作的技术人员，技术专家应当在评审员的指导下进行工作。其在评审中的职责如下：

1）接受短期培训/辅导，熟知评审机构有关规定、评审程序。

2）协助评审员评审实验室申请认可范围内的技术能力（包括特定专业领域实验室的技术能力）。

3）协助评审员评审文件化的检测/校准程序及其有效性。

4）协助评审组长评审实验室推荐的授权签字人。

5）协助评审员确认评审中发现的技术问题。

6）不单独承担评审工作。

（四）观察员的职责

需要时，项目负责人提前告知实验室并征得同意，可安排观察员，观察员只观察评审活动，并不参与评审过程。

（五）评审组的职责

在现场评审中，评审组一般分为两个组，即管理评审组和技术评审组。涉及多个认可领域或多个场所时评审组还可以分为多个分组，其在现场评审中的职责分工如下：

1. 管理评审组的职责

（1）负责现场评审实验室的法律地位及承担法律责任的能力。

（2）负责评审实验室管理体系的管理要素和相关技术要素。

（3）监督评审和复评审时，负责评审认可标志的使用及遵守认可规定的情况。

2. 技术评审组的职责

（1）负责评审并确认实验室申请认可的技术能力与其限制范围。

（2）负责选择和观察现场试验项目。

（3）通过观察现场试验和对技术要素与相关管理要素的评审，对实验室检测/校准活动的技术能力是否符合认可准则中的相关要求，以及实验室出具的数据结果是否正确、可靠和可信做出评价。

（4）协助评审组组长对报告/证书的授权签字人的技术能力进行评审。

（5）负责评审实验室参加实验室间比对和能力验证计划的情况。

（6）负责评审实验室不确定度评估的充分性和正确性。

二、现场评审计划（日程表）的拟订

（一）拟订现场评审计划的目的

现场评审计划一般指对现场评审所需的人员、时间安排以及对现场评审大纲的拟订。一个良好的评审计划，不仅能保证整个评审过程有条不紊，且能在较好地完成认可机构交给评审组的任务的同时，能较完整、清晰地反映其现场评审结果（报告）和受评审实验室的真实情况（能力）。

（二）现场评审计划的内容

制定现场评审计划一般可以从以下几个方面考虑。

（1）评审的目的：（通常）评审目的是指能否通过管理体系和技术能力的认可并获得注册。

（2）评审的范围：通常包括对实际位置、组织单元、活动和过程以及所覆盖的时期的描述。申请实验室管理体系全部要素，申请认可的技术能力，所涉及的部门、场所及活动。

（3）评审的准则：主要是《检测和校准实验室能力认可准则》及相关文件要求，实验室管理体系文件，与实验室申请认可技术能力范围相关的法律、法规及技术标准等。

（4）评审组成员：涉及评审组组长及评审组成员的名单及分工。

（5）评审的日期：现场评审的起止日期。

（6）评审的日程安排：一般以上下午或小时为单位安排评审日程。

（7）需要时，规定现场评审时的语种。

（8）需要时，应对实验室所在地的气候情况、风俗习惯等予以注明。

（三）制定现场评审计划的要点

制定现场评审计划，一个重要的内容就是确定评审组所需人数和评审所需时间的估算。一个有能力的评审组长不仅能对所需的评审组成员配置做到既合理又经济地覆盖实验室所申请认可的全部范围，又能做到充分合理地使用每一个评审组成员，且能对现场评审所需要的时间做正确估算。

1. 现场评审时间估算时应考虑的因素

（1）实验室类型：是校准实验室还是检测实验室，是独立法人还是挂靠母体的实验室等。由于实验室所处的情况不同，对估算评审人日会有影响。

（2）实验室申请认可的能力范围：包括检测/校准的自动化程度、过程的繁简。申请认可范围内不同类别的检测和/或校准能力范围不均衡会造成工作量不均衡。

（3）实验室管理体系覆盖的与申请认可的能力范围相关的部门、地域、场地等。

（4）实验室的设施是固定的和/或活动的和/或临时的。

（5）现场评审时所涉及的评审依据。

除上述诸因素外，现场评审还受到实验室的分散程序、季节、气候、评审员的经历和素质等因素的影响。因此现场评审所需时间的估算和确定是一项较为复杂的过程，评审组长应与 CNAS 秘书处密切配合，最终予以确定（通常初评、复评掌握在 3 ~5 天）。

2. 现场评审人数的确定

现场评审最终所需人员数量与现场评审所需时间有密切的联系。申请认可的技术能力范围单一的现场评审与项目多、领域广的综合性实验室不同，实验室现场评审所需人员数和人员结构往往有较大的区别。在确定人数时，应全面考虑。评审组长应与 CNAS 秘书处密切配合和协作，在做到评审员专业面能基本覆盖实验室申请认可专业范围的同时，以最少的评审员数量和最短的时间，与评审组成员同时进驻实验室，又同时撤出实验室为前提；根据受评审实验室类型、性质、范围、评审工作量、评审员素质等综合情况汇总分析，最终确定评审组的成员数。

3. 注意事项

（1）现场评审计划应得到实验室认同，包括在首次会议上的再次确认。如果实验室和/或评审组遇到特殊情况，评审组可以适当地调整，但调整应获得 CNAS 的认可。

（2）现场评审计划的制定涉及硬件评审和软件评审两个部分，一个良好的现场评审计划的实施，应充分利用文件审查所获得的信息，经过综合分析、加工整理出评审组成员编制现场评审大纲应获得的基本信息文件，并及时送达每个组员的手中，以便评审组成员做好准备。良好的硬件评审大纲和软件评审大纲的研究与筹划，应建立在评审员之间充分沟通和协作的基础上。此时，评审组长的组织与协调是一个重要的因素。

（3）评审组长负责拟定《现场评审日程表》。制定评审日程表时应注意：

1）《现场评审日程表》须就管理要求的评审和技术能力的评审分别制定。

2）评审日程表内容应包括具体的现场评审时间、评审内容、考核部门或人员。

3）当涉及多场所评审时，日程表应覆盖所有场所。

4）涉及多场所时，评审组长应提前与实验室确认各地点间的距离、路程用时、交通方式等。

5）现场评审前提交给实验室和评审组成员。

4. 评审计划的沟通

评审计划的沟通是保证现场评审按预先的安排，有条不紊，实现评审结果能满足 CNAS 要求的基础。因此评审计划的沟通要在受评审方、CNAS 评审部及评审组长和评审组成员之间进行。特别是评审组组长应协助 CNAS 做好这方面的工作。当实验室的意见协调工作完成，评审组成员确定后，评审组长应将实验室的基本情况特征及评审的初步设想和计划分工与评审组成员和/或技术专家进行沟通。应要求评审组成员做好专门准备（如准备现场试验用的样品、参考标准、标准物质或特殊标样等）和评审员和/或专家做好分工领域内相关评审大纲的策划，以保证评审组进入现场评审前做好硬件和软件评审所有需要的准备工作，为顺利实施现场评审创造条件。

三、评审内容策划

评审组成员应对下列问题进行详细策划：

1）列出现场评审时要关注的问题。

2）列出现场评审拟查阅的记录清单。

3）对申请认可的项目，计划采用的确认方式以及要关注的关键过程。

4）拟定现场试验项目及拟考核的试验人员。

5）准备现场评审用的文件和表格，如认可规则文件、认可准则及应用说明、评审报告附表、附件等。

四、准备现场试验方案

预先制定现场试验方案是为了保证评审组能够以适当的方式评价申请方的技术能力，由于现场试验是确认实验室技术能力的主要方式之一，因此它的选择具有重要意义，特别是在初次评审时。

现场试验方案由负责评审技术能力的评审员制定，依据以下原则选择现场试验项目：

1）选择的检测/校准项目应有技术水平代表性。在实验室申请认可的服务范围内，选择对人员（如无损检测资格）、对环境（如用于 EMC 检测的开阔场，用于微生物检测的无菌室）、对样品前处理或样品处置（如试样化学萃取、HIV 样品处置）等有特殊要求，能充分代表该专业或该仪器设备技术水平（如校准实验室申请认可的各计量专业领域中最高级别的计量标准的检定能力等）的检测/校准项目。

2）选择的检测/校准项目应有业务代表性。应选择实验室业务量大的检测/校准项目，尽可能覆盖申请认可标准或测量参数要求的主要项目，必须覆盖到不同的检测/校准场所。

3）选择的检测/校准项目应有针对性。针对实验室的高危项目（对结果影响特别重大）、技术能力的薄弱环节、可信度不足的项目（如很少进行检测/校准的项目、由新上岗人员操作的项目、依靠检测/校准人员主观判断较多的项目、实验室新开展的检测/校准项目等）。

4）选择的检测/校准项目应考虑实验室参加能力验证活动的情况，选择能力验证结果为可疑或不满意的项目。

5）在监督和复评审时，选择试验项目时还应考虑实验室技术能力发生变化的项目。

6）选择的检测/校准工作量应适当，必须能在现场评审期间内完成。

初次评审和扩项评审时，现场试验项目应覆盖实验室申请认可的所有仪器设备、检测/校准方法、类型、主要试验人员和试验材料。应特别注意的是，监督评审和复评审时，同一项试验（指在前一次或前几次现场考核试验）应选择不同的试验人员进行操作。

当涉及多工作/实验场所时，每个场所的试验项目应单独确定。此外，还应该考虑每个场所申报的技术能力与技术能力的特点，申报项目数量、人员数量、场所的分布与交通状况等，项目选择时应和实验室充分沟通，以免受到试验条件、交通条件等因素的干扰。

当评审员必须单独在总部以外的其他工作场所评审时应该注意其独立工作的能力。

了解实验室参加能力验证活动的情况，能力验证结果的利用是实验室认可的重要特点。

评审组在以下情况时，应考虑安排测量审核，测试结果应记入评审报告附件。

1）从未参加能力验证计划的项目。

2）不符合项多或有问题的项目。

3）能力验证结果不满意的项目。

第四节　现 场 评 审

现场评审的一般过程是评审组预备会、首次会议、观察实验室、现场管理体系评审和技术能力评审、与实验室管理层交换意见、评审组内部会、分析评审发现的问题及形成评审报告、末次会议前与实验室的沟通会、末次会议。

一、评审组预备会

评审组的预备会根据情况可以集中召开或分次召开，也可以根据情况采取不同方式，但内容必须完整。评审组预备会由评审组长召集和主持，参与本次评审的评审员参加，会议主要有以下内容：

1）介绍评审组成员，使彼此相互认识、了解。

2）明确认可机构对现场评审的有关要求和规定。

3）明确此次评审的目的、范围和准则。

4）详细说明评审计划，确认人员分工和现场评审活动时间、工作程序。

5）统一现场评审方法及对不符合项和观察项判定原则。

6）评审组长介绍对实验室管理体系文件的初审情况，根据实验室特点，提出考核应重点关注的内容，并预定各检测/校准项目确认方式。

7）各评审员现场评审时需完成的任务以及填写的表格。

8）检查评审的准备情况（文件资料及评审表格）。

9）对第一次参加评审工作的成员（实习评审员和技术专家）进行简短的培训。

10）评审组长代表评审机构重申对评审工作应公正、客观、保密等要求，评审组成员签署《现场评审人员公正性声明》。

11）听取并讨论评审组成员有关工作建议，解答评审成员尚存的疑问。

12）宣布评审纪律，重申评审员行为准则。

从评审组预备会开始，直到评审结束，每个评审组成员应时刻维护评审组的整体形象，使评审组成为一个团结、协作的团队。

二、首次会议

评审组应以首次会议开始现场评审，会上应明确评审目的、认可准则，确认评审范围和日程。

首次会议，有时也称为见面会，是评审组与实验室正式接触的一种形式，其目的是确认评审范围、目的、准则与计划，介绍评审程序与方法，在评审组与受审核方之间建立正式的联络，促进实验室人员积极参与，沟通、协调、创造良好氛围。

首次会议由评审组长主持，评审组全体成员、实验室领导层及关键管理和技术人员参加。如果条件许可，也可邀请实验室尽可能多的人员参加，利用首次会议，使评审工作得到实验室全体人员的理解，这对整个现场评审工作的高效实施十分有益。首次会议应尽可能选择在实验室所在区域召开，评审组长讲话后，可以请实验室领导简要发言。首次会议应简短、守时、有效、坦诚、务实、融洽。首次会议应请全体到会人员在签到表上签名，签到表是评审材料之一，要归档保存并上交 CNAS。

（一）首次会议的主要内容

1）向实验室介绍评审组成员、评审任务分工，并请实验室代表介绍实验室主要人员。

2）明确评审目的、范围和依据（包括认可准则和认可准则的应用说明），说明现场评审的目的是检查管理体系是否有效运行，核查技术能力能否覆盖所申请认可范围，考核申请的授权签字人是否符合要求。

3）宣布评审计划，指出评审重点，确认必须观察的试验、文件和可得到的记录。确认评审日程表中的相关安排，如末次会议的时间安排，授权签字人的评审时间，与实验室管理层之间的交换意见的时间等。

4）确定评审组与实验室的联系方法、需要召开的会议、需要访问的人员，确认评审向导，明确向导的安排作用和身份；确认评审中所需的资源（包括住宿、交通、资料印制、会议室等）已得到保证，并有利于评审工作方便进行（必要时包括评审所使用的语言）。

5）介绍评审程序和方法，解释对不符合项的观察项的判定原则。

6）确认进入实验室现场有无防护、隔离要求。

7）说明评审是一次抽样活动，评审证据只是基于可获得的信息样本，因此存在不确定因素。

8）评审组长强调评审原则，评审过程要以数据和事实为判据，保持客观公正；代表评审组做出公正性声明；可以申诉的声明，并代表评审组全体成员声明，严格遵守保密规定，未经实验室许可，不向任何一方泄露实验室的保密信息。

9）请实验室提出需要了解的问题。

10）实验室主要领导简要介绍实验室情况、管理体系运行情况和最近一次的自查情况（主要是内审和管理评审）。

（二）首次会议的注意事项

1）会议应准时开始和准时结束，时间通常不超过半小时。

2）发现实验室主要人员未到场时应询问原因。

3）允许实验室对评审提出建议，但评审范围和计划一般不在首次会议上更改。

4）组长应精心组织好首次会议，努力创造一种认真严格、实事求是、真诚和谐的良好气氛，使现场评审有一个好的开端。

三、现场观察与评审计划确认

（一）现场观察

必要时，首次会议结束后，由陪同人员带领评审组进行现场观察（有时也称现场参观）。现场观察的目的是增加评审人员对实验室的直观认识，初步了解分工场所的仪器设备、环境设施，为进一步完善现场评审计划做准备。现场观察可根据实验室的规模，采用不同形式，对小型的、专业单一的实验室可统一进行，对大型的、综合类实验室也可分组或分专业领域进行。评审组长应控制现场观察的时间。现场观察后，必要时，评审组可进一步完善评审日程表，调整技术能力考核方式。

对于有多场所或分支机构的实验室，在可能的情况下，评审组长应尽量到各现场进行观察。

观察时，组长应按事先分工，要求每个评审员在分工评审的范围内注意自己分工的重点，带着问题观察。在观察中要做到以下内容：

1）根据《认可准则》要求，观察环境条件、设施配备与布局、设备状态、安全防范设施的适应性和合理性。

2）资料初审中的疑点应在现场观察时加以关注和确认，并注意观察实际运作与文件资料描述的一致性。

3）关注关键检测/校准设备运行状态、维护状况以及与申请认可项目的“设备配备”的符合性。

4）如需要有特殊要求或薄弱环节，应特别关注，并在计划中重点列出。

5）观察中发现的问题应做好记录。

（二）技术能力要求（硬件）部分的计划确认

现场观察结束后，评审组长应根据需要及时向技术评审组补充相关意见和建议。技术评审组应依据预先设想计划，结合现场观察实际，包括组长和成员获得的新信息（如需加强考核的薄弱环节和实验室现有样品的适宜性等），进一步确认技术评审计划，然后通过现场考核评审实际的检测/校准活动及相关要素，最终确认实验室申请认可的实际技术能力。

现场考核检测/校准计划是实验室技术能力考核的关键内容，计划应确保能考核到申请认可项目的全部实际能力（人员、仪器设备、设施环境、过程和控制等），关键性能或薄弱环节还要安排比对试验，操作复杂和操作技能要求高的项目应安排目击试验。评审组应对各种试验有专门要求，并按实验室程序进行。

技术评审组应对各种试验做出适当时间进度安排，试验项目计划经评审组长确认后即可实施。

（三）管理评审组评审计划的确认

管理评审组在观察后应结合实验室的实际情况和《认可准则》管理要求的相关要素，补充完善评审计划和评审策略，以确保能全面评价实验室组织管理实际运作的可行性和有效性。管理评审计划应在理解实验室管理体系设计的基础上，选择适当的评审方法，评审中应特别关注：

1）组织结构设置的科学性和合理性，能否实现合理的过程控制。

2）职能分配是否合理，能否保证无冲突、无失控和无脱节。

3）文化程序能否足以保证各级组织、关键人员和岗位规范运作。

4）关键部门和岗位是否真正按文件规定进行运作。

5）运行记录是否方便、规范、及时，信息量是否充分。

（四）协调控制

实验室的组织管理和技术能力各自的要素在许多场合是融为一体的，实验室能力的认可，也是对实验室管理和技术能力的综合评价。现场评审中的软件、硬件分工只是为了节省评审时间，充分发挥评审员的专长，但这种分工可能会造成评审工作互相脱节，不利于对实验室综合能力的评价，因此评审组长应加强整个评审组（硬、软件）的协调和控制。这种协调控制应从现场评审计划、策划开始，到计划确认、实施，直到评审活动结束。协调和控制不仅是对计划进度的协调控制，更重要的是确保所有评审活动有计划地进行，以利于对实验室的实际能力评价提供最有效的支持和证明。有效的协调控制是评审组长的重要职责，也是其综合能力和素质的反映。

四、现场管理体系与技术能力评审

（一）概述

1. 现场评审和现场评审的目的

现场评审是由 CNAS 委派的评审组对实验室所在场所按照 CNAS《认可准则》（对于某些特殊领域，实验室可在 CNAS 网上下载相关应用说明）对实验室管理体系的实际运行情况与实际技术能力进行评审。评审后评审组要向 CNAS 提交对该实验室的评审报告，此评审报告将作为 CNAS 最终决定是否批准认可该实验室的重要依据之一。

评审组依据《认可准则》及相关应用说明，对实验室承担法律责任的能力、实验室在管理方面的能力、实验室的技术能力三个方面进行全面的系统的评价。而现场考核检测/校准以及现场评审是作为评价的一种重要手段，其目的是科学深入地对上述三个方面的实际能力开展全面的考核和评审，以便得出公正客观的评价意见和结论，为 CNAS 最终决定是否批准认可该实验室提供依据。评审组不仅要评审实验室的管理体系的符合性，更重要的是对实验室实际技术能力进行考核，这是实验室认可和一般的体系认证最显著的区别之一。

2. 现场评审的对象及适用范围

现场评审的对象主要有以下三点：

（1）实验室的法律地位以及能否承担法律责任的能力（参见《认可准则》的 4.1.1）。

（2）实验室管理体系是否健全？是否符合管理要求（参见《认可准则》第 4 部分要求 4.1 ~ 4.15）。

（3）在申请认可的技术能力范围内，实验室的技术能力是否符合《认可准则》（参见《认可准则》第 5 部分要求 5.1 ~ 5.10）及相关标准、规范的要求。

现场评审的适用范围如下：

（1）所有适用的“要素”，即管理要求的 15 个要素（4.1 ~ 4.15）和技术要求的 10 个要素（5.1 ~ 5.10）共计 25 个要素中所适用的范围。

（2）管理体系中的所有与质量有关的部门及岗位。

（3）所有申请认可的检测/校准活动能力范围（覆盖申请认可项目及其活动场所）。

（4）所有适用的“过程”。

（5）由上述适用要素和“过程”构成的整个管理体系。

3. 现场评审的要点

（1）考核和评审实验室管理体系的符合性。符合性有两层意思：①文件化的管理体系是否符合《认可准则》的要求，即所谓“该写的都得写到”；②“写到的应该做到”，也就是文件化管理体系中质量手册、程序文件、作业指导书中写到的都应做到，做到的应留下适当的记录。

考核和检查体系的符合性，可以以横向审核法为基础，结合纵向审核法来进行符合性评审（对于实验室自身来说可用内部审核来检查“符合性”，内审也要以利用横向审核和纵向审核方法相结合的方式去检查“符合性”），符合性检查由管理评审组和技术评审组按要素分工共同完成。

（2）检测/校准过程控制的评审。管理体系由要素或过程组成的，检测/校准过程对检测/校准的质量有直接的影响，实验室为了保证检测/校准的质量首先应注重检测/校准过程的质量控制。实验室应使检测/校准过程成为一个稳定的、受控的、可预测的过程，和不断改进优化的过程。一旦出现异因，应由监控系统迅速识别，在没有造成不合格之前就迅速纠正，不让它扩大化。体系是由许多过程构成的，实验室应使体系的所有过程处于受控状态，特别是检测/校准过程要处于受控状态是非常重要的，检测/校准过程的有效性评价主要由技术评审组完成。

（3）对实验室承担的检测/校准实际能力的考核评审。评审组特别是技术评审组，必须对实验室申请认可的技术能力进行现场考核，安排现场试验，以明确该实验室是否真正具备申请认可的技术能力，而不能仅仅停留在符合性的检查上。技术评审组最后要对实验室申请认可的范围（申请认可的项目）做出同意认可或不同意认可的结论，实验室不具备技术的申请认可项目不予认可。

（4）实验室管理体系有效运行的评审。实验室管理体系有效运行的标志可以归纳总结如下：

1）建立了一个科学的和完善的文件化管理体系，该文件化体系符合《认可准则》的要求，该体系与实验室的活动范围（工作类型、工作范围和工作量）相适应，有适用的质量方针、总体目标、质量目标和质量承诺。

2）管理体系严格按体系文件规定的要求去运行，执行（实施）中应该保留必要的记录。

3）管理体系完全处于受控状态，使差错降低到规定的限度以内，体系中一旦出现偏差，有机制迅速反馈，并马上采取纠正措施。

4）管理体系定期开展内部审核，建立一套自我检查、自我完善和不断改进的管理体系。

5）除了管理体系定期审核外，实验室应建立一套有关检测/校准结果的质量控制和质量保证程序，确保检测和校准的质量及其数据和结果的正确性和可靠性。

6）最高管理者定期开展管理评审，对管理体系和检测/校准活动中的问题（包括潜在的）采取纠正措施和预防措施，利用一切可以改进的机会，贯彻持续不断改进的政策。关于实验室体系有效运行的评价应建立在软件、技术评审组评价考核的基础上，由评审组最后统一做出。

（二）现场评审的评审技巧与方法

1. 管理体系和技术能力的评价过程

实验室评审是一次抽样调查活动，评审员要采用多种沟通手段，在有限的时间内，获得能充分反映实验室管理体系和技术能力状态的足够信息，有效收集客观证据的方法包括：现场观察，提问并听取回答，查看记录/报告、资料/证明，目击现场试验/演示试验、核查仪器设备等。这些方法经常要结合在一起使用。

如果实验室是多工作场所，应该评审每一个工作场所的管理体系的实际运作，同时还要考虑组织机构管理的有效性。

（1）观察现场，寻找客观证据。以评审员的职业敏感及评审经验，观察实验室现场取得信息，是有效收集客观证据的基本方法，包括观察实验室设施环境、常规工作过程。在实验室评审现场全过程，评审员都应该注意采用观察现场的方法。必要时，首次会议结束后，评审组由实验室有关人员陪同观察实验室现场。

（2）向实验室提问，从其答复中获取有用信息。

1）现场提问的方式。需要了解实验室某一质量活动过程、结果时，多采用开放式提问，评审员可以从回答中获得较多的信息。

例如：“当实验室需要采用非标检测方法时，如何进行控制?”“请谈谈，您是怎样来控制这些标准物质发放的?”

需要澄清、确认某一事实时，可采用封闭式提问。

例如：“您每次检测线路板时只需戴一只防静电保护腕带吗?”

需要深入探究某种情况、了解实验室对某种可能发生的情况将采取何种质量措施时，可提出假设性的问题：

例如：“假如在某种特殊情况下，本实验室不能在客户要求的时间内完成某项试验时，实验室将怎么办?”“如果检测判定依据的合格范围限量较窄、检测结果数据与极限值十分接近时，如何出具检测报告?”

2）现场提问的技巧。

① 评审员提问应简洁明了，表述准确清楚。

② 一事一问，避免一次连续提出多个问题。

③ 提出的问题应层次分明、依次递进。

④ 在提问时还应注意一些细节，如观察被问者的神态表情，适时表示谢意。

⑤ 在对方停止说话时，评审员如果重复他们最后几句话，就会有助于谈话继续进行。

⑥ 当某些问题得到验证后，评审员简短地讲几句肯定成绩的话，也将有益于交谈。

⑦ 提问的每个阶段都可能要求对方提供验证资料或要求查看现场，当对方派人拿资料时，为了不中断谈话，评审员可以把刚才的问题暂放一下，及时转入下一问题。

⑧ 当对方出示一大沓需要查看的资料时，可以由一位评审员审阅，另一位评审员继续提问检查，这样，既不会冷场，也充分利用了时间。

⑨ 现场提问要选择合适的对象，找准相关责任人。要了解对体系程序理解或有效贯彻

的真实情况时，应找具体的操作人员；若要了解某项质量活动是如何控制的，则应找该项活动责任部门的主要负责人。

⑩ 现场提问要选择恰当的时机，提问不要影响检测/校准人员试验操作，尽量利用操作间隔时间提问。

3）座谈。有些评审组在现场评审中召集实验室有关职能岗位的人员进行座谈，通过面对面谈话收集信息，其好处是信息收集覆盖面大，各方人员都在场，省去了等人、找人时间，但要注意避免相互间代替回答问题。需要进一步追查验证的情况也要做好记录，会后及时一一落实。

（3）审查文件，核对记录，取得客观证据。现场评审中通过评审员提问和听对方回答，还不能认定某一过程是否符合评审依据要求，应结合对方的谈话查看有关资料，进行验证。判断他们在过程中有没有相关文件来控制，执行的文件是否为有效、受控版本，文件如经过更改是否符合文件更改程序。再从相关的质量记录中验证该活动过程是否完全按文件要求执行，执行的效果如何。通过综合各种抽样调查的结果，进而评估实验室诸要素的控制程度和管理体系的自我完善能力。

（4）观察现场试验，寻找客观证据。对实验室申请认可的检测/校准方法进行评审，确认其技术能力是实验室认可的特点。观察现场试验是逐项确认实验室检测/校准技术能力的有效方式。观察现场试验应注重对过程考核，从合同评审、样品接收到出具检测/校准报告的实际运作过程的每一阶段都是评审员注意观察、评审的内容。

现场试验考核主要内容如下：

1）检测/校准人员是否按合同或程序规定正确选用检测/校准方法。

2）检测/校准人员对标准、方法、规程的熟悉程度。

3）检测/校准人员按操作规程操作的熟练程度。

4）是否有操作人员教育、培训、能力验证和相关授权的记录。

5）监督人员、管理人员对检测/校准过程的组织、控制能力。

6）相关辅助材料、标准物质对试验的支持、质量保证程度。

7）所有仪器和设备是否符合方法要求。

8）检测/校准系统的检测限/测量准确度、系统误差和稳定性是否符合标准要求。

9）检测/校准（包括样品处理）环境是否符合要求。

10）检测/校准的溯源性是否有效。

11）检测/校准记录、报告是否规范、完整、准确、清晰，并符合有关程序规定。

结合现场试验，采取“突出重点的方法”，对相关要素进行核查取得客观证据，以评价实验室管理体系的有效运行状况和技术能力水平。

2. 现场评审的基本方法

（1）现场扫描评审方法。这是以全面观察现场现象为主的评审方法，是发现评审重点的途径之一。实验室现场评审时，从观察实验室开始就进入了“现场扫描评审”阶段，评审时一般没有预定的检查目标，但每个评审员都将更注意自己分工评审范围内的情况，涉及实验室管理体系的各个方面都是现场扫描的对象，如实验室设施环境布局，设备配备，设备的校准状态与标识，样品处置情况及标识，标准物质、试剂的状况，现场使用的文件，各种记录、证书，操作人员的现场表现等。因此要求评审员具有较高的职业敏感性，在“现场扫描评审”中注意观察，发现可疑情况做好记录，必要时，为防止观察到的情况发生改变，可以及时向陪同人员提出询问，进行深入检查。在评审前实验室一般都会做充分的准备，各个显眼处都将收拾得整齐、简洁，评审时，要特别注意实验室的一些细节。

这种评审方法涉及面广、信息量大，但由于没有特定目标，仅进行表面观察，因此带有相当的随机性，也容易受实验室主观隐视性影响而带有局限性，一般作为辅助手段，结合其他方法使用。

（2）逐项评审方法。这种方法是按照认可准则的要求，对照评审核查表的相应内容，围绕一个项目（一个管理体系要素或实验室的一个部门）逐项对实验室的实际工作进行评审、查实、取证。这是一种常用的方法，尤其是经验不多的评审员经常使用。“逐项评审”分为“横向逐项评审”和“纵向逐项评审”。“横向逐项评审”即围绕一个管理体系要素，分别对实验室的多个部门逐项检查，如核查各部门对文件的控制。该方法可以较清楚地了解各部门对同一要素的控制情况，对实验室管理体系管理要素的核查非常有效，适合在规模不大的实验室评审时采用；“纵向逐项评审”是围绕一个部门，检查实验室管理体系各要素在该部门的运行效果，例如，检查该部门的内容质量审核、人员培训、样品接收、样品制备、检测/校准过程控制、设备及标准物质、检测/校准报告和证书质量及客户投诉的处理等。根据管理体系程序文件核查直接责任部门，该方法适合对规模较大、部门较多的实验室进行评审。

“逐项评审方法”的好处是执行起来比较方便，可以依照核查表不漏项地评价整个实验室管理体系。但评审过程中各种情况相互之间的验证少、缺少灵活性，要求评审员不断将发现的事实对照实验室在质量手册中表述的管理体系和操作程序进行评价，依据客观证据，判定管理体系中的不足或操作中的偏离。

（3）追踪评审方法。该方法是依据实验室管理体系要素间的相关性，由某一过程的起点/终点或过程中某一点（评审员发现的有可疑的事实）开始，追查所关心的相应要素之间的联系是否合理，运作是否符合程序规定，往往沿着细小不足查下去，可以发现体系中的问题。

“追踪评审”分为“顺向跟踪”和“逆向跟踪”两类。前者是从检测/校准工作过程的始端或中间某点开始，按规定的流程向后进行跟踪检查，一直查到过程的终点，如从某一样品接收一直查到结果报告出具，对过程中涉及的相关要素也要检查。这种方法比较全面。后者是从一个过程的终端或中间某点向前追溯检查到过程的始端，如从某份结果报告逆向一直查到合同评审。这种方法对验证记录的可追溯性方面特别有效，针对性较强，但有时不易全面。

（4）重点发散评审方法。该方法是以某个重点评审项目为中心，辐射扩大评审范围，对与其有关的诸环节进行追查的评审方法。评审员在完成实验室管理体系文件的评审后，应该对体系的某些薄弱之处或疑点有初步概念，将一些有可能在关键时刻导致管理体系无效的因素和检测/校准程序的关键方面纳入核查表，作为现场评审的重点。另外，在“现场扫描评审”中，可能发现一些有重要价值的线索，在征得评审组长同意后，评审员可以超出核查表范围，把发现的事实也作为评审重点，围绕这些重点，逐项追踪，检查与之相关的管理体系要素运作是否符合程序规定，检查相关要素是否得到有效控制。

“重点发散评审”可以从核查表的抽样计划开始，例如，按核查表计划抽几份检测报告副本开始检查，以验证检测报告控制情况；抽查几台设备，验证设备控制情况；还可能从发现的一份未审批的技术标准开始检查；从一台停用的检测设备开始检查等。现场见到的某些观察对象，例如试验架上摆放整齐的试剂、药品，或一台擦拭得十分干净的自动检测仪，或一叠打印整齐、清楚的检测/校准记录等，其表面往往很规范、正常，看不出任何问题，但围绕其进一步追踪检查，有时就可能发现体系运作中存在的不足。任何一个要素、部门或项目都可以找到“切入点”，抓住“切入点”，其他问题就迎刃而解，如文件评审，抓住实验室对外来文件（标准、客户提供方法）的控制，文件更改的控制、计算机中文件及更改的控制作为“切入点”，如果实验室控制得很好，评审员就可以下结论，实验室文件控制符合规定要求，但往往从以上“切入点”就能发现不足，如外来标准跟踪存在问题，更改存在问题，计算机中的文件及更改未得到有效控制等。经验较少的评审员，在现场常对评审重点显得不敏感，对发现的某些事实，不能立即反应出应对该目标下一步追查的方向。

（5）综合评审方法。在现场评审中，使用的方法不可能，也不应该是单一的某种方法，往往应用最多、效果最好的是“综合评审方法”。这种方法是将以上几种评审技巧有机地组合应用，以评审核查表为主线，以“逐项评审”项目和现场扫描发现的事实为中心，用“重点发散方法”向多方位展开“追踪评审”。

采用“综合评审方法”要求评审员有较高的调控能力，要结合评审中发现的新情况快速反应，及时决策，对需要了解的问题既不偏离评审范围，又不受预定的核查表局限。这种方法比较灵活，便于发挥评审员的创造性，也便于评审员较全面、真实地了解实验室管理体系各个方面的控制程度和整个管理体系运行的状况。在评审样品管理、设备与标准物质、设施与环境、检测标准、记录控制、证书与报告等要素时，尤其适宜采用该方法。

在综合评审过程中，需要评审员临场发挥，许多检查内容在核查表中未预先写出，因此要随时做好评审记录，特别对评审员当时认为可能成为不符合项的某些事实，包括所涉及的细节，如时间，地点，有关人员，设备编号，某种药品、试剂、消耗材料、测量工具、试验器具等的名称，记录或报告的编号及有关内容，涉及管理体系文件的有关章节、某个标签的内容等均需及时记录下来，以便提供评审组讨论和填写不符合项报告。

3. 现场评审的控制要点

（1）始终不偏离评审目标。实验室评审从开始到提交评审报告结束，都应坚持预定目标。除了明确总体目标外，还要注意每一个阶段的目标不被偏离。现场评审时，可能遇到因实验室有意或无意而产生的各种干扰，例如，由于交通不便而延误了评审时间；实验室人员出示许多文件资料，滔滔不绝地表示其管理体系运作如何完善；引导评审员参观一些准备工作做得较好的地方；或在评审过程中不断提出一些问题向评审员请教等。针对这一类情况，评审组长应随时掌握动态，认准目标，把握方向，遇到干扰，发现偏离时，应有礼貌地机智处理，及时协调、提醒评审员应保持清醒头脑，清楚自己正在检测、了解的问题，不要因某些干扰而转移评审视线或偏离评审目标。

（2）严格控制评审范围。实验室评审计划明确规定了评审的范围，评审时一方面要使核查表提出的抽样方案具有充分的代表性，尽可能覆盖到评审范围各个区域，另一方面，当现场评审需要偏离核查表时，经评审组长的同意后，评审员虽然可以扩大抽样范围和抽样数量，但不可超越规定的评审范围，不能把在实验室申请认可范围以外可能见到的其他情况作为不符合项提出来，也不应该应评审实验室要求评审不在申请范围内的场所和项目。

(3) 准确采用评审准则。实验室评审中，认可准则、相关特殊领域的应用说明及实验室管理体系文件是评审的准则，是用于与评审证据进行比较的依据。应坚持将收集到的评审证据对照评审准则进行评价的原则，不符合项必须是在规定范围内与评审准则核对过的、建立在客观证据上的观察结果。有的评审员采用规定依据以外的文件来对照被评审的实验室，这是不正确的。有些不符合项的提出，找不到贴切的对照依据或者所对应依据牵强附会，甚至把评审员单位的做法或自己的想法强加于实验室，这往往会引起实验室的异议，影响评审组客观、公正、准确的工作形象。

(4) 适时控制评审进度。实验室现场评审应在评审计划的宏观指导下进行，各阶段的工作应按照预定时间完成，但现场评审过程中往往会因为一些特殊情况而不能准确按计划时间进行，这就要求评审组长根据评审实际情况及时调整评审安排，每个评审员遵循评审计划，服从评审组长指挥，及时沟通、协调。保持评审组集体和谐，发挥整体功能。评审员往往都具有相应专业的丰富知识，但不能因自己对某个专业科目熟悉或感兴趣，而在该范围的评审就特别细致，抽查样本也特别多，也不能因在抽查样本中未发现问题，再继续扩大抽样，直到发现问题为止。

(5) 保持良好的评审气氛。实验室评审自始至终应全力创造和保持一种和谐、融洽和轻松的气氛，以有利于评审取得更好的效果。评审员要表现得既有权威性，又不盛气凌人，处处注意与实验室建立良好的合作关系，无论在何种情况下，都应保持冷静、镇定，有礼貌、有耐心，平等、和气待人，不使对方感到自己处于受审的地位，消除紧张气氛，促进大家主动参与。为此，要求评审员从首次会议开始，注意自己的言谈举止，保持公正和公平。发现不符合事实，认真听取对方说明情况，找出真正的原因。此时，切忌因发现了对方的问题而喜形于色，或因此指责对方；在进行追踪检查时，要注意说明所查内容的前后关系，以免对方误认为评审员在无止境的“找岔子”；当个别实验室人员态度粗暴时，评审员应保持冷静，不与之争吵；当发现评审过程中出现失误时，评审员应及时承认差错，并表示歉意；评审人员偶尔说出幽默语言，往往可以改变沉默、紧张的气氛。

4. 现场评审的过程控制

根据积累的经验，评审组可分为管理评审组和技术评审组，同时分别进行现场考核试验/校准和现场评审。管理评审组主要负责《认可准则》第4部分管理要求的4.1~4.15要素，重点评审实验室的管理体系是否健全和有效。技术评审组主要负责《认可准则》第5部分技术要求的5.1~5.10要素，重点评审实验室所申请认可范围是否具备技术能力，实验室所从事的检测/校准活动其技术能力是否符合《认可准则》中5.1~5.10要素的要求，实验室出具的数据结果是否正确、可靠和可信。

但是必须指出，上述分工不能机械地去理解，因为《认可准则》将管理要求分为4.1~4.15要素，而将技术要求分为5.1~5.10要素也是人为的，其中不少要素都有两面性，管理要求的要素中包含了技术要求内容，技术要求的要素中也包含了管理的内容。例如：4.4合同评审这个要素，表面上它属于管理要求，其实它有不少内容牵涉技术要求，如合同评审中必然要牵涉到5.4.2检测或校准方法的选择，所以管理评审组在评审4.4合同评审要素时可以把许多发现的疑点提供给技术评审组参考。4.6采购这一要素，它的消耗性材料或试剂的采购质量得不到保证则势必会影响技术测试结果的正确性和可靠性，同时4.5要素分包也有类似情况。而4.13要素记录的控制更是明显，记录分质量记录和技术记录，显然技术记录应该有非常强的技术要求内容，它既有管理的一面，还有技术的一面。4.14内部审核，既有管理体系的内部审核一面，也有进行检测/校准活动作业的技术上审核的一面。将5.2人员这一要素放在技术要求内是很正确的，说明实验室的人的素质与水平是非常关键的，而且是影响测试结果正确性的一个重要因素，与此同时，人员也颇具管理要求的一面，如果对人员不加管理或者管理不善，则无法保证技术上充分的能力，所以技术要求的背后无不受到管理因素的帮助。同样，5.3设施和环境条件这个要素，在实验室中的确应按照技术要求来对待，同时这个要素也是需要很好地加以管理的，所以也有严格的管理要求。5.5设备这一要素，其管理一面也是非常重要的。5.6测量溯源性除了技术要求这一面以外，也同样有非常强烈的管理性要求。5.8样品管理要素也是颇具管理特性的。综上所述，管理评审组和技术评审组分工不分家，某些要素需要从两个不同角度去考虑，才能把这个要素考察透。为此可以建议管理评审组主要评审管理要求第4部分（4.1~4.15要素），同时也可将考察5.2人员的管理安排与4.1组织要素结合起来评审。类似地，也建议技术评审组在主要评审技术要求第5部分（5.1~5.10要素）的基础上，同时适当考察4.4合同评审、4.5分包、4.6采购质量的控制、4.13.2技术记录等，目的是使评审工作可以做深做透，而且效率更高，效果更好。

（三）技术能力的评审和确认

1. 技术能力的评审原则

技术能力的评审工作应遵循具体、深入、全面的原则。具体，就是要针对某一个具体可分的项目或活动进行逐一的评价，不能凭主观推测进行“由此及彼”的判断。深入，就是一定要按照方法的具体要求，不折不扣地详细评审实验室的检测/校准活动与方法的符合性，要特别注意对影响检测/校准结果的关键技术、关键环节和技术难点的评审。全面，就是要把构成技术能力的所有要素都考虑在内，包括人、机、料、法、环等因素，特别是要关注实验室结果的可靠性和可信性，也就说是实验室不但要提供“会做”的证据，还要提供“做得好”的证据。

技术能力的评审工作的基本思路是从检测/校准方法（包括取样方法）出发，首先实验室在设备配置、环境条件、量值溯源（包括标准物质）和现行有效方法标准的获得能力等方面是否具备基本条件。如果不具备，则可以断定实验室尚不具备能力。在具备上述基本条件的基础上，还要进一步检查人员的能力情况，不但要看人员的背景情况和证明材料，更要看掌握原理、方法的程序和实际操作能力。最后还要看实验室的质量控制和质量管理对检测结果的保证程度。

技术能力的评审在某种程度上讲是一种建立信心的过程，评审组在得出认可结论前，除了要审查实验室技术能力与认可准则的符合性之外，还要对实验室从事特定项目的相关人员的能力有足够的信任度，在这方面，技术评审员和技术专家应该在获得充分的证据基础之上得出明确的判断结论。

2. 技术能力的确认方式

评审组在现场评审中，可以采用以下几种方式对实验室检测/校准能力进行确认，其中以现场试验、能力验证结果的利用、测量审核为主要确认方式。

（1）现场试验：是指评审员在现场观察实验室人员完成评审组指定项目的检测/校准全过程，评审员观察检测/校准的同时，适时地提问、核查，直观、完整地获得实验室是否具有此检测/校准项目的能力的证据。现场试验的作用在于评审员能考核实验室在人员技能，设施和环境条件，检测和校准方法使用，设备，测量溯源性，取样，检测/校准样品的处置，检测/校准数据的获取、记录，数据转换，结果报告等各个环节的实际控制状况，及其对检测/校准结果总的不确定度造成的影响程度。观察现场试验是现场评审最可行、有效的考核方法之一，要求评审组在现场条件许可时尽可能选用现场试验考核方法。现场检测/校准尽可能从实验室正在进行的检测/校准活动中选择有代表性的项目，也可以采用实验室留样进行重复检测/校准、人员比对或设备比对等方式。评审员应仔细地观察试验过程，即便是很熟悉的检测项目也应该将检测/校准方法标准或实验室的作业指导书放在手边，随时查阅，以便发现操作与标准的不符合之处。现场试验应注重过程，不要只看结果不查看操作过程，也要杜绝以自己的经验评价操作过程的现象，检测/校准结果仅作为能力判定的参考依据。

现场考核试验项目的选择与确定：原则上技术评审组应对实验室所有申请认可项目进行现场能力考核试验/校准或现场评审之后才能判断其是否真正具备全部应有的能力。但由于有的实验室检测或校准的服务范围很广，申请认可的项目很多，而现场评审时间较短，一般在3天的时间里（当然对于大型实验室可以安排4天或5天的评审时间）要100%项目全部做现场考核试验或校准，从时间上、经济上、效率上以及可行性上都存在一定的困难。所以在现场评审过程中的现场考核试验或校准，比较现实的做法是采用抽样考核试验或校准，并结合其他一些现场评审的方法对实验室的检测或校准的实际能力（以后简称为实验能力）做出比较公正、科学、全面和系统的评价。

为了使抽样考核检测/校准最佳地反映实验室的实验能力，也为了使抽样考核所产生的风险降到最低程度，评审组专家应对实验室承检业务的性质、类型、范围和项目等内容进行深入细致的分析，应结合实验室在申请书中提交的下列内容进行全面综合分析：

1）申请认可项目。

2）仪器设备配置表；实验室工作人员一览表。

3）实验室近3年来参加实验室间比对或能力验证结果的报告，以及评审组长在预评审中（如有）所获得的信息和在现场参观时所获得的印象等，选择那些有代表性的最能反映实验室实际能力水平的现场考核检测/校准项目，并以书面形式提交给实验室，以便实验室及时准备好样品，安排好检测/校准人员，选择仪器设备，调控环境设施，做好检测/校准前的准备工作。

抽样考核试验项目的重点应放在最能反映实验室实际能力，最具有代表性的，使用最关键仪器设备设施的，对实验人员水平素质有较高要求的，对环境条件有较高要求的，对量值溯源要求比较特殊的，对抽样程序有较高要求的，对样品处置有较高要求的，综合性的难度比较大的，以及在参观或预评审中发现薄弱或可能有失控环节的试验项目，还应根据硬件评审专家经验，选择认为有意义的项目进行考核试验。

例如，校准实验室各计量专业领域中最高级别的计量标准检定能力（即测量准确度要求最高），对外开展检定业务量最大的项目，使用了最高级别计量装置的项目，使用了恒温、消声和电磁屏蔽等专门设施的检测项目，以及在预评审或现场参观过程中发现由于环境条件不够或缺少稳压电源设备等可能会造成检测或校准结果失效的项目，都可以有意识地选择作为现场考核试验项目。

检测实验室情况更复杂，应充分考虑到各行业特点，重点抽样考核那些最有代表性、最能反映检测水平的项目，或综合难度较大，最能反映检测操作人员业务水平，或需要使用先进的仪器设备进行检测的项目。例如，对测量不确定度有明显要求的检测项目，对数据处理有要求的检测项目，实验室自己开发新方法的项目，非标准方法的项目，标准方法的项目，测量溯源性有特殊情况的项目，在固定场所以外进行检测的项目，市场抽样监督检测的项目，有抽样程序要求的项目，有样品制备要求的项目，容易出错的项目。总之，对检测实验室而言，现场考核试验项目要充分考虑其代表性、先进性和复杂性，要能覆盖所有申请认可的产品、产品类型、产品标准和参数测量要求。对于一个标准或一个规程要安排其要求的试验项目，但对于一个专业技术子领域中相近的项目，原则上建议有共性或代表性的试验项目安排一项或几项，其他类似的项目就不再重复了。

每个专业技术子领域各个项目标准或规范中的典型参数和有意义的参数应尽可能列入现场考核试验/标准计划。

抽样考核的覆盖面要求：应能覆盖实验室申请认可的项目范围内所有产品标准或测量参数要求的主要项目，每一个计量专业领域和每一个产品类别都应该被抽样考核到，对一个产品标准或一个检定规程至少要安排2～3个主要考核项目，对有离开固定设施的场所开展检测/校准业务的也至少安排一项远离本部的现场考核试验。某些项目中对人员（如无损检测）、环境（如EMC开阔场、无菌室）、安全（高压、大电流、严重污染等）、样品处置（如收、放样）、消耗性材料有特殊要求的，对检测/校准方法、测量溯源性有特殊考虑的也应列入计划。总之，对有代表性的特色项目均应尽可能进行现场考核试验。

（2）利用能力验证结果：实验室参加能力验证的表现情况可以较好地反映实验室的综合能力，如果实验室参加能力验证的表现良好，且实验室的试验人员、环境、试验用仪器设备、认可的标准/方法没有变化，仪器设备在校准周期内持续确认有效，在认可机构发布相关结果报告之日起3年内可适当简化相关项目的现场试验或在现场评审中可以对该检测/校准项目的技术能力给予直接确认。

（3）测量审核（盲样试验）：是指实验室对被测物品（材料或样品）进行实际检测或校准，将所得结果与参考值进行比较的活动。测量审核是考察评价实验室技术能力的又一种有效的方法，也是国际同行承认的一种能力确认方式。测量审核注重比较、分析试验结果，不需要评审员全过程仔细跟踪观察，节省了时间。评审中，当测量审核的结果出现不能允许的偏差时，评审员应及时报告组长，并与实验室有关技术人员应进行分析探讨，查找出可能的原因后，允许实验室重做一次。测量审核特别要求试样的特定性能准确、稳定，有可靠溯源证据，并确保不受运输、保存条件的影响。能确保样品条件时，方可选用该考核方法。

（4）实验室间比对：按照预先规定的条件，由两个或多个实验室对相同或类似被测物品进行校准/检测的组织、实施和评价。申请认可的实验室与其他权威的实验室相互间的比对实验的结果也可以作为现场对技术能力进行确认的一种辅助方式。

（5）现场演示：是指部分采用现场试验，加上操作人员的口述和模拟操作，展现试验全过程的考核方法。对于某些检测过程时间很长（例如寿命试验、耐久性试验、细菌培养等），不便在评审时间内完成全过程观察，或某些检测步骤对评审意义不大的（例如样品恒温恒湿预处理过程等）项目，以及样品特大、品种不便准备齐全（如大型工程机构等）时，均可以考虑采用现场演示的考核方法。但对试验人员操作技能要求较高、对测量溯源要求比较特殊、对抽样、样品前处理有较高要求、对检测条件有特殊要求的（例如恒温恒湿、超低温、消声和电磁屏蔽等）环境效果要尽可能实况验证。需要长时间调试及稳定的试验条件的，允许实验室提前准备。现场演示同样能涉及影响检测结果的各个技术要素，结合采用其他方法，评审员同样能全面考核评价实验室技术能力。

（6）现场提问：评审员现场提问应针对确认认可项目的检测/校准人员对方法理解和实际操作能力，对设备的使用控制能力，对设施与环境的控制要求和控制方法，对样品标识和制备能力，对数据的运算、转换、修约、记录、校核、结果出具能力方面提出证实性的问题，以确认检测/校准人员的能力，同时又能获取实验室对人、机、料、法、环、测方面的管理与控制的信息。评审员的提问可以事先准备好，也可以结合考核过程中现场发现的情况提问，用这样的方法可以较为深入地了解实验室关键技术人员的基础理论知识、实践经验和技术水平。这是技术能力评审必用的辅助方法之一。

（7）查阅记录/报告：对一些检测/校准项目，其他现场试验在基本原理和技术上可以覆盖的检测/校准项目不需要现场试验或演示时，评审员选取一定数量的，实验室过去出具的检测/校准报告及原始记录进行评审，注重验证其真实、有效性，同时，一定要结合其他评审方法，才能完成对某项技术能力的确认。

（8）核查仪器设备配置：是指评审员根据检测/校准方法标准的规定，对实验室关键设备、仪器和装置进行逐一核查，以确认实验室所使用的设备完全符合标准的规定，关键的仪器设备要通过实际运行确认其正常。实验室在实验设施、条件方面对检测/校准方法的任何改变都应满足对方法的偏离或对非标方法的控制要求。核查仪器设备方法要结合其他评审方法，才能完成对某项技术能力的确认。

（9）其他方法：检查方法确认（能力确认）的记录，对实验室在启用新方法或开展新项目时的方法或能力证实记录进行检查，可以验证实验室对方法的掌握程度和技术上的成熟性。

检查实验室所用方法标准的现行有效性和更新信息的获得渠道，检查实验室是否拥有方法标准的现行有效版本并有可靠的渠道来获得标准更改的信息，能不能持续地保证标准的现行有效性。方法改变后，实验室是否有能力进行一系列的工作来证实应用新方法，是国际实验室认可机构普遍重视的问题。

对某一特定的项目而言，现场评审应根据不同项目的特性来选择能有效获取关键信息的方法，通常是在现场条件的许可下采用上述方法的不同组合，尽可能获得多方面的证据后，再对实验室技术能力进行综合评价。

3. 技术能力的评审结论

评审员应对每一个项目技术能力得出评审结论，一般分为以下几种情况。

（1）具备能力：指未发现与该检测/校准项目有关的不符合项；或仅存在不影响技术能力的不符合项。

（2）基本具备能力：具备基本条件，但存在影响技术能力的不符合项，同时这些不符合项能够在规定的期限内纠正。

（3）不具备能力：指存在影响技术能力的不符合项而又无法在规定的期限内完成纠正措施。

在评审组离开现场前，应确认现场评审能够确定的技术能力范围。如有必要，还应与实验室商定对某些基本具备能力但还存在不符合项的检测/校准项目的跟踪评审方案。

在现场评审硬件考核中，只有出现以下情况之一时，评审组才会认为实验室不具备该项目的检测/校准能力或不宜认可该项目：

（1）测量溯源性不能保证，或者根本没有测量溯源性的依据。

（2）检测/校准方法（标准或规程）不能做到现行有效（在检测项目中，有的军品项目因项目验收试验大纲特别指定某些已过期的标准和方法，此类情况在认可过程中可以“只针对特定客户的特定需求”予以特别标注，此类标准被允许与现行标准共同存在），非标方法未经确认，标准方法未经证实，方法存在技术上的错误。

（3）必要的仪器设备（包括必要的辅助设备）配备不齐，测量量程和测量不确定度等技术特性不符合技术要求。

（4）人员未经有效的培训，明显缺乏应有的知识和技术，不具备上岗资格与能力，人员无法确保检测/校准结果的质量。

（5）环境条件与设施不能满足检测/校准的要求，对检测/校准数据和结果正确性、可靠性已产生影响。

（6）抽样方法与程序规定不合理，严重影响样本检测结果。

（7）样品准备（含制备）、储存、维护达不到相关检测/校准规范要求，严重影响检测/校准结果的质量。

（8）参加权威机构组织的实验室之间的比对或能力验证结果“离群”，并未经有效整改的或多次被上级计量部门检定出仪器是“超差”的。

（9）总的测量不确定度不能满足检测标准、检定规程和校准规范要求的。

（四）授权签字人的考核

实验室授权签字人是经CNAS认可的，可以签发带有认可标识的报告/证书的人员。实验室申请认可的授权签字人应是由实验室明确其职权，对其签发的报告/证书具有最终技术审查职责，对于不符合认可要求的结果和报告/证书具有否决权的人员。该人员由实验室推荐，经实验室评审组现场评审合格，认可机构确认并授权在规定检测/校准项目范围内签发报告。实验室授权签字人与检测/校准技术接触紧密，掌握有关的检验/校准项目限制范围、熟悉有关检测/校准标准、方法及检测/校准程序、有能力对相关检测/校准结果进行评定，了解测量结果的不确定度、熟悉记录、报告及其核查程序，具有相应职责和权利并对检测/校准结果的完整性和准确性负责。CNAS认可规则要求，授权签字人必须具备以下资格条件：

（1）有必要的专业知识和相应的工作经历，熟悉授权签字范围内有关检测、校准和检测、校准方法及检测、校准程序，能对检测、校准结果做出正确的评价，了解检测结果的不确定度；熟悉标准物质/标准样品生产者和能力验证提供者的认可要求。

（2）熟悉认可规则和政策、认可条件，特别是获准认可机构义务，以及带认可标识检测、校准报告或证书的使用规定。

（3）在对检测、校准结果的正确性负责的岗位上任职，并有相应的管理职权。

在实验室评审中要慎重做好对授权签字人的考核。评审组长在查阅申请人的有关背景资料后，主要采用面谈方式对申请人进行评审，由评审员和/或技术专家协助，适时提问。问题应包括质量管理、专业技术方面的内容，还应该对评审时发现实验室存在的问题和薄弱环节进行探讨，以考核其管理、技术能力。评审人员应营造和谐、自然的谈话氛围，注意谈话技巧，同时，要控制好整体的谈话时间。

授权签字人的考核应单独进行，不应采取集中考核的方式。对授权签字人的技术能力评审，可在现场试验或调阅技术记录的过程中同时进行。

对于综合性实验室应特别注意考核其授权领域（范围）涉及全部检测/校准项目（包含各个不同领域）的授权签字人的技术能力及与 CNAS 相关要求的符合性，对于没有技术工作背景或不满足 CNAS 相关要求的领域不能予以推荐，例如：没有化学领域工作背景，不满足 CNAS-CL01-A002 相关要求时，不能推荐包含化学检测项目在内的“全部项目”签字范围。

评审组最终做出推荐为认可的授权签字人或暂不推荐的建议，并确定推荐认可签字的范围。

（五）不符合项/观察项的确认

评审员通过抽样检查，认为实验室在某一要素方面，质量手册的控制要求符合并满足《认可准则》要求，有相关的支持性文件指导实际操作，有关人员正确理解和实施，能保持有效运作的记录并证明运作有效，则可确定该评审项符合要求。但是评审中往往会发现一些不符合或潜在不符合的情况，认可机构将其分为不符合项或观察项。

不符合项是实验室评审中发现的事实不满足规定要求。

观察项是到评审结束时止，尚没有充足的证据证明评审员观察到的内容（包括管理体系和/或检测/校准等方面）是否符合规定的要求，或根据评审员的经验，认为某方面可能存在潜在的不符合因素，需引起实验室的注意。

不符合项和观察项的判定的依据分别如下：

（1）管理体系文件的判定依据是认可规则、《认可准则》、《认可准则》在特殊领域的应用说明。

（2）管理体系运行过程、运行记录、人员操作的判定依据是管理体系文件（包括质量手册、程序文件、作业指导书等）、检测标准/方法和/或校准规范/方法等。

对于不符合项，认可机构规定实验室必须采取有效纠正措施。对于观察项，不一定要求实验室提供书面整改报告，但应要求实验室将其纳入改进系统，必要时制定纠正措施或预防措施。不符合项和观察项定义中所提及的“规定的要求”实质上就是评审准则，可能是客户合同条件、认可规则和政策、《认可准则》及其应用说明、实验室管理体系文件等。

不符合情况主要有：管理体系文件不符合准则/标准、实际操作未按程序进行和质量活动结果不能达到预期的效果等。

观察项情况主要有：

1）实验室的某些规定或采取的措施可能导致相关的质量活动达不到预期的效果，尚无证据表明不符合情况已发生。

2）评审组已产生疑问，但在现场评审期间由于客观原因无法进一步核实，对是否构成不符合不能做出准确的判断。

3）现场评审中发现实验室的工作不符合相关法律法规（例如环境保护法、职业安全法等）要求时。

在现场评审中，评审员将发现的实验室与认可要求的符合性情况及时记录在核查表上，符合或不符合的客观证据均应予以记录。在评审组内部会上，评审组要对评审中发现的不符合或潜在的不符合情况进行分析，必要时，评审组长还要求评审员回现场对某些情况进一步调查核实，以确定哪些问题作为不符合项或观察项记入评审报告。

不符合项的提出是评审组综合评价实验室管理体系有效性及技术能力符合认可要求程度的重要依据。不符合项的提出应有确切的客观事实为证据，这些客观证据被写在评审记录中，而且得到实验室有关人员确认，要有判断不符合的准确依据。因此真实反映不符合事实，准确判定不合格项、清楚表述不符合内容，是现场评审中一个重要控制环节。

在评审组内部会上，评审员对不符合项提出初步意见，并说明理由，评审组共同讨论，最后由评审组长审定。根据对不符合项的判断、分析，评审组对实验室的管理和技术能力进行综合评价。

评审中确定的不符合项应以书面方式表达，即形成“不符合项报告”，评审组在末次会议前应向实验室反馈，在此基础上做出实验室是否满足认可要求的结论。不符合项报告是评审组向认可机构提交评审报告的附件之一。

1. 不符合项报告出具的要求

不符合项报告应严格引述客观证据，并有可追溯性，一般包括以下内容。

（1）不符合项事实的描述。在不符合项事实的描述中，应注意以下几点：

1）不符合事实应是在评审过程中，在评审的范围内所发现的事实。

2）应有足够的细节但不烦琐，包括观察到的事实、时间、地点、涉及的人员、记录以及证书/报告的编号、有关文件内容或名称、样品的名称、标识设备名称/型号及标识以及有关人员的陈述等。描述应简单明了、事实确凿、不加修饰、使阅读者能清楚明白所叙述的事实，具有可追溯性。在事实描述中要注意对涉及的有关人员，只写其工作职衔，不要写姓名。

3）用中性且非指责性的口吻陈述。

4）对所提出的不符合事实，应在核查表上有记录，作为追溯不符合项的客观证据。

5）一个不符合项报告只表述一种不符合的情况，同类不符合事实可以合并在一起陈述，汇总成一个典型的不符合项，不应将两个不同范畴的问题写在一个不符合项内。

对于多场所的实验室，在各分场所评审组均应与实验室交换意见，送报评审中发现的问题，对各个场所实验室都有的相同的不符合项，统一开一个不符合项，并注明发现的场所。如果属于总部的问题，不符合项应开在总部的管理机构中。

（2）不符合事实的结论。不符合事实的结论指评审中发现的事实与《认可准则》的规定不符。在得出不符合事实的结论时，应注意以下几点：

1）所对照的标准应是本次评审所确定的准则。

2）所对照的实验室管理体系文件，应是实验室确认的现行有效文件。

3）判断不符合所依据的某项规定应给出明确的文件名称或编码，并列出所不符合的条款规定或条款号。

4）对照不符合条款时，要依据观察到的现象，找出真正的不符合事实或主要问题，以此准确地选择适用条款，避免未做进一步了解和分析而草率地得出结论。

2. 不符合项报告的确认

评审组得出不符合事实的结论后，要根据不符合项的性质决定纠正措施的见证方式。一般情况可要求实验室提供证明纠正措施有效性的见证材料或进行现场跟踪访问，也可采取二者结合的方式。应当注意那些涉及环境设施、仪器设备使用、操作方法等的不符合项，通常需要到现场核查证据，如添置仪器是否会按标准要求使用，设施（如空调、通风设备）是否满足使用要求。

（六）现场评审的总体结论和评审报告编写

1. 评审报告的内容

现场评审的总体评价结论和报告是在管理评审组和技术评审组评价的基础上汇总而成的，必须包括对实验室的管理体系、检测/校准服务能力做出综合判断。评审结果报告主要包括以下内容：

（1）实验室申请认可及原已获认可概况。

（2）实验室授权签字人考核情况和推荐意见。

（3）推荐认可的项目（中英文）。

（4）实验室管理体系审查的情况。

（5）实验室管理体系满足认可准则及其应用说明的情况。

（6）实验室参加能力验证活动的情况。

（7）实验室技术能力的核查情况和现场试验结果。

（8）在评审中发现的不符合项和观察项。

（9）对于监督评审和复评审，还应包括实验室技术能力（特别是重要仪器设备、设施环境、依据标准）的变化情况，实验室在认可期限内遵守认可规则的情况，以及前次评审不符合项纠正措施有效性的评价。

（10）其他需要说明的情况。

2. 评审组推荐意见的形式

在评审报告的评审结论中，评审组的推荐意见有以下三种形式：

（1）评审组认为被评审实验室的管理体系和技术能力满足 CNAS 认可要求，评审组同意向 CNAS 推荐/维持认可。

（2）评审组认为实验室的管理体系和技术能力不满足 CNAS 认可要求，评审组不予推荐/维持认可。

（3）评审组建议实验室按规定要求，对评审组提出的不符合项采取纠正措施，并在将落实情况报评审组长，跟踪审核（通过提交必要的文件或见证材料进行文件评审，或现场跟踪评审，或文件评审与跟踪评审结合进行）合格后，向 CNAS 推荐/维持认可。

3. 填写评审报告的注意事项

评审报告的填写应重点注意以下要求。

（1）评审报告和记录表格的填写原则：

1）不允许改动评审报告和记录表格的结构。

2）可以根据需要取舍部分栏目的填写，不适用的栏目可填写“无”“不适用”或“/”。

3）现场评审时，一般情况下，未经项目主管同意，评审组不得擅自更改申请书的格式和内容。

4）对于实验室在现场提出撤销申请项目/参数的情况，原则上不允许修改申请书，由实验室提出书面申请，说明原因，评审组在评审报告上予以说明。

5）评审组现场评审/确认的能力范围应在申请的范围之内。

（2）监督评审时，如实验室的技术能力没有变化，附表1、附表2、附表3-1（适用时）、附表4（适用时）可不填写。

（3）评审报告附件1，需要时，可由组长汇总成一份完整的核查表（含每一项应用说明），经所有评审员签字后提交，其他评审员的现场核查表应封存在实验室。

（七）评审组内部会

在现场评审期间，每天评审之后都应该安排一段时间召开评审组内部会，其主要作用如下：

（1）评审组成员彼此交流当天评审情况，每个评审组成员将自己发现的疑问提交评审组讨论，确定是否构成不符合项或观察项。

（2）评审员在评审中可能发现某些不符合项或观察项，但又不属于自己分工范围，可以利用评审组内部会的机会，交流有关情况，供其他评审员进一步核查。

（3）评审组内部会之后，评审组长可以同实验室代表依次讨论已初步判定的不符合项，供实验室再次确认。如实验室提出异议并能出具充足证据，证明不存在不符合要求的情况，评审组确认后，应撤销该不符合项；如实验室说明该不符合要求的情况已被及时纠正，但该不符合项已经或可能造成不良后果，评审组经验证确认后，仍然应确定该不符合项，可以在提出该不符合项的同时，说明该不符合项已经得到纠正，但仍需验证实施纠正措施的有效性。

（4）内部会是评审组长组织、调控评审进程的最佳机会，了解各位评审员的工作进度，决定对哪些部分核查从简，哪些部分增加检查抽样；也可以根据情况的变化及时调整评审员的工作任务。评审组长可以在会上对评审员在现场遇到的一些困难问题提出解决办法。

（5）最后一次评审组内部会，着重根据现场评审获得的全部信息，充分讨论分析，对实验室管理体系进行综合评价，提出现场评审结论，包括实验室管理体系运行的适宜性、有效性，实验室推荐或维持技术能力范围的意见统一，推荐授权签字人及其授权范围的确认，实验室不符合项或观察项等信息，讨论形成评审组推荐意见，即推荐或维持认可、不推荐或维持认可、有条件推荐或维持认可。由评审组长写成书面报告。

五、向实验室管理层通报评审情况

评审组应在每天工作结束前与实验室管理层简要沟通当天的评审情况，需要时解答实验室关心的问题或消除双方观点的差异。

在召开末次会议之前，要利用一段时间与实验室领导交换意见，简要通报评审发现的不符合情况和评审结论意见，听取实验室意见。评审组应努力做到公正、准确、实事求是、坚持原则。当评审组长认为确有必要时，可以组织评审组对个别有异议的问题再次验证，如确实证实评审有偏差，则评审组必须对已确定的问题，甚至评审意见进行修正。末次会议之前评审双方交换意见，可以减少评审工作中的失误，避免在末次会议上可能出现的尴尬局面，也让实验室领导心中有数，使末次会议开得更顺利。

对于多场所的实验室，在各分场所，评审组均应与实验室交换意见，通报评审中发现的问题，强调待各场所评审情况汇总后，统一出具不符合项报告。

六、末次会议

末次会议，有时也称为总结会，是现场评审的最后一道程序，其目的是正式向实验室反馈评审意见，包括评审中发现的问题和最终是否推荐认可的结论。末次会议仍由评审组长主持并宣读评审结论和推荐意见、评审员报告不符合项。参加末次会议的人员与首次会议相同，末次会议也要填签到表，以供存档。

末次会议的主要内容如下：

（1）重申评审目的、范围（可能与申请认可技术能力有差异）和准则。

（2）简要报告评审情况：评审涉及的部门、主要人员、现场检测/校准的项目等。

（3）对评审发现进行总结，说明不符合项和观察项的数量、性质、分布情况。

（4）通报不符合项报告和观察项报告。

（5）通报检测/校准项目的技术能力确认结果。

（6）评审组长重申评审只是对实验室管理体系进行抽样调查，评审结论也是基于这种抽样做出的判断。

（7）宣读评审结论和评审组推荐意见的报告（包括对确认的认可技术能力范围、确认的授权签字人和是否向认可机构推荐或维持的意见）。

（8）请实验室领导发表意见，解答他们关心和需要澄清的问题。并说明实验室有权利对评审组的工作及评审结论提出投诉。

（9）对实验室代表提出在规定时间内（一般是 2 至 3 个月之内）纠正措施要求，说明将要采取的跟踪评审方法，并确认双方还需完成的后续工作。

（10）双方达成共识后，请实验室代表在评审报告上签字。

（11）重申评审组对所了解的信息将予以保密。

（12）介绍 CNAS 对认可实验室的有关规定。

（13）感谢实验室的合作及评审期间给予评审组的配合与支持。

（14）宣布会议结束。

对于多场所实验室，各分场所实验室评审结束后，最终在总部召开末次会议，评审组成员应尽量参加，至少各分组组长应参加。对于实验室方面至少应要求各分场所实验室主任参加末次会议。

第五节　跟踪评审和现场评审资料报送

实验室完成不符合项的整改后在商定的时间内报告评审组长。评审组长对实验室纠正措施的实施情况进行跟踪评审。跟踪评审可以采用提供见证材料，如补充的管理体系文件、相关的记录、培训证明、照片等形式表明其纠正措施的有效性，也可通过评审组长或评审组长指派的评审员再次到评审现场进行现场见证的方式评价其纠正措施的有效性。也可采取二者结合的方式。应当注意那些涉及影响检测或校准结果的有效性和实验室诚信度、环境设施、仪器设备使用、操作方法等不符合项，通常需要到现场核查证据，如添置仪器的性能、参数、准确度等是否满足要求，是否会按要求使用，设施（如空调、通风设备）是否满足使用要求等。

评审组应从以下几方面对实验室提交的整改材料进行跟踪验证：

（1）实验室对不符合项是否进行了原因分析。

（2）实验室是否针对不符合原因制定纠正措施并进行追溯。

（3）实验室的纠正措施是否有效，能否确保类似问题不再发生。

（4）实验室是否提供了相应的佐证材料。

经评审组长确认现场提出的不符合项，实验室采取的纠正措施有效，评审组长填写确认意见并签字，连同有关证明材料一起纳入评审报告；对整改不能完全满足要求的实验室，提出继续整改要求，直至完成。

当不符合项报告涉及实验室的技术能力时，应对实验室技术能力范围进行最终的确认，对已经证实满足条件的项目可以判为具备能力，反之，则应最终确定不具备能力。评审组在最终评审报告中应明确推荐或维持认可的具体检测/校准项目。

现场评审完成后评审组应提交材料一览表，见表7-1。

表7-1　材料一览表（实施现场评审）

名　　称	初评	监督	复评	扩项（含监督+扩项）	复评+扩项	不定期监督
评审报告（包括附表、附件）	√	√	√	√	√	√（可以是部分）
资料汇总表	√	√	√	√	√	√
评审日程表	√	√	√	√	√	√
现场评审人员公正性、保密及廉洁自律声明	√	√	√	√	√	√
合格评定机构廉洁自律声明	√	√	√	√	√	√
首末次会议签到表	√	√	√	√	√	√
资料审查通知单	√		√	√	√	√（如有）
整改材料（如有）	√	√	√	√	√	√
认可申请书（含所有附表）	√		√	√	√	
法律地位证明	√		√（变化时）	√（变化时）	√（变化时）	
非独立法人时的法人授权书	√		√（变化时）	√（变化时）	√（变化时）	
相关变更申请表（如有）		√	√	√	√	√
电子版的评审报告及附表和附件	√	√	√	√	√	√
其他需要提交的材料（如有）	√	√	√	√	√	√

现场评审完成后评审组应提交的相关表格一般应包括：

CNAS-WI14-01/02《现场评审会议签到表》

CNAS-WI14-01/03《现场评审资料汇总表》

CNAS-PD14/05《认可资料审查通知单》

CNAS-PD14/06《预评审报告》
CNAS-PD14/09《现场评审日程表》
CNAS-PD14/10《现场评审人员公正性、保密及廉洁自律声明》
CNAS-PD14/11《实验室评审报告》
CNAS-PD10/07《实验室/检验机构评审组长现场见证报告》
CNAS-PD10/06《实验室/检验机构评审人员评审经历评价表》
CNAS-PD14/22《合格评定机构廉洁自律声明》

第六节 现场评审时常见问题的处理

一、现场试验/测量审核/盲样试验结果处理

现场试验结果复现性差或者比已知数据明显偏离，应要求实验室分析原因，如属偶然原因，尽可能安排重做试验；否则不予推荐认可。

二、对标准方法验证和非标方法确认的要求

实验室采用的方法可分为以下两类：

1. 标准方法经过验证后可以直接选用。
2. 除标准方法以外的其他方法（简称非标方法）均需经过确认后才能采用。

评审组必须对申请认可的各个场所的项目/参数逐个评审，对于没有进行过标准方法验证或非标方法确认的项目/参数，如没有检测/校准经历的，没有对检测/校准结果的准确性、可靠性进行过评价、确认的，或没有实施质量控制的一律不予认可。

对非标准方法进行现场评审时，评审组应对项目主管提供的方法确认资料进行核查，核查其数据的真实性和准确性，对非标准方法的技术可靠性进行全面分析。

三、对认可周期内很少从事已获认可的检测/校准项目的处理

对认可周期内实验室从未从事过检测/校准的认可项目，或检测/校准次数很少（仅有几次），且从未实施质量控制的项目，不予认可。对试验人员、试验方法、试验设备等发生变化的项目，实验室未重新进行过方法验证的，不予认可。

对认可周期内实验室从未从事过检测/校准的认可项目，或检测/校准次数很少，但实验室一直在实施质量控制，经现场评审确认具备能力的项目，可以认可。

由于试验本身的技术特点，实验室在认可周期内从未做过的项目，评审组在复评审时应安排现场试验。无法安排现场试验的，不予认可。经项目主管同意后，现场试验可在现场评审以外的时间进行。

评审组应对认可周期内较少从事的已获认可项目的处理情况在评审报告中予以说明。

四、涉及能力验证的要求

CNAS 承认的能力验证活动参见 CNAS-RL02《能力验证规则》。

多次参加 CNAS 组织的能力验证计划，并获得满意结果的实验室，若实验室的试验人

员、环境、试验用仪器设备、认可的标准/方法、样本基质等没有变化，仪器设备在校准周期内且持续确认有效，现场评审时，可免除对能力验证项目的现场试验。否则，均要安排现场试验。

评审组在现场评审时应关注能力验证结果为不满意和有问题的项目，这类项目不仅是实验室已获认可范围内的，还应包括认可范围外，但与认可范围相关的项目。

1. 不满意结果的处理

（1）已获认可范围及相关项目，查证其是否停止使用认可标识。

（2）对于已经完成整改活动的，查证分析不满意结果发生的原因的正确性、采取的纠正措施及纠正措施验证的有效性。

（3）正在进行整改的，通过现场试验/测量审核验证实验室纠正措施的有效性。

（4）对于非认可项目，应关注是否使用了与其相同方法的认可项目，认可项目的能力是否受到影响，如受到影响，是否采取了相应的措施，并验证措施的有效性。

2. 能力验证结果为可疑或有问题结果的处理

（1）对已获认可范围及相关项目，查证是否采取了预防措施，必要的纠正措施。

（2）对于非认可项目，按不满意结果的处理中相同方法处理。

3. 根据问题性质，现场试验可选择的处理方式

（1）测量审核。

（2）尽量做已赋值的盲样试验。

（3）做比对试验。

（4）现场常规试验。

（5）特别注意能力验证结果所涉及的相关要素和技术能力的评审。

（6）在评审报告中对能力验证结果为不满意和有问题的项目的整改情况进行说明。

对于由其他机构开展的能力验证计划和实验室间比对，由评审组在文件评审和现场评审时核查，并对其技术能力做出判断。

五、对实验室评估测量不确定度的要求

实验室应建立并实施测量不确定度评估的工作程序，规定计算测量不确定度的工作方法。

对于检测实验室来说，当检测产生数值结果，或者报告的结果是建立在数值结果基础之上时，需要评估这些数值结果的不确定度。对每个检测均应进行不确定度评估，除非因检测方法的原因无法用计量学或统计学方法进行测量不确定度的评估，此时实验室至少应尝试识别不确定度分量，并做出合理评估。

若检测结果不是用数值表示的或者不是建立在数值数据基础之上的（如合格/不合格，阴性/阳性，或基于视觉或触觉以及其他定性检测），则不需要对不确定度进行评定。

对于校准实验室，必须给出每一个测量结果的不确定度。

评审组可通过抽查典型试验不确定度评估报告、考核相关人员进行评审。不确定度的评估过程有缺陷或相关人员对评估过程解释不清或不了解时，应开不符合项。

评审测量不确定度时，评审员可参考 JJF 1059.1、ISO 5725、EA 4/02、APLAC TC005、ILAC P10 等文件，并依据 CNAS-CL01-G003、相关应用说明文件判断其符合性。

六、对量值溯源有效性的要求

CNAS 承认的量值溯源见 CNAS-CL01-G002《测量结果的计量溯源性要求》。

现场评审时，被评审方提供的计量检定机构出具的检定证书应符合 CNAS-CL01-G002《测量结果的计量溯源性要求》。

对境内校准实验室，除符合《认可准则》的要求外，一般情况下应按法规的要求提供核准的证据。

实验室提供的经核准的最高计量标准可作为量值溯源的证据。

当无法溯源，而采用实验室间比对的方式来提供测量的可信度时，应保证以下几点：

（1）应至少选择三家以上的实验室，且应是获得 CNAS 认可，或 APLAC、ILAC 多边承认协议成员认可的实验室。

（2）制定比对方案，并确认其适用性、可行性和有效性。

（3）对比对结果进行分析评价。

CNAS 承认的具有溯源性的标准物质/标准样品，见 CNAS-CL01-G002《测量结果的计量溯源性要求》。

标准物质/标准样品应在规定的有效期内使用。

七、对有移动设施的实验室的要求

现场评审时，评审员应关注以下内容：

（1）实验室必须通过对实际情况的分析，制定相关的程序。

（2）实验室对仪器设备的检查、维护、校准周期与固定设施不同。

（3）可移动的仪器设备使用条件和环境条件必须符合要求。

使用移动设施的项目在评审报告附表的“说明”栏中应注明。

八、对于租用设备的要求

以下情况均满足时，被评审实验室的租用设备，可作为实验室的能力予以认可：

（1）租用设备的管理应纳入实验室的管理体系。

（2）实验室必须能够完全支配使用，即租用的设备由被评审实验室的人员进行操作，被评审实验室对租用的设备进行维护并能控制其校准状态，被评审实验室对租用设备的使用环境、设备的储存应能进行控制等。

（3）租用设备的使用权必须完全转移，并在申请人的设施中使用。

现场评审时，评审组应调阅设备租赁合同及实验室的相关控制记录进行核查。

设备的租赁期限应至少能够保证实验室在认可期限内使用。

同一台设备不允许在同一时期被不同机构租用而获得认可。

九、关于内部校准实验室

对于开展内部校准的检测实验室，既要满足检测实验室的要求，也要满足校准实验室的要求，现场评审时应填写并提交 CNAS-CL01-A025《检测和校准实验室能力认可准则在校准领域的应用说明》。

内部校准实验室的最高计量标准应具备溯源性。

内部校准规程若属标准方法以外的其他方法，应符合《认可准则》5.4.5.2 相关确认程序的要求。

从事内部校准的试验人员的能力须符合 CNAS-CL01-A025 中校准实验室人员能力的要求。

内部校准应符合 CNAS-CL01-G004《内部校准要求》。

十、关于实验室符合相关法律法规的要求

现场评审中发现实验室的工作不符合相关法律法规（例如环境保护法、职业安全法等）要求时，评审组应书面报告业务处，提请 CNAS 注意。评审组可以用观察项的形式提出，以引起实验室重视。

现场评审时，评审组应检查实验室遵守相关法律法规的情况，如计量标准器具的核准，特种设备检验机构和人员的资格等。

法律法规中有从业资质要求的人员（如从事无损检测、珠宝鉴定、建筑行业评估的人员）不得在实验室所在法人单位以外兼职。现场评审时，评审组应要求实验室提供人员未兼职自我声明及相关证据。

实验室中符合法律法规资质要求的人员应与实验室有长期、固定、合法的劳动关系。

十一、对于多场所的现场评审问题

（一）对多检测/校准场所实验室认可的要求

对于多检测/校准场所的实验室认可，除满足单一场所实验室认可的要求外，还应满足以下各条的要求。

1. 管理体系

（1）实验室的管理体系应覆盖到各个开展检测/校准活动或与开展检测/校准活动相关的所有场所。

（2）各个场所内部的组织机构和人员职责应明确，需要时，应配备相应的质量负责人和技术管理者。

（3）各个场所参加能力验证活动的频次和覆盖的领域应满足 CNAS-RL02《能力验证规则》的要求。

2. 申请及受理

（1）实验室填写认可申请书时，应按申请书的要求分场所提供相关材料。

（2）对于不在同一地址开展检测/校准活动的实验室，应符合相关法律法规要求。

（3）申请认可时，各个开展检测/校准活动的场所，其管理体系均应正式运行 6 个月以上，且进行过覆盖该场所所有活动的内审和管理评审。

3. 认可评审

（1）实验室认可现场评审活动应覆盖申请人申请范围涉及的所有场所。

（2）现场评审时，各场所的技术能力应分别进行确认（包括进行现场试验），即使其技术能力与总部或其他场所完全相同。

4. 认可证书

（1）CNAS 根据实验室开展检测/校准活动的不同场所，分别出具认可证书。

（2）当同一检测/校准活动需要在多个场所共同完成时，可在认可证书内对地址进行说明。

（二）评审注意事项

对于实验室申请多场所认可时，现场评审应覆盖所有的场所。现场评审时，评审组长应按评审通知要求，派相应专业的评审员对所有场所实验室进行评审。

各分场所实验室现场评审开始前，评审组应召开由评审组相关人员和实验室有关人员参加的评审说明会，评审结束前，应召开情况通报会，由副组长（分组长）主持，并告知实验室评审不做结论，待各场所实验室情况汇总后，统一做出结论。

评审各分场所的评审组应在现场完成评审报告的附表2、附表3、附表4、附表5、附表6、附件1、附件2、附件3、附件4，需要时包括附件5。其中附件1记录各分场所现场评审情况。

现场评审过程中，评审组长应与在各分场所实验室评审的评审组保持联系，及时沟通情况。

十二、初次评审对实验室质量管理体系运行记录审查的起始时间

对于初次评审的实验室，当实验室提交的有效版本的体系文件不是第一版，且运行时间不足6个月时，评审组需从被评审实验室第一版体系文件运行的时间开始审查体系运行记录。

现场评审时，实验室的质量管理体系运行12个月以上的，可审查12个月内体系运行的记录。

当被评审实验室的质量管理体系运行记录证明实验室质量管理体系运行的时间距现场评审不足6个月的，评审组应向CNAS业务处项目主管汇报，经项目主管同意后，中止现场评审，并尽可能收集证据，交项目主管。

第七节　监督评审

评审重点：定期监督主要评价被评审实验室与认可规则、认可准则、已认可技术能力的持续符合性，执行能力验证政策的情况，实验室变更情况，核查上次评审发现的不符合项采取的纠正措施情况、上次评审的观察项等。

监督评审时，评审组长须从网上下载现场评审时需要使用的评审文件包和公开文件，至少应包括以下文件：

CNAS-CL01《检测和校准实验室能力认可准则》及相关的应用说明。

CNAS-RL01《实验室认可规则》。

CNAS-RL02《能力验证规则》。

CNAS-R01《认可标识和认可状态声明管理规则》。

CNAS-CL01-G002《测量结果的计量溯源性要求》。

CNAS-CL01-G003《测量不确定度的要求》。

CNAS-CL01-G004《内部校准要求》（适用时）。

1. 定期监督评审

（1）定期监督评审的内容应综合考虑以下因素：

1）上次评审的结果和评审组长的建议。

2）发生变更的情况。

3）参加能力验证活动的结果情况。

4）上一次评审不符合项发生及整改情况。

5）受到申投诉的情况。

6）实验室出具检测报告/校准证书的情况。

定期监督评审应涉及《认可准则》的全部要素，并按评审通知的要求，综合考虑评审员的技术能力范围。

（2）监督评审时认可标准变更的处理：现场监督评审时，对实验室提出认可标准变更要求的，评审组应视评审组成员的情况，对变更内容进行评审。

1）变更内容在评审组成员能力范围内，且不影响评审计划进度时，评审组可在现场受理变更。但对实验室未按 CNAS-RL01《实验室认可规则》要求向 CNAS 提出变更申请的，应开具不符合项。

2）变更内容在评审组成员能力范围内，但需延长评审时间时，评审组长应请示项目主管后再做决定。

3）超出评审组成员能力范围的变更，评审组不予确认。但评审组有义务在评审报告中进行说明。

4）认可标准变化，与原认可标准无直接联系时，评审组应建议实验室按扩项提出认可申请。

（3）实验室已获认可的标准变更，涉及项目/参数增加时，做如下处理：

1）如果标准中含有检测方法，则按变更处理。

2）如果标准中不含检测方法，增加的项目/参数引用了其他方法标准，而该方法标准实验室又未获认可时，则按扩项处理。

（4）在监督评审时，实验室提出增加授权签字人的，评审组长应将情况通报 CNAS 业务处，在得到业务处的同意后，由实验室提出授权签字人变更申请，并填写“授权签字人申请表”交业务处，评审组对新增的授权签字人进行评审。

（5）监督评审时发现被评审方已更名时，做如下处理：

1）得到 CNAS 确认的更名，评审组应核实有关证明文件。

2）没有得到 CNAS 确认的更名，评审组应告知被评审方须尽快按变更处理程序办理更换名称，在未得到 CNAS 确认之前，不具有认可资格，不得使用认可标识。评审组应对此情况进行评审，并在评审报告的“附加说明”中予以说明，给出处理建议。

3）当实验室已申请更名，但尚未得到 CNAS 确认时，评审报告及所有评审用表格中实验室的名称，均应使用评审通知中出现的名称。

（6）监督评审时发现的不符合项的整改期限最长为两个月，对影响检测结果的不符合项（涉及技术能力的不符合），要在一个月内完成。

（7）监督评审时，评审组若发现实验室已获认可的项目不具备能力，应撤销其能力，并在评审报告中说明情况；若实验室已获认可的能力范围表述不适宜，应予以纠正。

（8）现场评审结果需对某些项目/参数或实验室的认可资格做出暂停/撤销建议时，评审组应在评审结束后立即将不符合项报告或评审报告及相应附件报 CNAS 业务处项目主管。

注意：对于建议暂停/撤销认可资格的，应上报全套评审资料；对于建议暂停/撤销项目/参数的，可只上报相应不符合项报告。

2. 不定期监督评审

当不涉及技术能力变化时，不定期监督评审可通过文件审查的方式进行确认。对涉及技术能力变化的不定期监督评审，应进行现场评审。现场评审时评审组应按照评审通知的要求进行。

对实验室新增授权签字人进行评审，评审员可采用文件审查结合电话考核的方式进行，必要时可建议进行现场评审。

对于由于实验室搬迁而进行的不定期监督评审（或恢复认可评审）的现场评审时，至少应涉及《认可准则》中的以下要素：

1）5.3 设施和环境条件。

2）5.5 设备。

3）5.6 测量溯源性。

评审报告至少应填写并提交评审报告正文相应内容和附件1。

进行现场不定期监督评审的工作程序与定期监督评审相同。

第八节　复　评　审

复评审的现场评审程序和要求与初次评审时相同，评审组长应对项目主管提供的资料及实验室管理体系文件进行评审并做评审策划。

在对已获认可的技术能力进行复评审时，对技术能力的考核应在对实验室获认可期间维持情况及参加能力验证活动的结果的评价基础上进行，评审范围应覆盖所有的领域。

对整改期限的要求与监督评审整改期的要求一致。

第九节　扩大认可范围的评审

扩大认可范围的评审参见初次评审程序。

如果只是对原认可项目中相关能力的简单扩充，基本不涉及新的技术和方法，可以通过资料审查的方式直接予以认可。

扩大认可范围现场评审时，应至少评审《认可准则》中的以下要素：

（1）4.4 要求、标书和合同的评审。

（2）4.6 服务和供应品的采购。

（3）4.13 记录。

（4）5.2 人员。

（5）5.3 设施和环境条件。

（6）5.4 检测和校准方法及方法的确认。

（7）5.5 设备。

（8）5.6 测量溯源性。

（9）5.8 检测和校准物品的处置（适用时）。

（10）5.9 检测和校准结果质量的保证。

（11）5.10 结果报告。

对整改期限的要求与初次评审整改期的要求一致，最长为三个月。但是如果扩大认可范围评审与监督评审或复评审同时进行，则整改期限最长为两个月。

第八章　实验室认可现场评审中发现的典型问题与改进对策

评审员是实验室认可活动的基础和保障，是整个实验室评审工作的主体，评审员的综合素质和技术能力直接关系到整个实验室评审工作的质量。随着实验室认可工作的不断深入，对多数实验室来说认可工作已经进入第二甚至第三周期，对我们评审员的要求也越来越高，这就需要我们不断加强自身的学习，深入理解和掌握新知识、新标准，不断提高自身的能力与水平，持续满足实验室认可工作的新需求。

综合总结多年来的现场评审工作以及实验室评定汇总的综合情况，作者觉得非常有必要认真总结梳理并细致分析目前实验室现场评审中的典型问题，结合实验室认可工作的实际，根据实验室认可规则、认可准则、认可指南和相关管理规定的要求提出改进建议，供实验室和评审员参考。

第一节　管理要求部分

一、组织

（一）实验室所在单位法人对实验室开展的具体工作没有承担法律责任的明确承诺

CNAS-RL01《实验室认可规则》的第4部分“认可条件”中明确提出：申请人应在遵守国家的法律法规、诚实守信的前提下，自愿地申请认可。CNAS将对申请人申请的认可范围，依据有关认可准则等要求，实施评审并做出认可决定。申请人必须满足下列条件方可获得认可：具有明确的法律地位，具备承担法律责任的能力；符合CNAS颁布的认可准则和相关要求；遵守CNAS认可规范文件的有关规定，履行相关义务。

根据《中华人民共和国民法通则》第36条的规定，法人是具有民事权利能力和民事行为能力，依法独立享有民事权利和承担民事义务的组织。第37条规定法人应当具备的条件包括：依法成立；有必要的财产或者经费；有自己的名称、组织机构和场所；能够独立承担民事责任。而现在很多实验室本身不是独立法人，而是某个母体组织（一级法人）的一部分，就是通俗意义上的“二级法人”，从严格法律意义上说它不是法人，尽管它有批准文件，有自己的名称、组织机构和场所，甚至有时财务经费可以独立核算，但不能独立承担法律责任（如赔偿责任、侵权责任等），对外签署的协议仍然要由母体组织承担法律后果。因此这类实验室所在单位法人，必须对实验室开展的具体工作有承担法律责任的明确承诺。

（二）实验室管理体系的编写依据不全

在现场评审中，有为数不少的实验室管理体系的编写依据仅仅停留在CNAS-CL01《检测和校准实验室能力认可准则》和ISO/IEC 17025《检测实验室和校准实验室能力的通用要求》，有不少申请国防实验室认可的实验室没有明确列入DILAC/AC01《检测实验室和校准实验室能力认可准则》，校准实验室没有列入CNAS-CL01-A025《实验室能力认可准则在校准领域的应用说明》，开展无损检测的实验室没有列入 CNAS-CL01-A006《实验室认可准则在无损检测领域的应用说明》；申请计量认证的实验室没有列入《实验室资质认定评审准则》。另外还集中体现在与实验室认可密切相关的认可规则文件和应用说明没有明确列入，在管理体系的编制中也没有采用，如 CNAS-RL01《实验室认可规则》、CNAS-RL02《能力验证规则》、CNAS-R01《认可标识使用和认可状态声明规则》等。

（三）实验室对认可标识的使用没有做出具体规定

CNAS 为了保证徽标、国际互认联合徽标、认可标识、国际互认联合标识与认可证书的正确使用，防止误用、滥用徽标、标识和误导性宣传，维护 CNAS 的信誉，特地制定了 CNAS-R01《认可标识使用和认可状态声明规则》。在现场评审中发现有不少的实验室对此没有引起足够的重视，尤其对认可标识的使用知之甚少，同时更没有做出具体规定。

CNAS-R01《认可标识使用和认可状态声明规则》的第 5 部分对合格评定机构使用 CNAS 认可标识和声明认可状态做出了以下具体规定：

1. 使用 CNAS 认可标识和声明认可状态的通用要求

5.1.1　CNAS 拥有 CNAS 认可标识的所有权；合格评定机构在认可范围和认可有效期内按照本规则以及相关要求的规定使用 CNAS 认可标识或声明认可状态，其他机构不得使用认可标识或声明认可状态。合格评定机构拥有 CNAS 认可标识的使用权，但不得转让认可标识使用权。CNAS 对合格评定机构使用 CNAS 认可标识或声明认可状态的情况进行监督。（注 1：申请认可的合格评定机构不应使用认可标识。注 2：如果获准认可的校准实验室签发的校准证书被用于检测实验室、质量管理体系认证的组织建立测量溯源体系时，应当在校准证书上使用 CNAS 认可标识。）

5.1.2　合格评定机构应对 CNAS 认可标识使用和认可状态声明建立管理程序以保证符合本规则的规定，且不得在与认可范围无关的其他业务中使用 CNAS 认可标识或声明认可状态。

5.1.3　合格评定机构应在认可范围和认可有效期内按照本规则的规定准确、客观地声明认可状态，不得将认可状态声明用于其或其母体组织的其他活动。

5.1.4　合格评定机构应以认可证书上标注的机构名称或 CNAS 同意的名称使用 CNAS 认可标识或声明认可状态。

5.1.5　合格评定机构使用 CNAS 认可标识或声明认可状态时不应产生误导，使相关方误认为 CNAS 对合格评定机构出具的报告或证书结果负责，或对此结果的意见或解释负责。

5.1.6　当认可要求发生变化时，合格评定机构未按时完成转换的，不得继续使用认可标识，也不得以任何方式声明认可状态仍然有效。

5.1.7　合格评定机构应按照 CNAS 秘书处颁布的式样正确使用 CNAS 认可标识，保证 CNAS 认可标识的完整性；CNAS 认可标识可按比例放大或缩小，且应清晰可辨；CNAS 秘书处向合格评定机构提供 CNAS 认可标识式样，供其使用。

5.1.8　合格评定机构可凭 CNAS 秘书处提供的用户名和密码在 CNAS 网站（http：//www.cnas.org.cn）标识下载区内下载 CNAS 认可标识。

5.1.9　合格评定机构可在报告或证书、文件、办公用品、宣传品和网页等上使用 CNAS 认可标识或声明认可状态。CNAS 使用认可标识或声明认可状态可采用印刷、图文和印章（印章仅限实验室、检验机构认可标识）等方式。

5.1.10　被暂停认可资格的合格评定机构应在被暂停范围内立即停止任何关于获得 CNAS 认可的宣传，并应立即停止在报告或证书、文件、办公用品、宣传品和网页等上面使用 CNAS 认可标识或声明认可状态。

5.1.11　被撤销、注销认可资格或缩小认可范围的合格评定机构应在 CNAS 做出撤销、注销或缩小认可范围决定之日起，立即停止任何关于获 CNAS 认可的宣传，收回、销毁和删除一切带有 CNAS 认可标识或声明认可状态的证书、报告、文件、办公用品、宣传品和网页等。

5.1.12　认可资格到期后，合格评定机构如未获得新的认可资格，不得继续使用 CNAS 认可标识，也不得以任何方式声明认可状态仍然有效。

5.1.13　合格评定机构在认可范围内未使用 CNAS 认可标识或未声明认可状态的，应按照 CNAS 的规定从事合格评定活动。

5.1.14　当合格评定机构因使用 CNAS 认可标识或声明认可状态引起法律诉讼时，应及时通告 CNAS，CNAS 有权根据诉讼需要亲自申请或要求其申请 CNAS 作为第三人参与诉讼；如果采取和解、撤诉等法律行动，应经 CNAS 书面准许。

2. 实验室或检验机构使用 CNAS 认可标识和声明认可状态的特殊要求

5.3.1　实验室或检验机构应将 CNAS 认可标识置于其签发的报告、证书首页上部适当的位置。

5.3.2　带 CNAS 认可标识或认可状态声明的报告或证书应由授权签字人在其授权范围内签发。

5.3.3　如果实验室或检验机构签发的报告或证书结果全部不在认可范围内或全部由分包方完成，则不得在其报告或证书上使用 CNAS 认可标识或声明认可状态。

5.3.4　实验室或检验机构签发的带 CNAS 认可标识或认可状态声明的报告或证书中包含部分非认可项目时，应清晰标明此项目不在认可范围内。

5.3.5　实验室或检验机构签发的带 CNAS 认可标识或认可状态声明的报告或证书中包含部分分包项目时，应清晰标明分包项目。实验室或检验机构从分包方的报告或证书中摘录信息应得到分包方的同意；如果分包方未获 CNAS 认可，应标明项目不在认可范围内。

5.3.6　如果实验室或检验机构签发的报告或证书中包含 CNAS 与其他认可机构签署多边或双边互认协议的信息，相关内容应经 CNAS 书面准许。实验室或检验机构不应在签发的报告或证书上使用其他签署多边承认协议认可机构的认可标识，除非其获得其他签署多边承认协议认可机构认可或 CNAS 与其他认可机构间有特定双边协议规定。

5.3.7　对于多地点的实验室或检验机构，CNAS 认可标识使用或认可状态声明不应使相关方误认为未获认可地点的相关能力在认可范围内。

5.3.8　实验室或检验机构在非认可范围内的所有活动（包括分包活动）中，不得在相关的来往函件中含有 CNAS 认可标识或认可状态声明的描述，出具的报告或证书及其他相关材料也不能提及、暗示或使相关方误认为获 CNAS 认可。

5.3.9　如果实验室或检验机构同时也通过管理体系认证，报告或证书上只允许使用 CNAS 认可标识，而不得使用认证标志。

5.3.10　实验室或检验机构不得将 CNAS 认可标识或认可状态声明用于样品或产品（或独立的产品部件）上，使相关方误认为产品已获认证。

5.3.11　实验室签发的带 CNAS 认可标识或认可状态声明的报告或证书中若含对结果解释的内容，应做必要的文字说明，以避免客户产生歧义或误解。

5.3.12　实验室签发的带 CNAS 认可标识或认可状态声明的报告或证书中包含意见或解释时，意见或解释应获得 CNAS 认可，且意见或解释所依据的检测、校准能力等也应获得 CNAS 认可。如果意见或解释不在 CNAS 认可范围之内，应在报告或证书上予以注明。实验室可将不在认可范围内的意见或解释另行签发不带 CNAS 认可标识或认可状态声明的报告或证书。

5.3.13　根据检测或校准结果，与规范或客户的规定限量做出的符合性判断，不属于本规则所规定的“意见和解释”。实验室签发的报告或证书中仅包含判定标准（无具体的检测或校准方法）时，不得在报告或证书上使用认可标识或声明认可状态。

5.3.14　同时获得检测和校准认可资格的实验室，应分别签发检测和校准的报告或证书，检测报告或证书应仅使用检测实验室 CNAS 认可标识，校准报告或证书应仅使用校准实验室 CNAS 认可标识。

5.3.15　校准实验室 CNAS 认可标识只能用于校准报告或证书（Calibration Report/Certificate），不得用于其他名称的报告或证书。

5.3.16　能力验证提供者 CNAS 认可标识或认可状态声明只能用于能力验证计划报告、测量审核报告，不得用于其他名称的报告或证书。

5.3.17　标准物质或标准样品生产者 CNAS 认可标识或认可状态声明只能用于标准物质或标准样品证书、标签。

5.3.18　良好实验室规范 CNAS 认可标识或资格状态声明只能用于试验机构出具的研究报告，不得用于其他名称的报告或证书。

5.3.19　实验室生物安全 CNAS 认可标识或认可状态声明不得用于报告或证书，只能用于宣传的媒介（如网页、简介）上。

3. CNAS 认可标识在校准标签上的使用要求

5.4.1　校准实验室应建立签发带 CNAS 认可标识校准标签的管理程序。

5.4.2　校准实验室在认可范围和认可有效期内签发的带 CNAS 认可标识的校准标签可以加贴在被校准的仪器上，并且 CNAS 认可标识应置于标签上部的适当位置。

5.4.3　带 CNAS 认可标识的校准标签通常应包含以下信息：(1) 获准认可的校准实验室的名称或注册号；(2) 仪器唯一性标识；(3) 本次校准日期；(4) 校准标签引用的校准证书。

另外，CNAS 对“认可标识在校准标签上的使用”以及“国际互认联合标识的管理”（IAF-MLA/CNAS 和 ILAC-MRA/CNAS 联合标识）也做了具体规定。CNAS 将根据获准认可的机构误用或滥用徽标、标识、认可证书以及误导宣传认可状态的情节轻重做出警告、暂停、撤销或提起法律诉讼等处理。

（四）实验室对人员的岗位职责规定不全

在现场评审中发现有为数不少的实验室在人员的岗位职责中没有规定核验人员、意见和解释人员以及抽样人员的职责。

1. 核验人员

核验人员是对证书、报告和原始记录进行核查的重要人员，从某种意义上说核验人员的工作质量直接决定证书、报告的质量。核验人员的岗位职责应该重点体现在：严格执行实验室管理体系文件的规定和要求；熟悉并明确校准/检测的目的、使用或引用的方法、标准、规程、规范；认真核查原始记录的客观性、完整性，数据处理及其转换、校准/检测结论的正确性，文字表达准确性；认真核查证书、报告的数据、结论与原始记录中的数据、结论的一致性；认真核查证书、报告中其他信息的完整性与准确性；核查中发现问题及时提出并纠正。

2. 意见和解释人员

很多实验室没有规定对结果提出意见和解释人员的职责，最根本的原因是因为授权签字人与对结果提出意见和解释的人员混淆不清。

授权签字人与对结果提出意见和解释的人员是和报告/证书有着直接关系的两种人，前者是对结果报告内容负责的人，而后者是帮助顾客正确理解和运用结果或结果出现不合格时帮助顾客提出改进措施的人，但授权签字人不一定就是对结果提出意见和解释的人。

授权签字人对报告证书的质量全权负责，发现问题，责令责任人纠正，以确保经其批准签发的报告/证书的正确性。而提出意见和解释的人则是根据检测/校准结果对相关问题做出意见和解释，包括对报告/证书反映的内容做出深层次的解释，可能涉及问题如仪器设备为何出现这样的状态、如何使用检测/校准结果、结果出现不合格如何改进等。

工作职责上的差异决定了授权签字人与对结果提出意见和解释的人的资格和能力的侧重点不同。授权签字人强调依“法”办事，这里的法是指所依据的技术文件。对报告提出意见和解释的人除了具备相应的资格和能力以及所进行的校准/检测方面的足够知识外，还需具有以下能力：

1）制造被校准/检测物品、材料、产品等所用的相应技术知识，已使用或拟使用方法的知识，以及在使用过程中可能出现的缺陷或降级等方面的知识。

2）法规和标准中阐明的通用要求方面的知识。

3）所发现的对有关物品、材料和产品等正常使用的偏离程度的了解。

CNAS 允许已认可实验室在带有认可标志的报告或证书上出具意见和解释，但这些意见和解释需获得 CNAS 认可，如未获得许可，应清晰标注该意见和解释未经 CNAS 认可。起草和签发解释或意见声明的人员应得到授权。需要指出的是，授权签字人并不一定有能力做出意见和解释。

3. 抽样人员

管理体系有抽样要素和对应程序文件，但在体系中没有抽样人员的职责和授权。

（五）实验室质量监督的相关问题

现场评审中与质量监督相关的问题较多，主要体现在监督不充分、监督员设置不合理，监督未能完全覆盖实验室申请认可的区域和领域等。

1. 在 ISO/IEC 17025 中的监督

ISO/IEC 17025 中的监督主要是对人员的监督，因为对实验室来说，人员是第一资源，只有对人员控制好了，才能确保数据的正确、可靠。《认可准则》4. 1. 5g）指出：“由熟悉各项检测和（或）校准方法、程序、目的和结果评价的人员对检测和校准人员包括在培员工进行足够的监督。”《认可准则》5. 2. 1 规定：“当使用在培员工时，应对其安排适当的监督。”《认可准则》5. 2. 3 规定：“在使用签约人员和额外技术人员及关键的支持人员时，实验室应确保这些人员是胜任的且受到监督。”

实验室要对检测/校准人员进行充分的监督，监督的目的在于确保其具有所从事的检测/校测工作的初始能力和持续能力。监督有动态和静态的。动态是指随时随地的、预先不通知的、对人员现场的校准/检测过程监督。静态的是指有计划地对人员的校准/检测过程实施监督，特别是对新项目开展全过程的监督，对新设备试运行全过程的监督、对在培养人员的操作和原始记录的监查等。

2. 如何做到“足够的”监督

ISO/IEC 17025 强调足够，主要是强调监督的有效性，足够监督首先要保证监督人员满足“由熟悉各项检测和（或）校准的方法、程序、目的和结果评价的人员对检测和校准人员包括员工进行足够的监督”的条件，才能保证监督的有效性。足够的监督可以从下面几个方面来保证：

（1）监督员人数应足够。例如在医疗器械检测实验室，当在特殊环境下临时工作的人员尚未接受必要的培训时，应在质量监督员的监督下工作；在金属材料检测实验室，当检测工作涉及化学分析、物理性能时，应按其工作岗位分别设置质量监督员。为确保监督的有效性，监督员一般占专业技术岗位人员数量的 10% 左右。

（2）监督员专业技术水平足够。质量监督主要是技术工作，就专业知识而言，对监督员的资质要求应高于一般检测/校准、核验人员。例如在无损检测实验室，一般检测人员只要具有无损检测Ⅱ级资格即可，而监督员应具有无损检测技术的专门知识和经验，并同时具有射线和超声检测Ⅲ级的资质；在校准实验室，对校准人员的要求是熟悉计量法律法规、量值传递系统表及法定计量单位及其使用，而监督人员还应具有相应的物理、数学、计量学知识及测量不确定度的评定能力，能对校准结果的正确性做出判断。

（3）监督员的权力要足够。实验室应赋予监督员一定的权力，例如当场指出问题，责令立即改正；当不符合工作的处置发生困难时，可以直接向质量主管或技术主管报告，以便对不符合工作及时采取补救措施；如果报告/证书存在问题，可予以扣发；对纠正措施效果不满意的，可以通过和相关人员沟通，提出整改建议等。

（4）监督员的工作岗位应有利于监督工作。监督员应工作在检测/校准现场，以利于掌握最新技术动态和操作环节中的难点，及时发现过程控制中的问题并予以纠正，对连续的检测/校准活动实施有效的质量监督。

（5）编制专门的质量监督管理程序或作业指导书。

（6）加强对质量监督员工作的监督。

3. 质量监督时机把握

首次分包时；新标准、新方法（包括标准变更后）刚实施时；方法偏离时；使用新设备或修复后的设备以及无法进行期间核查的设备时；出现临界值时；新检测/校准项目开展时；现场检测/校准时；质量仲裁或质量鉴定时；顾客有投诉时等。

4. 对质量监督员的要求

《认可准则》4.1.5g）对监督员的要求主要是专业技术方面的。例如，CNAS-CL01-A006《实验室认可准则在无损检测领域的应用说明》指出，“4.1.5e）实验室工作岗位的设置应考虑到本领域实验室申请检测项目的范围、复杂性和检测频次。4.1.5g）鉴于本领域实验室检测工作的特点，实验室应按照其从事的无损检测专业类别设立一名或多名技术监督人员，该监督人员应有能力、有时间和有权力对其负责的无损检测专业的检测工作提供足够的技术指导和对检测结果进行评价和说明。在缺少技术监督人员的情况下，实验室不得出具带有认可标识的检测报告。在生产车间、安装工地、使用现场等实验室以外工作场地检测时，检测人员应按技术监督人员批准的检测工艺进行工作，检测报告须由技术监督人员审核并签字。实验室应制定保证技术监督工作有效进行的程序。”

监督员通常是兼职的，如专业科室主任的技术能力满足要求时，可以同时担任监督员；如果专业科室主任无力承担（由于工作量、需要更多专业技术等原因），也可由熟悉本专业的技术骨干担当。有的实验室授权其他一些人员为监督员，但由于他们的技术能力不能满足要求，同时缺乏足够的组织资源，无力对不符合工作的纠正实施监控，这些都会对监督的有效性造成影响。

（六）最高管理者岗位职责的规定、落实、监督和沟通等方面未能完全满足准则的要求

在现场评审中发现，为数不少实验室的最高管理者更多的是一种名誉头衔，往往是所在法人单位的主管领导来担任，由于工作较忙等原因，对实验室工作往往无暇顾及，因此最高管理者往往“游离”于实验室的实际工作之外。虽然 ISO/IEC 17025 换版本至今已经有些年头，但是在现场评审中仍然有为数不少的实验室在对最高管理者的岗位职责的规定、具体落实、质量监督和沟通记录等方面存在较大的提高空间。《认可准则》对最高管理者的要求在管理体系文件和实际工作中无法充分体现。最高管理者是实验室整个工作的灵魂，《认可准则》充分体现了这个核心思想，相关条款完全体现了现代质量管理的 8 项原则。

（1）“全员参与”原则：确保实验室人员理解他们活动的相互关系和重要性，以及如何为管理体系质量目标的实现做出贡献［见《认可准则》4.1.5k）］。

（2）“过程方法”原则：最高管理者应确保在实验室内部建立适宜的沟通机制，并就确保与管理体系有效性的事宜进行沟通（4.1.6）。

（3）“持续改进”和“基于事实的决策方法”原则：最高管理者应提供建立和实施管理体系以及持续改进其有效性承诺的证据（4.2.3）。

（4）“以客户为关注焦点”的管理原则：最高管理者应将满足客户要求和法定要求的重要性传达到组织（见《认可准则》4.2.4）；

（5）“持续改进”的管理原则：实验室应通过实施质量方针和质量目标，应用审核结果、数据分析、纠正措施和预防措施以及管理评审来持续改进管理体系的有效性（见《认可准则》4.10 改进）。当策划和实施管理体系的变更时，最高管理者应确保保持管理体系的完整性（见《认可准则》4.2.7）。

由最高管理者发布实验室质量方针声明、批准实施的管理体系充分体现“领导作用”和“管理的系统方法”原则。

（七）获准认可实验室发生变更未能按要求及时上报

在现场评审中，获准认可实验室发生变更未按照要求上报的现象比较普遍。CNAS-RL01《实验室认可规则》对获准认可实验室的变更有明确要求，如发生下列变化，应立即以书面形式通知CNAS秘书处：①获准认可实验室的名称、地址、法律地位和主要政策发生变化；②获准认可实验室的组织机构、高级管理和技术人员、授权签字人发生变更；③认可范围内的重要试验设备、环境、检测、校准工作范围及有关项目发生重大改变；④其他可能影响其认可范围内业务活动和体系运行的变更。

CNAS在得到变更通知并核实情况后，视变更性质可以采取以下措施：①进行监督评审、复评审或提前进行换证复评审；②扩大、缩小、暂停或撤销认可；③对新申请的授权签字人候选人进行考核；④对变更情况进行登记备案。

二、管理体系

（一）实验室明确管理体系的适用范围包括离开固定设施的现场，但在实验室的管理体系文件中却没有现场校准/检测管理程序或作业指导书、现场检测/校准管理程序的编写原则

在现场评审中发现有为数不少的实验室，其设施包括“离开固定设施的现场”，但在实验室的管理体系文件（包括质量手册、程序文件或作业文件）中却未能提供现场校准/检测管理程序或作业指导书。特别是对实施现场校准工作的校准实验室，存在未能按照CNAS-CL01-A025《检测和校准实验室能力认可准则在校准实验室的应用说明》及其附录A“对现场校准的补充说明”的要求，对现场校准工作进行明确规定和规范运作的问题。

现场校准/检测管理程序的编制应重点把握以下几点。

（1）人员的配备：开展现场检测/校准工作最少要有两名持证人员，其中必须有一名技术骨干。

（2）环境条件的控制：必须保证现场开展的检测/校准工作的环境条件符合相关规程、规范和标准的要求，并采取有效的控制和记录。

（3）设备有效性的控制：设备离开实验室、到达现场、离开现场和回到实验室四个阶段应对现场检测/校准工作所用设备的有效性进行严格控制。

（4）原始记录和数据的处理：为保证现场检测/校准数据的可靠性和准确性，应保证在离开现场前完成原始记录和数据处理工作，杜绝因数据问题发生重返现场的现象。

（5）证书报告的处理：在现场检测/校准原始记录和数据的基础上，按要求尽快完成证书报告的出具、审核和批准工作。

（6）相关工作的处理：如可能，可按照实验室管理体系的要求，完成客户调查、质量监督等相关工作。

在《认可准则》中有些要素没有提出程序要求，但有控制要求，一般建议结合实验室特点编制相应的程序文件，如报告/证书质量控制程序等。只要覆盖《认可准则》的要求，实验室可以对程序文件根据实际情况删减或合并，如纠正措施和预防措施程序可合并，原则上这种做法可以接受但并不推荐。

许多校准实验室建立了相应的计量标准。建立和维护计量标准需要符合国家相关法规的规定和 CNAS-CL01-A025《检测和校准实验室能力认可准则在校准实验室的应用说明》中5.5.6 的要求。为此，校准实验室必须编写专门的《计量标准建立、考核、维护和使用管理程序》。另外，对实验室实际运作中通常可能遇到且对检测/校准质量会造成重大影响的工作，应有文件化的规定，实验室可以专门编写程序文件或相关的管理规定等。

一般实验室均会有“保护客户机密和所有权的程序”等 27 个程序文件。

（二）管理体系整体的接口衔接、可操作性等问题

管理体系文件的评审需要考虑：文件是否覆盖了认可准则的全部要素；文件是否能够保证体系有效运行；各层次文件之间要求是否一致；文件之间的接口是否清晰；体系文件要求是否明确，是否具有可操作性；人员职责是否清楚，各岗位人员的任职是否能够保证其履行职责。

针对上述问题，建议评审组在现场评审中重点关注质量职责分配表。质量职责分配表完整表示了管理体系各质量要素的相关职能在质量体系涉及部门或人员中的分配情况，一般在实验室的质量手册中均有提供。

在质量职能分配表中，通常用三种符号分别表示相关部门或人员在质量活动中的地位和作用，例如：“●”表示负责决策，“■”表示组织实施，“▲”表示参加活动。以结果报告这一要素为例，负责决策的是技术管理层（组织编制报告证书格式，批准收回不合格报告证书和批准对已发报告/证书的修订或补充），组织实施的是专业科室负责人（审核报告证书格式，组织出具报告/证书），参加活动的是检测/校准人员（依据原始记录出具报告证书）、授权签字人（签发报告/证书）、业务部指定人员（发放报告/证书）以及文件档案管理员（保存原始记录和报告证书副本以及与顾客签定的合同等记录）等。需要注意的是，决策者只能是唯一的。以文件控制要素为例，对技术文件起领导作用的是技术负责人，对质量文件起领导作用的是质量负责人，这样同一要素会出现两个“●”，此时就需要将要素再细分。

三、文件控制

（一）实验室文件的定期评审的问题

1. 为什么要进行文件的定期评审？

随着社会、经济和科技的发展，国家不仅需要制定新的法律、法规，还需要对一些原来已经制定的法律法规进行修订。和法律、法规一样，国家技术法规也都要进行定期清理，并进行相应修订。另外，国际标准或一些外国标准更新更快，如美国 UL 标准用增订页的方式修改标准，修改是随时随地的。

实验室的管理体系文件是指导实验室员工开展各项质量工作的文件，同样存在制定、维护、修订、作废等问题。国家法律法规的更新、不断发展变化的客户需求、管理方式的进步、人员的调整、资源的改善等，都可能导致实验室组织和管理结构的变化。同时，外来文件的更新，新技术、新方法、新装备的应用等又可能导致技术性文件的更新。所有这些都要求实验室对文件进行定期评审，对文件中不适合、不恰当、不全面之处进行修订，以确保文件持续有效、适用和充分。

2. 如何进行文件的定期评审？

文件评审应根据文件性质分类进行。质量手册、程序文件是实验室所有人员共同遵循的

行为规范，这类文件在金字塔型的文件体系架构中处在高端，涉及日常质量活动和检测/校准工作，一般需在管理评审时进行评审。评审前相关职能部门应列出在用质量体系文件清单和自上次评审到本次评审期间修订、增补文件一览表，收集有关文件以及实验室人员提出的意见和建议，通知与会人员，做好相应准备工作。

当然，内审前也应安排对管理体系文件的评审，以确保实验室当前使用的文件内容与可获得的外来文件相符，所引用的文件是最新而有效的，确认实验室编制的相关文件已得到及时的修订和控制。

技术类作业指导书，包括外来的技术文件可由技术管理层组织该项目参与人员、相关专业技术人员和技术管理部门的人员进行评审。评审频次视具体情况（例如作业指导书数量、技术领域覆盖面和所用规程、规范、标准的更新情况）而定，通常每年一至两次。当作业指导书数量较多、技术领域覆盖面较宽且所用规程、规范、标准更新多时，频次可相应增多。

（二）实验室外来文件的评审问题

外来文件包括法律、法规、规章和技术文件两大类。法律、法规、规章适用面宽，其制定、修订、废除是国家立法或行政机关的职能，实验室应遵循法律法规的规定，履行相应职责，按规定程序操作。技术文件则有所不同，并不是所有公开发布的国家、行业、地方批准的技术文件都可以拿来就用，实验室应首先对这些外来技术文件的有效性、适用性进行评审。确认文件现行有效，而且实验室符合文件所规定的条件时才能使用。

对于新增项目，实验室大多会在新项目评审的同时对所依据的技术文件进行评审，但是在规范、标准更新时却往往会忽视对技术文件的评审。在得到新版技术文件的时候，我们需要确认：新、老版本技术文件的差异，变更的依据和原因，实验室现有的环境条件、设备配置、人员技术能力是否满足要求，新版技术文件是否需要改造环境设施、新添设备、培训人员，是否要增加相关文件如质量监控计划、作业指导书等。同时，在首次使用新方法时，还应尽量参与比对、能力验证等活动。在实验室内组织设备比对和人员比对，以判定新方法的适宜性，最终审核确认本实验室开展这一项目的实际能力。当然，这些活动还应经过实验室技术管理层的确认，并记录相关评审活动。

（三）实验室网上发布文件注意事项

随着计算机应用的日益普及，建立局域网并在局域网发布文件的实验室越来越多，《认可准则》4.3.3.4 对此做出了规定：“应制定程序来描述如何更改和控制保存在计算机系统中的文件。”实验室网上发布文件应重点关注以下几点。

（1）明确文件控制的部门和人员：规定哪个部门具有更改和控制保存在计算机系统中的文件的职责和权力。规定何人提出，何人审核，何人批准，何人在网上发布。根据文件的性质不同，提出要求的部门各异，但批准和发布的人应是唯一的。

（2）对网上文件进行保护，防止未经授权的侵入或修改：有的实验室在网上发布文件，并把它放在一个可修改和下载的目录下，这样尽管方便了操作，文件版本却得不到控制。为此，可对文件进行只读处理。例如可以 PDF 格式发布（设置修改和打印密码），未授权人员就不能随意更改了。

（3）纸质文件和电子文件同步更新：对同时发布纸质文件和电子文件，并且均作为受控文件使用的，应做到两种文件版本同步更新，以免执行者无所适从。

四、要求、标书和合同的评审

要求、标书和合同评审注意事项

合同评审是“合同签订前，为了确保质量要求规定得合理、明确并形成文件，且供方能实现，由供方所进行的系统活动。”合同评审是“供方的职责，但可以和顾客联合进行”，也“可以根据需要在合同的不同阶段重复进行”，它是实验室服务顾客的第一环节，应予以重点关注。评审时应注意：①按照服务项目的具体情况实施分类评审；②要充分重视评审记录；③注意风险规避；④合同书应充分体现顾客要求。

五、检测和校准的分包

检测和校准分包活动中法律责任承担问题

为实现社会资源的共享，向顾客提供更多的便利，实验室可利用分包。在检测/校准分包活动中，发包方和接包方承担的法律责任是不同的。《认可准则》4.5.3 条指出：“实验室应就分包方的工作对客户负责，由客户或法定管理机构指定的分包方除外。”在检测/校准分包工作中，如果接包方不是由顾客指定或法定管理机构指定的，则因接包方的错误或失误而造成顾客机密信息泄露、物品损坏、检测/校准数据出错等，所造成的损失由发包方承担责任，包括经济赔偿以及其他形式的法律责任，接包方负连带责任。这点和我国民法通则中的规定原则上是一致的。也就是说，一旦出现这种情况，法院首先追究发包方的责任，发包方对由接包方错误或过失对顾客造成的损失予以赔偿。发包方无力赔偿时，法院才判由接包方直接向顾客赔偿。当然，发包方为挽回经济损失，在向顾客做出相应赔偿后，可另案起诉，要求接包方承担由其过错对发包方造成的利益损失。

为此，我们应重视对分包方的评价工作。对接包方进行切实深入的评价，充分掌握接包方的管理体系和技术能力，并保存证明其工作满足认可准则要求的记录。实验室应尽量和接包方建立稳定的合作关系，明确双方的责任和义务，对检测/校准时间、费用和质量等问题取得一致意见后，签署书面的分包协议。

六、服务和供应品的采购

服务供方选择注意事项

实验室需要采购的服务包括设备溯源，人员培训，设施和环境条件设计、制造、安装、调试和维护等。实验室要通过比较、选择、评价来确定服务的供方，保留相关评价记录和服务方的名单及其资质材料。

实验室的溯源服务方是在量值溯源图中居于更高级别的校准机构（例如法定计量检定机构及授权的技术机构或认可的校准实验室）。对于校准实验室而言，其最高计量标准的主标准有不少属于强制检定对象，溯源服务方是在建标时就得到政府计量行政管理部门确认的。而对其他设备的溯源服务方，实验室可以根据需要自主选择有校准能力的机构。实验室在索取资质材料时，不仅要查阅供方的计量授权证书或认可证书，更需要细致查看供方所提供的服务项目是否在授权或认可范围内，其能力和范围有没有真正覆盖本实验室所要求的溯源范围。

某些特定的项目对培训机构有资质要求，实验室需要首先了解培训机构的资质、信誉、师资，尽可能选择取得相应资质的培训机构。就技术文件培训而言，参加由技术文件起草人主讲的培训宣贯会是最佳的选择。

设施和环境条件的设计、制造、安装、调试等的服务工作，是影响校准实验室和某些特殊领域检测实验室工作质量的重要因素。以中央空调系统为例，其功能的正常实现不仅依赖于设计、制造的质量，也和安装、调试有着密切的关系。实验室不仅要考察服务方的资质、信誉及技术能力，还要向供方以前的顾客做细致的调查，了解其生产的同类设备是否安全、可靠、稳定，售后服务是否及时、周到；同时要兼顾将来的发展，考察制造商根据顾客要求进行设备技术改造的能力。

七、服务客户

顾客满意度的有效评判及相关问题

顾客投诉是顾客满意度低的最常见表达方式，但没有投诉并不一定表明顾客满意。即使规定的顾客要求符合顾客的愿望并得到满足，也不一定确保顾客很满意，所以有效的顾客满意度评判应该是定量的。

作为对管理体系运行效果的一种评价手段，实验室应对是否已满足顾客要求进行有效评判，并确保第一时间获取并充分利用这种信息。顾客满意度常用的评判方法一般有两种：一种是简单地直接调查顾客对实验室服务的总体满意度；另一种是实验室先对自身的服务工作按流程和环节进行分解，分别设定每个流程和环节的分值和权重，然后由顾客对服务工作每个流程和环节进行定量打分。应该说第二种方法对顾客满意度的评判更科学正确，更容易发现实验室服务工作中的薄弱环节。当然我们也需要考虑开展顾客满意度调查活动的成本。

现场评审中与服务客户相关的典型问题还有：①没有按照实验室管理体系的要求进行顾客满意度调查；②顾客满意度调查中发现的问题没有采取相应预防纠正措施，处理工作没有闭环；③顾客满意度调查的相关信息没有作为管理评审的输入；④实验室没有为军工产品提供现场服务的承诺和规定（DILAC/AC01：2005 中 4.7 第一款）。针对此不符合项实验室应该制定为军工产品提供现场服务的承诺和规定，重点要体现优先、优质、安全、保密。

八、投诉

现场评审中与“投诉”相关的问题

现场评审中与投诉相关的典型问题主要有：①没有按照实验室管理体系中投诉处理程序的要求进行处理，处理工作没有真正闭环，未能提供相应的记录；②顾客有投诉，但作为实验室管理评审输入的“顾客满意度调查”中却没有体现等。

实验室从投诉的受理、调查、确认开始，到原因分析、采取预防纠正措施以及投诉的答复，在投诉处理的全过程中，要真正体现“快速、彻底、真诚、沟通、换位”的思想和理念。

九、不符合检测/校准工作的控制

对“允许偏离”与“不符合检测/校准工作”的理解与把握

1. “允许偏离”与“不符合检测/校准工作”是不同的

（1）允许偏离：在《认可准则》的 5.4.1 条中规定：“对检测和校准方法的偏离，仅应在该偏离已被文件规定、经技术判断、授权和客户接受的情况下才允许发生。”

（2）不符合检测/校准工作：“检测/校准工作的任何方面，或该工作的结果不符合其程序或不能与客户达成一致的要求。”（《认可准则》4.9.1 条）。

对于不符合工作来说，由于其不符合规定的标准、规范、规程、程序及客户的要求，从而导致了检测/校准过程的不符合与检测/校准结果的不符合。对不符合工作的控制，一般包括判定、标示、记录、评审和处理等。而“允许偏离”是有条件的、可控制的，是在不影响检测/校准工作质量的前提下，对原来的规定要求、政策和程序做了一些必要的调整、修改、延伸、扩展、补充，它只有在已被文件规定的情况下，经技术判断、授权批准和客户同意才允许发生。

因此不符合是不允许发生的，“允许偏离”是在测量设备、测量结果和产品质量有保障的情况下允许发生的“偏离”。而未经文件化规定并批准的偏离，可以作为不符合来处理。

2. 方法的偏离

方法偏离应文件化，需在经技术判断不会影响检测/校准结果正确的情况下，获得批准并经客户同意后才允许偏离。偏离必须在规定的测量范围或允许误差之内、限于规定的数量和规定的时间段。偏离的技术判断可由实验室或以实验室的名义做出，或由其他技术机构做出，应有对偏离的技术判断的记录。

方法偏离应与非标准方法相区别。偏离是一个非常态的行为，一般是一次性的，在特定的情况下才使用偏离。如果需要变为常态行为，可以通过修定方法（包括标准方法和非标准方法），形成文件使用。非标准方法经确认后可长期使用，或者在转化为标准方法前的一个时期内使用。

十、改进

现场评审中对“改进”理解和把握

《认可准则》的 4.10 条款规定：“实验室应通过实施质量方针和质量目标，应用审核结果、数据分析、纠正措施和预防措施以及管理评审来持续改进管理体系的有效性。”

持续改进的动力之一是最高管理者设立的方针和目标，持续改进至少应当涉及实验室管理体系的完善、能力的提升、效率的提高，顾客需求的满足以及市场的壮大等。

在现场评审中，评审员应该重点验证实验室的方针和总目标如何被转化为分阶段、分要素的适宜过程和有效措施，并在对这些适宜过程和有效措施进行落实和实施的过程中进行动态的沟通和监控。在现场评审中，可以结合管理评审的相关输入重点寻找这方面的信息和证据。

十一、纠正措施

现场评审中与“纠正措施”相关的典型问题

现场评审中与纠正措施相关的典型问题主要有：①实验室没有按照管理体系中纠正措施程序的要求进行处理，整改过程没有真正闭环；②纠正措施实施过程中没有“原因分析”的过程和信息。

实验室采取纠正措施应该严格实施四个步骤：①对发现的问题进行评估和原因分析；②针对发生问题的原因制定切实可行的实施方案和对策；③方案和对策的实施；④实施效果

的验证。

十二、预防措施

现场评审中对“预防措施”理解和把握

预防措施是为消除潜在不合格或其他潜在不期望情况的原因所采取的措施。《认可准则》的 4. 12. 1 条款规定：“应识别潜在不符合的原因和所需的改进，无论是技术方面的还是相关管理体系方面。当识别出改进机会，或需采取预防措施时，应制定、执行和监控这些措施计划，以减少类似不符合情况发生的可能性并借机改进。”

预防的本质是不适用于已经发生不符合问题的。但是对已经发现的不符合问题进行原因分析也有可能从实验室更大范围的其他部位识别出潜在的不符合问题的原因，把它作为预防措施的输入。

预防措施要根据具体的问题来制定，主要目的是消除潜在不符合的原因。要制定预防措施，就应先找出不符合问题，分析其产生的潜在原因，然后采取相应的预防措施。例如：发现数据处理错误，应分析原因，如原因是人员业务不熟，先纠正错误的数据，然后采取对人员进行培训考核和加强数据处理复核的预防措施。

《认可准则》要求实验室形成文件的预防措施程序包括以下内容：

（1）实验室怎样确定潜在的不符合及其原因：①检测结果的趋势分析（数据分析过程的输出）；②在运行条件接近“失控状态”时发出预警；③通过正式或非正式的反馈系统监视顾客的感受；④使用统计技术进行过程能力趋势分析。

（2）实验室怎样确定需要采取的措施以及怎样实施：①及时在实验室的所有相关部分布置所需的措施；②对识别、评价、实施和审查预防措施的职责做出界定。

（3）所采取措施结果的记录。

（4）所采取的预防措施的审查和控制：①措施是否有效，是否防止了不符合的发生；②有无必要继续采取正在实施的预防措施；③是否应当修改预防措施，或是否有必要策划新的措施。

十三、记录的控制

技术记录信息的充分性问题

《认可准则》的 4. 13. 2. 1 条款规定：“实验室应将原始观察、导出资料和建立审核路径的充分信息的记录、校准记录、员工记录以及发出的每份检测报告或校准证书的副本按规定的时间保存。每项检测或校准的记录应包含充分的信息，以便在可能时识别不确定度的影响因素，并确保该检测或校准在尽可能接近原条件的情况下能够重复。记录应包括负责抽样的人员、每项检测/校准的操作人员和结果校核人员的标识。”为准确复现检测/校准过程，技术记录的信息应尽可能详细。技术记录的信息主要应包括以下六方面的内容。

（1）被检测/校准物品的相关信息。例如被校测量仪器的名称、型号规格、委托方及其地址、制造厂、出厂编号或设备编号等。

（2）为复现检测/校准条件所需的信息。包括检测/校准依据、环境条件（如温度、湿度、气压）、检测/校准所用测量设备的名称、型号规格、编号、准确度等级等可能影响检测/校准结果的信息。校准的原始记录，还应包括所用主标准器的证书编号或有效期。

(3) 检测/校准数据和结果。包括原始观测数据，中间计算步骤，计算公式，计算过程中用到的所有修正量、常量以及他们的来源（必要时），计算结果、图表等。心算的数据通常不能直接记录在原始记录上。对于自动测试设备，如果其输出信息不足以满足完整信息的要求，打印输出的数据、图表应直接粘贴在原始记录纸上，而不能誊抄，并加盖检测/校准人员章或骑缝章或相应的标识。

(4) 参与人员的标识，如签名。参与人员包括检测/校准人员、核验人员，有时还包括抽样人员。

(5) 检测/校准的时间和地点。检测/校准操作具体是何年何月何日，经过连续多日试验才得到检测/校准结果的，应能看出哪一个项目是什么时候进行的，有时间段的表示。对在户外或顾客单位进行检测/校准的，必须给出检测/校准的具体场所，如房号，以便日后追溯。

(6) 有关标识：记录标识如唯一性编号、总页数和每页的页码编号等。

现场评审中与记录相关的典型问题主要有：①证书报告的信息量大于原始记录的信息量，证书报告中有关数据和结论在原始记录中无记录；证书报告中的计算和导出数据在原始记录中不能说明数据来源，不注明应用公式等。如：从事电磁兼容检测的实验室出具的证书报告中有“检测布置图”，但原始记录中却无法找到相关信息。②管理体系文件对“技术记录中观察结果、数据和计算应在产生的当时予以记录，不允许追记”没有做规定和强调等。

十四、内部审核

（一）内审有效性的评价问题

在现场评审中，对内审有效性的评价，不能仅仅看实验室是否编制了“内审方案”“内审计划”，是否有“内审实施记录”，是否有内审的不符合发现，是否有内审报告等，关键是应该按照 CNAS-GL011《实验室和检验机构内部审核指南》和实验室管理体系的要求，重点评审：①内审的实施是否满足方案策划的安排和内审计划的安排？②内审记录是否能反映实验室的实际运作情况？③记录是否真实？④内审记录是否可追溯？⑤内审发现的判定是否准确？⑥对内审发现的不符合开出的“不符合报告”是否针对事实作了原因分析？⑦采取的纠正/预防措施是否适宜？⑧纠正措施是否有效实施并验证闭环？

（二）内审活动的充分性问题

在现场评审中，与内审相关的典型不符合项有：①内审活动未能按照管理体系的要求，未按内审方案和计划组织实施；②实验室全年组织实施的内审活动未能覆盖《认可准则》要求的所有要素（实验室对要素无剪裁）和实验室相关的所有部门；③实验室没有按照预防、纠正措施程序的要求进行整改，纠正措施未能有效实施并验证闭环；④申请国防认可的实验室内审依据没有 DILAC/AC01，不能体现国防 22 条特殊认可要求；申请计量认证的实验室内审依据没有《检验检测机构资质认定评审准则》等。

由于内审是实验室对管理体系进行自我审核，以验证管理体系的运作持续地符合管理体系和相关标准的要求，因此实验室管理体系所涉及的所有要素和所有部门都应纳入内部审核范围。由于实验室测量能力和组织结构的差异，不同实验室管理体系所涉及的部门不同，审核覆盖的部门也有所不同。有时，实验室以外的某些部门也可能需要纳入内审。例如，对于二级法人的实验室，其设备、消耗品由母体组织提供保障，则母体的相关部门最好也能包括在内审范围内。

（三）CNAS对内审员的要求

在现场评审中，发现为数不少的实验室对内审员的把握不严，直接影响了内审质量和效果。CNAS在《实验室认可评审工作指导书》和CNAS-GL011《实验室和检验机构内部审核指南》中对内审员有明确的要求。

实验室的内审员应经过有效的培训，并有有效的授权。

内审员培训的有效性，可从以下几点来判断：①内审员的培训内容符合CNAS内审员培训教程的要求；②内审员的培训时间不少于20学时；③内审员具备进行内审的能力。

（四）内审员配备的相关问题

为满足例行内审和附加审核以及派往分包方或供应商进行审核的需要，实验室内审员应达到一定的数量。应选择有专业特长、工作有经验、表达能力强的人员接受内审培训并经考核合格后授权担任内审员。

由于内审员应尽可能独立于被审核活动，在条件允许的情况下，每个部门的内审员应来自于其他部门。对多专业的大型实验室应该确保每个专业都有内审员，所选择的内审组人员应适当覆盖不同部门。就知识结构而言，内审组应由不同专业的技术人员组成，以使内审工作有助于发现问题，提高实验室的技术管理水平。

（五）内审中不符合项的分类问题

内部审核通过持续符合性和有效性验证，发现和纠正管理体系在建立和实施中的问题，因此内审中的不符合不是按其严重性，而是考虑到纠正措施的不同按性质分为三类。内审中的不符合项的准确分类，可以全面提升内审的作用和效率。

（1）体系性不符合（文—标不符）：体系性不符合是指制定的管理体系文件与有关法律法规、认可规则、认可准则等的要求不符。例如，某实验室未建立处理投诉程序；体系文件中没有规定影响检测/校准质量的辅助设备和消耗性材料的采购应优先考虑质量的原则等。

（2）实施性不符合（文—实不符）：实施性不符合是指未按文件规定实施。例如，某实验室虽然对原始观测记录规定了要包括多种信息，以便复现，但实际上环境条件、使用设备、测量方法等都未予记录，这就属于实施性的不符合。

（3）效果性不符合（实—效不符）：管理体系文件虽然符合《认可准则》或其他文件要求，但未能实现预期目标。文件规定不完善、原因分析不到位等都会导致效果性不符合。例如，实验室都按文件规定在运行，但质量目标未实现；采取了纠正措施，但是类似问题继续发生等，这种不符合称为效果性不符合。

还有一类问题虽未构成不符合，但有发展成不符合的趋势。这类问题可作为“观察项”提出，以引起重视并做出相应的预防措施。

为了使最高管理者注意到那些比较重要的不符合项并引起重视，在审核报告中可将各类问题按重要程度进行排列。

十五、管理评审

（一）管理评审应对什么问题做出决策？

管理评审解决质量方针、目标在内部和外部环境发生变化情况下是否仍然适宜；管理体系的运行是否协调，组织机构职责分配是否合理；程序文件是否充分、适宜、有效；过程是否受控；资源配置，包括人力资源（涉及学历、培训、经历、经验、技能等）、物质资源（涉及设备、设施和环境条件、计算机软件、技术方法、资金等）和信息资源（包括标准信息、设备信息、人才信息等）是否满足要求等问题。

管理评审的输出是管理体系和过程的改进，管理评审可能导致：发展战略和发展目标的变化；质量目标、质量承诺的完善；质量文件（包括程序）的变更；组织结构和管理结构的调整，职责分工的改变；人力资源的优化、调整；设备设施的更新或增加；为新的和现有的员工提供培训；参与能力验证等。

管理评审涉及的议题可能很大，也可能很具体，对什么样的问题做出决策，不同的管理者会有所不同。但细节的问题、不涉及全局的问题、可以在平时解决的问题，不一定留到管理评审才提出和解决。全局性的、涉及资源调配的、具有普遍意义的、需要有关各方深入研讨获得最佳解决方案的问题，是管理评审的重点议题。对内审导致的纠正或预防措施验证效果不满意的，也可提交管理评审。因此实验室内的相关部门应对收集的信息，做出初步的分析、判断，在此基础上再提交管理评审决策。

（二）管理评审的输入充分性问题

管理评审在现场评审中发现的问题和不符合项较多。CNAS-GL012《实验室和检验机构管理评审指南》中规定实验室的最高管理者应当对组织的管理体系和检测/校准活动定期进行评审，以确保其持续适宜性和有效性，并进行必要的变更或改进。管理评审应当至少每12个月开展一次。体系的适宜性是环境（广义）变化后管理体系满足要求的程度。环境包括内环境和外环境。内环境包括了实验室的组织文化和运行条件。运行条件是维持运行的必要条件，主要是指人员、组织结构、设备设施、薪酬、运行机制以及各种内部管理制度。外环境分为一般环境和任务环境，一般环境由政治、法律、社会、文化、科技和经济组成；任务环境由顾客、供应商、同盟、对手、公众、政府和股东构成。体系的有效性是完成策划的活动达到预期策划结果的程度。同时，体系的有效性需要考虑管理体系运行的经济性，考虑运行效果和所花费成本之间的关系。

CNAS-GL012中规定管理评审至少应当包括：①前次管理评审中发现的问题；②质量方针、中期和长期目标；③质量和运作程序的适宜性，包括对体系（包括质量手册）修订的需求；④管理和监督人员的报告；⑤前次管理评审后所实施的内部审核的结果及其后续措施；⑥纠正措施和预防措施的分析；⑦认可机构监督访问和评审的报告，以及组织所采取的后续措施；⑧来自客户或其他审批机构的审核报告及其后续措施；⑨组织参加能力验证或实验室间比对的结果的趋势分析，以及在其他检测/校准领域参加此类活动的需求；⑩内部质量控制检查的结果的趋势分析；⑪当前人力和设备资源的充分性；⑫对新工作、新员工、新设备、新方法将来的计划和评估；⑬对新员工的培训要求和对现有员工的知识更新要求；⑭对来自客户的投诉以及其他反馈的趋势分析；⑮改进和建议。

（三）对管理评审提出的改进措施跟踪验证的问题

由于管理评审一般是对重大的、全局性的问题做出决策，因此对管理评审提出的改进措施进行跟踪验证和对内审中发现的不符合项的纠正措施进行跟踪验证有很大不同。在现场评审中发生的不符合项也较多。为保证管理评审提出的改进措施真正落实，应确保以下内容得以实施。

（1）最高管理者签发管理评审报告：管理评审的现场会议结束后要形成决议，明确管理评审中提出的问题以及针对该问题采取的对策和措施，对相关责任部门提出要求，经最高管理者签字后发布。

（2）制定改进措施实施表：由实验室质量主管制定改进措施实施日程表，明确责任部门、责任人、要达到的要求和完成期限。

（3）对改进措施的实施情况进行跟踪：按要求组织责任部门进行改进，并对改进措施的实施情况进行跟踪。验证结束后应形成验证报告，向最高管理者报告。

（4）对改进措施的实施效果进行评价，获得改进措施是否有效的结论：纠正或预防措施未达到预期效果，不符合的原因或潜在的原因仍然存在，类似问题仍重复出现或不希望产生的问题仍发生，则可判定纠正或预防措施无效，需重新采取措施。如客观证据不足以判断纠正或预防措施是否有效，则需要继续跟踪验证，收集进一步的证据。

第二节　技术要求部分

一、检测或校准能力表

（一）检测或校准能力表排序、变更和扩项等问题

对大部分实验室来说已进入了实验室认可第二、三周期，由于持续的扩项，因此实验室检测或校准能力表项目不断增加，但由于没有严格按照顺序排列，造成了客户查询较为不便。校准项目建议按计量学的十个大类来分段排序：①几何量计量；②热学计量；③力学计量；④电磁计量；⑤无线电计量；⑥时间频率计量；⑦电离辐射计量；⑧光学计量；⑨声学计量；⑩化学计量。

在现场评审中为数不少的实验室和评审员对“标准变更”和“扩大认可范围”的理解和把握不当，对整个实验室评审工作特别是后续的评定工作有不少影响。

（1）标准变更：已获认可的标准发生变更，该变更可能仅是简单变化，不涉及实验室的能力发生变化；也可能是较大的变化，会引起实验室的技术能力发生变化，如增加试验项目、提高测试水平、变更方法等。

（2）扩大认可范围：增加标准、增加项目/参数、增加方法、增加试验地点、取消限制范围、提高测试水平，如原来只能测 1000V 电压，现在能测 10000V。

（二）附表 3-1（推荐认可的实验室检测能力范围）规范表述方面的问题

附表 3-1 在表述方面存在的问题，直接导致评审报告在评定时被退回修改，给评审组和实验室均造成不便，最终导致取证时间推迟。因此评审报告附表 3-1 的规范表述极为重要。需要注意以下几点：

1）评审组成员应分别在各自确认的中（英）文能力范围页签名，如该页由多名评审员

确认，应注明各自确认的序号。存在多检测地点或分支机构时，不同地点的技术能力请分开填写。

2）表中“项目”指检测活动所针对的产品属性，可包含若干参数，填表时可进行概括性的描述，如“安全性能”“物理性能”“化学性能”“力学性能”及“外形尺寸”等。

3）表中“项目/参数”栏应填写实验室能够按照本表中所列检测标准（方法）实际进行检测的项目或参数。如不能对标准（方法）要求的个别参数进行检测，或只能选用其中的部分方法对某参数进行检测时，应在“限制范围”栏内注明“只测×××”“不测×××”或“只用×××方法”“不用×××方法”。英文：“只用/只测”：Accredited only for；“不做/不测”：Except for；“全部项目”：All Items；“全部参数”：All Parameters；“部分项目”：Part of Items；“部分参数”：Part of Parameters。

4）特殊情况下（在不引起歧义时），如产品标准中包含检测方法、产品标准中引用的方法、标准均已单独申请认可时，或成系列的产品标准中通用要求已逐个参数分别单独列出时，实验室能够按照具体产品标准的全部要求进行全项检测时，“项目/参数”栏内可填写“全部项目”或“全部参数”字样；反之，可在“项目/参数”栏填写“部分项目”或“部分参数”字样，然后在“限制范围或说明”栏填写能或者不能检测的参数名称，并相应注明“只测”或“不测”。

5）当方法标准和产品标准同时申报时，应先列方法标准，再列产品标准。

6）使用可移动设施、租用设备或其他需说明的情况，填写在“说明”栏。

7）监督评审和复评审时，若同时扩大检测范围和确认标准变更，应对扩项能力和变更标准在“说明”栏注明“扩项”“变更”字样。

8）“领域代码”参见 CNAS-AL06《实验室认可领域分类表》，能细分至 6 位的尽量细分。

9）申请实验室认可检测范围中涉及作为国家中心（或省所、站）授权的检测项目，在“项目”栏以“*”号标注，对于申请扩大授权的检测项目在“项目”栏用“**”号标注。

10）依据标准的表述格式如下：

标准：编号＋年代号＋标准名称，需要时填写附件（录）编号及名称。

期刊：年号＋期号＋期刊名称＋文章标题。

书籍：出版社＋版本号＋书籍名称，需要时应列出章节号及章节名称。

文件：发文号＋附件号＋文件名称＋附件名称。

检定规程、校准规范不能作为检测能力认可的方法依据；另外，由于“认证实施细则”不涉及技术能力，因此不能作为检测能力认可的方法依据。

（三）附表 4（推荐认可的实验室校准能力范围）规范表述方面的问题

与附表 3-1 的规范表述类似，附表 4 的表述需要注意以下几点：

1）评审组成员应分别在各自确认的中（英）文能力范围页签名，如该页由多名评审员确认，应注明各自确认的序号。存在多检测地点或分支机构时，不同地点的技术能力要分开填写。

2）“测量仪器”指被校准的仪器设备、计量器具及标准物质等。

3）“校准参量”栏应填写具有示值特性且能给出测量不确定度的参量，当不能对规范中要求的某些参量进行校准时，应在“限制说明”栏内说明。

4）“领域代码”参见 CNAS-AL06《实验室认可领域分类表》，能细分至6位的尽量细分。

5）当 k 不等于2时，请在填写不确定度时注明其 k 值。需要时，请在填写扩展不确定度时同时填写出相应的测量点。

6）如需填写对应的最大允差/准确度等级，可填写在“备注”栏内。

7）监督评审和复评审时，若同时扩大检测范围和确认标准变更，应对扩项能力和变更标准在“备注”栏注明“扩项”“变更”字样。

8）检测标准不能作为校准依据。

二、人员

（一）实验室哪些人员必须经过授权

《认可准则》5.2.5条明确要求：“管理层应授权专门人员进行特定类型的抽样、检测/校准、签发检测报告和校准证书、提出意见和解释以及操作特定类型的设备。”在一个管理体系中，技术管理层组成人员、质量主管、监督员、内部审核员也需要以书面的形式予以授权。

值得注意的是，进行特殊类型检测/校准的人员不仅需要进行资格确认，还需要授权。意见和解释无论是在报告/证书中给出，还是口头给出，都可以看作是一种服务，对顾客使用（甚至更新）设备、改进产品性能有着重要的指导意义，因此《认可准则》要求对这类人员进行书面授权。

有的人虽然以前承担了某项检测/校准工作，但中途离开岗位较长一段时间，就需要通过培训或者经过一定的考核，确认其能力资格，重新考核、授权后再上岗。

（二）实验室哪些人员应有任职条件的要求

通过对满足一定任职条件的人员进行授权，赋予其相应的组织资源是组织管理的一种手段。人员的资格条件是其拥有和使用资源的前提，满足一定资格条件的人员才能享有和合理利用资源，包括权力资源。

DILAC/AC01 的5.2.1第二款要求：“国防科技工业从事校准的人员应持有资格证书；从事检测的人员应经过培训，持证上岗。”

CNAS-CL01-A006 的5.2.1要求：“从事特定行业（如航空、电力、船舶、特种设备等）的无损检测工作时，应按照这些行业的法律、行政法规要求，获得该行业认可的无损检测人员资格证。”

CNAS-CL01-A006 的5.2.4对技术监督人员和检测工作人员的任职要求如下。

（1）技术监督人员：①应具有无损检测技术的专门知识和经验，并具有所负责监督的无损检测专业的Ⅱ级及以上人员的资格；②应具有熟悉的有关材料性能、检测过程和工作环境要求的知识；③应具有处理分析有关无损检测数据和结果的经验和能力；④应具有应用有关标准检测的经验和依据相关标准编制作业指导书的能力；⑤应具有提出编制/出具最终检测报告的能力；⑥应具有保质完成无损检测和监测工作的能力。

（2）授权签字人：当授权签字人涉及对射线检测的检测项目负责时，其资格应满足射线检测Ⅲ级人员的资格；当授权签字人涉及对超声检测的检测项目负责时，其资格应满足超声检测Ⅲ级人员的资格；当授权签字人仅对其他无损检测中某一项目（如磁粉、渗透、涡流、声发射等）负责时，其资格应满足该项无损检测Ⅱ级人员的资格。当授权签字人对多项无损检测总报告负责时，该授权签字人必须同时满足上述人员资格要求。

（3）检测工作人员：①应具有所从事无损检测专业的Ⅱ级人员的资格；②应至少具有所从事无损检测专业的经验；③应具有应用有关标准的经验和与具体的要求相适应的能力；④应具有处理分析无损检测数据和结果的经验和能力；⑤应具有保持工作记录和编制常规报告的能力。

因此认可准则及相关应用说明对最高管理者、技术管理层组成人员、质量主管、监督员、内部审核员、特殊类型的抽样与检测/校准人员、批准检测报告/校准证书的授权签字人、提出意见和解释的人员、操作特殊类型设备的人员、检测和校准方法的制定人员的配备提出了具体要求，这些人员有的直接影响着检测/校准质量，有的是重要的管理人员。因此为了有效地管理实验室，通常有必要对上述几类人员提出任职条件的要求。

对实验室人员的任职要求一般可分为以下七方面的内容：①从业资格；②培训经历；③从业经历；④专业知识；⑤经验和工作能力；⑥生理条件；⑦其他要求。

（三）实验室如何提高人员培训的有效性

《认可准则》5.2.2 提出："实验室管理者应制定实验室人员的教育、培训和技能目标。应有确定培训需求和提供人员培训的政策和程序。培训计划应与实验室当前和预期的任务相适应。应评价这些培训活动的有效性。"员工培训工作越来越受到实验室管理者的重视，提高人员培训的有效性成为培训活动关注的重点。

（1）全面充分的需求调查是完善教育培训计划的基础。实验室应根据未来技术发展、产品更新换代、国内外市场竞争、实验室自身和员工技术水平与能力提升的需要，进行充分的需求调查。实验室要制定针对性强、时效性高、与实验室事业发展计划相配套的人员的教育、培训和技能目标和培训规划，切实细化年度教育培训计划。

（2）坚持规模、结构、质量和效益协调发展，提高员工整体素质。提高人员的整体素质，不仅要重视高层次人才的引进和智力引进，更要靠实验室自己选拔、培养后备人才。从长远发展的观点，优化实验室的年龄结构、知识结构。

（3）加强技术交流，办好各类讲座；积极参加技术研讨活动，跟踪科技发展步伐。

（4）开展岗位培训，关注新上岗、换岗人员的培训与技能提升。

（5）提供必需的资源，确保教育培训按计划实施。

（6）以考促学，保证学习培训的质量和效果。

三、设施和环境条件

（一）实验室何时需要监测、控制和记录环境条件

不同的检测/校准项目对环境条件的要求有很大差异，根据《认可准则》5.3.2 条的规定："相关的规范、方法和程序有要求，或对结果的质量有影响时，实验室应监测、控制和记录环境条件。"

对环境条件比较敏感的检测/校准项目，实验室环境条件必须满足相关要求并进行监测、控制和记录。如时间频率专业的 JJG 180—2002《电子测量仪器内石英晶体振荡器检定规程》、JJG 349—2014《通用计数器检定规程》、JJG 292—2009《铷原子频率标准检定规程》，几何量

专业的JJG 146—2011《量块检定规程》、力学专业的JJG 391—2009《力传感器检定规程》等对检定环境和检定过程中环境温度的变化都做出明确规定。另外，在纺织品检测实验室中，物理指标（如强力、伸长、细度等）检测时环境条件必须符合标准规定，检测区域内必须配置温度、湿度自动记录仪（或温度、湿度自动监控装置），并且保留工作期间的连续监控记录。

对环境条件无特殊要求的检测项目，实验室无须进行监测、控制和记录。例如，在黄金珠宝检测实验室中，有的仪器和方法对环境无特殊要求。

由于校准项目对环境温度、湿度的准确度、均匀度和波动度要求较高，为保证符合要求，许多校准实验室安装了可自动监控和记录房间温度、湿度的智能型中央空调系统。此时，如果对中央空调系统实施了定期校准，并可确保其显示的信息及时传达到校准人员，则手工记录此时就可以被计算机自动记录所取代。

（二）如何实施实验室环境条件的有效监控

实验室应首先根据所使用的检测/校准方法，针对如温度、湿度、尘埃、噪声、照度、振动、室内气压、换气率、电压稳定度、谐波失真度、电磁干扰、接地电阻等各项环境因素，明确并编制文件化的环境控制技术要求。然后配置符合所使用的检测/校准方法监控参数和监控准确度要求的环境监控设备。环境监控设备应增设环境条件超差预警或报警功能，并且该环境监控设备必须经过有效且充分的溯源后方能投入使用。

（三）如何对检测/校准区域的进入和使用实施控制

为获得正确的检测/校准结果，实验室必须对检测/校准区域的进入和使用实施有效控制。具体措施和办法如下。

（1）按功能对实验室区域进行划分：不同工作对环境要求不同，因此要对实验室区域进行划分和标示。实验室可按功能划分为办公区、检测/校准区、维修区、科研区和接待区。按试验要求，检测/校准区域又可划分为温度、湿度高稳定作业区、高电压作业区、超洁度作业区、无菌作业区等。

（2）对人员进入的控制：进入实验室的外来人员应经批准。为避免不正常的干扰，对实验室内部人员也应予以控制和授权，可采用带自动识别功能的门禁系统。另外，对人员进出会造成温度、湿度波动从而影响检测/校准结果的房间，应设立“正在工作，请勿打扰”的警示标识。对有特殊卫生要求的，进入实验室的人员应进行消毒或采取其他净化措施等。

（3）对实验区域使用的控制：

例如，实验室可规定检测/校准区中不得从事与检测/校准无关的工作，在校准实验室的某些区域（例如天平、量块、砝码工作区），由于相对湿度要求小于60%，该区域不允许用水；在磁场校准区域，不得带入手机。

四、检测和校准方法及方法的确认

（一）作业指导书的相关问题

1. 作业指导书分类

GB/T 19023—2003《质量管理体系文件指南》对作业指导书的定义是“有关任务如何实施和记录的详细描述”，并做了补充解释：“作业指导书可以是详细的书面描述、流程图、图表、模型、图样中的技术注释、规范、设备操作手册、图片、录像、检查清单，或这些方式的组合。作业指导书应当对使用的任何材料、设备和文件进行描述。必要时，作业指导书还可包括接收准则。”

作业指导书指导着具体的检测/校准工作，数量大，种类多。按照内容划分，通常可分为以下四类。

（1）仪器设备的操作规程。

（2）指导样品处置、制备的作业指导书，包括化学实验室中化学试剂的配制方法等。

（3）检测/校准方法及其补充文件。这类作业指导书是针对某一具体项目的，除了检定规程、校准规范、标准、形式评价/样机试验大纲、测试规范、期间核查方法、测量不确定度评定、数据处理方法等文件以外，还包括对以上文件中规定不细和不够完善部分的补充文件。例如，对规定方法的偏离实施细则、检测/校准实施细则、抽样实施细则等。

（4）导则、规则类文件。为规范作业指导书和质量记录的编写或填写，需要规定各类专用作业指导书和质量记录的编写内容、结构和格式。这类文件包括形式评价大纲/样机试验大纲编写导则、检测/校准实施细则编写导则、报告/证书编写规则、检测/校准结果报告规范、原始记录填写规范、测量设备技术操作规范编写规则、体系文件编排规则等。

2. 什么情况下应该编制作业指导书？

《认可准则》5.4.1 条提出：“如果缺少指导书可能影响检测/校准结果，实验室应具有所有相关设备的使用和操作指导书以及处置、准备检测/校准物品的指导书，或者二者兼有。”5.4.2 条又再次提出：“必要时，应采用附加细则对标准加以补充，以确保应用的一致性。”

因此实验室应根据已有文件的适用性、工作的复杂程度、人员素质水平、教育培训的有效性、人员流动性等具体情况，有针对性地编写各类作业指导书，以有效地控制检测/校准过程的各个工作环节，保证检测/校准结果的一致性和准确性。

一般进口设备操作手册会有多种语言的版本，如果无中文版本，则应将其主要操作步骤以及注意事项翻译过来，并编制操作规范，以便随时提供使用。价值昂贵、技术复杂、涉及安全的仪器设备则需编制操作规范。对于校准实验室来说，一般应编制每一项计量标准装置的操作规范。

校准一般会依据检定规程或校准规范进行，检测则可能会依据标准、检测大纲或鉴定大纲进行。如果所采用的技术文件中有可供选择的步骤或方法，或不便于理解和不完全适用的地方，此时实验室就应该参考该技术文件编写完全适用于本实验室的作业指导书。申请认可的项目如采用两个以上的标准、规程或规范，最好能编制相应的作业指导书。

（二）实验室方法分类、选择原则、方法评审、方法偏离等相关问题

1. 方法分类

（1）标准方法：标准方法是指得到国际、区域、国家或行业认可的，由相应标准化组织批准发布的国际标准、区域标准、国家标准、行业标准等文件中规定的技术操作方法，包括：①国内标准，由国内标准化组织或机构发布的标准，如国家标准、行业标准和地方标准；②国际标准，由国际标准化组织发布的标准，如 ISO、IEC、ITU 等；③区域标准，由国际上区域标准化组织发布的标准，如欧洲标准化委员会（CEN）等；④国外标准，由国外标准化组织发布的标准，如 ANSI、DIN、BSI 等。

（2）非标准方法：与标准方法相对应，非标准方法是指未经相应标准化组织批准的检测/校准方法，包括知名技术组织、有关科学书籍和期刊公布的方法，设备制造商指定的方法等。从方法确认的角度看，非标方法广义上也可包括实验室制定的方法以及扩充和修改过的标准方法。

2. 方法选择

实验室选择方法的原则是，应同时满足：①客户的需求；②适用于所进行的检测/校准（包括抽样）；③法律、法规、规章的要求。

对客户指定的方法应进行审查，如不适用，应向客户指明并重新选择方法。

3. 方法评审

方法评审的重点是方法的适用性和正确实施。评审时首先应区分是标准方法还是非标准方法。对标准方法，评审中应审查其方法证实的有效性，主要要求实验室在引入标准方法前，应从“人”“机”“料”“法”“环”“测”“样”等方面，证实实验室在开展检测/校准活动中有能力满足标准方法的要求。对非标准方法，应审查方法的确认、确认的有效性以及是否能正确实施。

4. 标准方法的有效性和适用性

（1）有效性：实验室使用的标准方法的有效性，应该分为标准版本的现行有效和标准的实施有效两个方面。

实验室应确保使用标准的最新有效版本，除非该版本不适宜或不能使用。应定期核查标准，如果由于特别原因确需使用作废标准，应予以说明，说明文件应有规范的批准手续。现场使用的作废标准必须有明确标识，以防止误用。

评审组对推荐的作废标准应予以说明。作废标准使用主要有以下两种情况：某些型号产品检测所指定的；某些国家所指定使用的。

评审时还要考查标准是否能有效实施。通常以现场试验、演示、提问等方式，考查实验室人员对标准的理解程度，主要检测/校准人员不仅要能熟练操作，也要对标准有准确的理解。评审中应重点审查对其他文字的国际标准确认的有效性。

（2）适用性：实验室在引入新方法前，必须注意方法是否满足预期的要求。评审时应关注申报标准是否适用于所检测/校准的产品或参数。选择的方法是否适用于所进行的检测/校准（包括抽样）。

5. 方法的偏离

方法偏离应文件化，需在经专业技术判断不会影响检测/校准结果正确的情况下，获得批准并经客户同意后才允许偏离。偏离必须在规定的测量范围或允许误差之内、限于规定的数量和规定的时间段。偏离的技术判断可由实验室或以实验室的名义，或由其他技术机构做出，应有对偏离技术判断的记录。

偏离应与非标准方法区别。偏离是一个非常态的行为，在特定的情况下才使用偏离。如果需要变为常态行为，可以通过修订方法（包括标准方法和非标准方法），形成文件使用。非标准方法经确认后可长期使用，或者在转化为标准方法前的一个时期内使用。

可以不用单独建立方法偏离程序。但如果实验室认可后发生方法偏离，应该进行确认。

必要时，应采用附加细则或作业指导书（无论称谓如何），以确保应用的一致性。实验室应根据员工的技术素质、方法的充分性和操作的繁杂程度，识别对制定方法作业指导书的需求。指导书应按《文件控制程序》的相关规定批准发布，应保持现行有效并便于有关人员使用。

评审中应判断是否有必要的指导书，并判断该指导书是对方法的细化补充，还是对现有方法的偏离。

（三）标准方法的证实和非标准方法的确认

1. 标准方法的证实

在引入检测/校准之前，实验室应证实能够正确地运用这些标准方法。标准方法发生变化，应重新进行证实。

对标准方法的证实应有相关的文件规定、支持的文件记录。证实应包括以下内容：

（1）对执行新标准所需的人力资源的评价，即检测/校准人员是否具备所需的技能及能力；必要时应进行人员培训，经考核后上岗。

（2）对现有设备适用性的评价，诸如是否具有所需的标准/参考物质，必要时应予补充。

（3）对设施和环境条件的评价，必要时进行验证。

（4）对样品制备，包括处理、存放等各环节是否满足标准要求的评价。

（5）对作业指导书、原始记录、报告格式及其内容是否适应标准要求的评价。

（6）对新旧标准进行比较，尤其是差异分析与比对的评价。

方法的证实可包括以前参加过的实验室间比对或能力验证的结果，为确定测量不确定度、检出限、置信限等而使用的已知值样品所做过的试验性检测或校准计划的结果。

评审组可查阅标准方法的证实记录，并通过对人员、设备、环境、测量溯源性、抽样、物品、报告等要素的审查，评价方法是否能得到正确实施。例如：在某些诸如珠宝鉴定等检测领域，人员对检测结果的影响较大。此时应关注人员的资质和操作水平，确保同一方法由不同实验室、不同人员实施所得结果的一致性。

有些方法对设备未做具体规定，不同实验室在实施时采用不同的测量系统，可能得出差异较大的测量结果。此时应关注所用设备能否满足方法的要求和预期的用途，必要时可要求实验室进行同行验证。

2. 非标准方法的确认

（1）确认的定义。确认是通过检查并提供客观证据，以证实某一特定预期用途的特定要求得到满足。由于方法确认是在成本、风险及技术可行性间的一种平衡，是实验室根据顾客的需要、技术的要求与资源的限制而进行的一项综合性工作，实验室可以进行复杂完整的确认，也可以只做部分特性的确认。实验室应该在兼顾三者的情况下，找到符合顾客需求的方法。

（2）方法确认的范围。《认可准则》规定对以下情况需要进行方法的确认：非标准方法；实验室设计（制定）的方法；超出其预定范围使用的标准方法；扩充和修改过的标准方法。这几方面从广义上都可理解为非标准方法。

确认可包括对抽样、处置和运输程序的确认。当对已确认的非标准方法做某些改动时，适当时应重新进行确认。概括地说，技术评审员对非标准方法的确认应按评审工作指导书的要求，重点把握三个要点：①该方法是实验室受控文件或正式发布文件；②发布前要有其他权威机构专家参与评审并评审通过的意见；③要有使用该方法的有效验证数据。

（3）不同方法的确认要求。

1）获得承认的非标准方法：获得政府、行业组织承认的非标准方法可直接证实使用，不需进行确认。国家主管部门、行业主管部门的发文或发布的技术方法，可以直接证实使用。在疾控中心等行业内有这种情况。又如 CNAS 的动物检疫应用说明中规定："国际动物卫生组织（OIE）规定或推荐的方法为实验室标准方法。有关国家或组织（如欧盟、美国、加拿大、澳大利亚和新西兰等）使用的官方（农业部或兽医部门）确认的方法、我国农业部或国家质检总局确认的方法为不须确认的非标方法。"

2）知名技术组织、有关科学书籍和期刊公布的方法，设备制造商指定的方法，知名技术组织公布的、国际上普遍采用、行业广泛认可的某些公司、行业协会的标准，可以直接证实使用，但在有的行业需要得到主管部门承认，不能与主管部门的规定不一致。对有关科学书籍和期刊公布的方法，如果是国际上普遍采用、行业广泛认可的方法，可以直接证实使用；但若是较多地阐述原理，对特定的测试研究不够详尽，此时实验室必须提供该方法的研究报告，形成文件，并提供技术确认记录，必要时要由行业内专家确认。

对仪器供应商提供的方法，实验室选用时如果检测/校准对象同该方法提供的类型相同且在仪器的测量范围内，而方法也是行业内公认的，就可以直接证实使用；否则，必须提供该方法的研究报告，形成文件并提供技术确认记录，必要时须由行业内专家确认。

3）实验室制定的方法：对实验室制定的方法应进行技术确认，应参考标准方法的制定模式。由行业内专家进行鉴定确认，包括可以提供由国家或行业的权威机构出具的证明该方法准确可靠的材料。对于国家或行业的权威机构，有时会有一些尚未转化为国家标准或行业标准的新技术、新方法的研究成果。如果实验室为行业内的权威机构，可由实验室组织进行内部技术确认，必要时应提供外部的证明材料。对此类方法的评审应关注研究报告的完整性以及方法确认的有效性。

4）超出其预定范围使用的标准方法、扩充和修改过的标准方法：根据变动性质和程度决定技术确认的程度。应考虑方法或其原理在行业内的应用情况和成熟度。实验室提交申请时应进行说明。如果是对标准方法做了少量改动，可由实验室组织进行确认。如果是将标准方法应用到新的领域，应由行业内的专家进行确认。

3. 方法确认的文件和记录

（1）实验室提交的材料：实验室申请非标准方法时，应提交方法文本文件及方法确认材料。非标准方法应参照标准方法的编写格式，技术指标内容要完整。方法确认材料可以包括在上级行政主管机构或行业备案获批准的相关资料（有些情况下必须提供）、同行专家审定资料、实验室内部技术方法确认资料等。非标准方法的确认需得到主管部门或行业内的认可。申请时应提交说明，解释进行了哪些验证。

对方法确认记录，应核查其真实性、准确性、可靠性。实验室进行方法确认时，应记录所获得的结果、使用的确认程序以及该方法是否适合预期用途的声明。确认的记录应有以下内容：确认的检测方法，包括设备、试剂、校准等详细信息；用于产生检测方法性能特性的确认内容；方法性能特性的汇总及这些特性的计算和定义，应提供原始数据；方法预期的用途；对有效性的声明；测量不确定度的评定。

（2）非标准方法的文件化：实验室应参照标准方法的要求编制方法操作程序或类似文件。其制定方法的过程应是有计划的活动。当对已确认的非标准方法做某些改动时，应当将这些改动的影响制定成文件，适当时应当重新进行确认。

在方法制定过程中，需进行定期的评审，以证实客户的需求仍能得到满足。需要对方法制定计划进行调整时，应当得到批准和授权。

(3) 体系文件的有关要求：体系文件中应对方法确认有相应规定，包括进行方法确认的范围、职责、要求等，应有相应的支持文件记录。

实验室应对进行方法确认的人员有明确岗位职责规定。进行方法确认的人员必须有能力从事此领域工作，必须有与工作相关的足够知识，能够根据研究过程中的观察结果做出适宜的判断。方法的选择、制定和确认应由技术负责人或相关领域授权签字人负责组织、审批。

4. 方法确认的技术说明

(1) 方法确认的内容。确认应尽可能全面，确认包括：对要求的详细说明、对方法特性量的测定、对利用该方法能满足要求的核查、对有效性的声明（说明）。

(2) 方法确认的技术。方法确认采用的技术应当是下列之一，或是其组合：使用参考标准或标准物质/标准样品进行检测/校准；与其他方法所得的结果进行比较；实验室间比对；对影响结果的因素进行系统性评审；根据对方法的理论原理和实践经验的科学理解，对所得结果不确定度进行评定。

方法确认经常与方法的制定密切相关，许多性能参数通常在制定方法时已进行了评价，或至少大致进行了评价，方法确认时可采用这些数据。对改动的非标准方法进行再确认时，根据改动的性质，可采用原有的数据。

(3) 方法确认使用的特性值。方法确认可对以下特性值进行评价：结果的不确定度、检出限、方法的选择性、线性、重复性限和/或复现性限、抵御外来影响的稳健度和/或抵御来自样品（或测试物）基体干扰的交互灵敏度等。经过确认的方法所得数据的范围和准确度应适应客户的需求。

在方法确认过程中，测定方法性能参数时必须使用符合要求的、正常工作的、经过校准的仪器。

(4) 方法确认的程度。不同领域对非标准方法的确认要求有显著差异。方法确认的深度和广度与方法预期的用途相称，是成本、风险和技术可行性之间的一种平衡。许多情况下，由于缺乏信息，数值（如准确度、检出限、选择性、线性、重复性、复现性、稳健度和交互灵敏度）的范围和不确定度只能以简化的方式给出。确认和/或再确认的程度也依赖于将方法应用到不同实验室、仪器、人员、环境时变动的程度和性质。

5. 方法的正确实施

对非标准方法，不仅应通过确认证实方法的合理性、可操作性，证实能够满足预期使用要求，还应证实实验室能够正确使用方法，获得正确、准确、可靠的测量结果。应考核实验室确实具备方法要求的资源，包括人员、环境、设备、标准物质/标准样品、样品等。

（四）计算机软件确认和控制的相关问题

随着实验室程控自动化与仪器数字化的深入，计算机软件与测量设备一样越来越普遍，在现场评审应该予以重点关注。在《认可准则》中对软件的控制要求分别做了阐述：5.4.7.2“当利用计算机或自动设备对检测或校准数据进行采集、处理、记录、报告、存储或检索时，实验室应确保：由使用者开发的计算机软件应被制定成足够详细的文件，并对其适用性进行适当确认”；5.5.4“用于检测和校准并对结果有影响的每一设备及其软件，如可能，均应加以唯一性标识”；5.5.5“应保存对检测和/或校准具有重要影响的每一设备及其软件的记录。”

1. 软件的确认：

测量设备的装机软件可视为设备的组成部分，无须单独验证。随设备采购的软件可视为随机附件或配件，此类软件视同外来文件。

实验室开发的计算机软件，可能是实验室运用商业软件设计的应用程序或系统（例如利用 Excel 设计的测量不确定度评定程序），也可能是根据需要开发的电脑软件（例如自动化测试系统）。自编计算机软件应该得到有效的确认，以确保采用新软件自动运算所产生的数据与使用传统方法所得结果的一致性。如果验证只是对多功能设备的某些性能指标或部分测量范围进行的，当应用到其他特性或测量范围时，还应进行同样的过程。

2. 软件的控制：

实验室自编计算机软件在通过验证后，应编制软件使用手册，或至少以书面方式说明系统的软硬件架构与执行环境、系统功能、系统启动程序，以及系统各项功能的操作步骤。自编软件应与测量设备一样进行唯一性编号并进行标识管理，并将所编源程序打印出来与光盘文件一并保管。

为保护计算机数据的安全性，实验室应进行计算机密码管制，设定使用权限，每次进入系统时，对使用人进行身份验证；计算机软件应授权专人修改。为保证计算机数据的完整性，应有检查程序对数据在采集、传输、处理和储存过程中是否保持完整进行检查，以防数据丢失。如果对外购软件或自制软件进行了调整，则需要检查调整是否有效，是否可能对其他功能造成影响。

（五）测量不确定度评估能力的评审

1. 测量不确定度评估和应用的相关文件：

1）CNAS-CL01《检测和校准实验室能力认可准则》。

2）CNAS-CL01-G003《测量不确定度的要求》。

3）CNAS-GL015《声明检测或校准结果及与规范符合性的指南》。

4）认可准则在相关领域的应用说明。

CNAS-CL01 的 5.4.6 条款规定：“校准实验室或进行自校准的检测实验室，对所有的校准和各种校准类型都应具有并应用评定测量不确定度的程序。检测实验室应具有并应用评定测量不确定度的程序。”

CNAS-CL01-G003 分别对检测和校准实验室不确定度评估及使用、校准和测量能力（CMC）做出了明确要求。

2. 对管理体系中相关程序文件的审查

（1）CNAS-CL01-G003 的“4 通用要求”规定：

> 4.1　实验室应制定实施测量不确定度要求的程序并将其应用于相应的工作。
>
> 4.2　CNAS 在认可实验室时应要求实验室组织校准或检测系统的设计人员或熟练操作人员评估相关项目的测量不确定度，要求具体实施校准或检测人员正确应用和报告测量不确定度。还应要求实验室建立维护评估测量不确定度有效性的机制。
>
> 4.3　测量不确定度的评估程序和方法应符合 GUM 及其补充文件的规定。

实验室必须制定“测量不确定度评估程序”（无论以何种方式、称谓），以保证实验室在需要时能够对检测/校准结果提供测量不确定度。

（2）程序中至少应包括以下内容。

1）明确评估人员的能力要求和职责。应明确评估测量不确定度的人员在岗位、学历、工作经历、培训等方面的要求。如学习过高等数学和数理统计等课程，接受过不确定度培训，具有相关检测/校准领域的工作经验，熟悉检测/校准方法及过程等。应明确人员的职责，如策划、组织、实施、维护、审批等职责。

测量不确定度评估职责授权给某一岗位时，应确保该岗位的所有人员满足测量不确定度评估程序对人员资格的要求。

2）识别实验室对不确定度的需求。即在何种情况下需要评估和报告测量不确定度。CNAS-CL01-G003 对检测/校准实验室何时需要在检测/校准结果中给出测量不确定度，有明确的要求。

① 对校准实验室的要求如下：

> 5.1　校准实验室应对其开展的全部校准项目（参数）评估测量不确定度。
>
> 5.2　校准实验室应该在校准证书中报告测量不确定度。
>
> 5.3　一般情况下，校准结果应包括测量结果的数值 y 和其扩展不确定度 U。在校准证书中，校准结果应使用"'$y \pm U$' +（y 和 U 的单位）"或类似的表述方式；测量结果也可以使用列表，需要时，扩展不确定度也可以用相对扩展不确定度 $U/|y|$ 的方式给出。应在校准证书中注明不确定度的包含因子和包含概率，可以使用以下文字描述："本报告中给出的扩展不确定度是由标准不确定度乘以包含概率约为95%时的包含因子 k"。
>
> 5.4　扩展不确定度的数值应不超过两位有效数字，并且应满足以下要求：
>
> a）最终报告的测量结果的末位，应与扩展不确定度的末位对齐；
>
> b）应根据通用的规则进行数值修约，并符合 GUM（即 ISO/IEC 指南 98-3《测量不确定度表示指南》）第 7 章的规定。
>
> 5.6　获认可的校准实验室在证书中报告的测量不确定度，不得小于（优于）认可的 CMC。

② 对检测实验室的要求如下：

> 8.1　检测实验室应制定与检测工作特点相适应的测量不确定度评估程序，并将其用于不同类型的检测工作。
>
> 8.2　检测实验室应有能力对每一项有数值要求的测量结果进行测量不确定度评估。当不确定度与检测结果的有效性或应用有关、用户有要求、不确定度影响到对规范限度的符合性、测试方法中有规定或 CNAS 有要求时（如认可准则在特殊领域的应用说明中有规定），检测报告必须提供测量结果的不确定度。
>
> 8.7　由于某些检测方法的性质，决定了无法从计量学和统计学角度对测量不确定度进行有效而严格的评估，这时至少应通过分析方法，列出各主要的不确定度分量，并做出合理的评估。同时应确保测量结果的报告形式不会使客户产生对所给测量不确定度的误解。

③ 对校准和测量能力（CMC）的要求如下：

> 7.1　校准和测量能力（CMC）是校准实验室在常规条件下能够提供给客户的校准和测量的能力。其应是在常规条件下的校准中可获得的最小的测量不确定度。应特别注意当被测量的值是一个范围时，CMC 通常可以用下列一种或多种方式表示：
>
> a）CMC 用整个测量范围内都适用的单一值表示。
>
> b）CMC 用范围表示。此时，实验室应有适当的插值算法以给出区间内的值的测量不确定度。
>
> c）CMC 用被测量值或参数的函数表示。
>
> d）CMC 用矩阵表示。此时，不确定度的值取决于被测量的值以及与其相关的其他参数。
>
> e）CMC 用图形表示。此时，每个数轴应有足够的分辨率，使得到的 CMC 至少有 2 位有效数字；CMC 不允许用开区间表示（例如“$U<X$”）。

（3）测量不确定度的评估步骤。

1）对不同的检测/校准项目、参数或方法，应描述其测量原理并建立数学模型。

2）分析不确定度的各种来源，对不同的分量应采用不同的、适当的评估方法评估，对其中可忽略不计的分量应予以说明。

3）在评估 A 类分量时，应明确是单次测量还是重复测量算术平均值的标准偏差，以及重复测量的组数和单组重复测量的次数。

4）在评估 B 类分量时，应合理估计其概率分布。

5）在计算合成不确定度时，应分析各分量间的相关性。

6）在计算扩展不确定度时，应指明包含因子的取值，或者说明包含概率及有效自由度。

3. 对测量不确定度评估报告（评估实例）审查

在现场评审时，应重点关注：①建立的数学模型是否正确；②不确定度来源的识别是否全面、正确；③忽略的分量是否合理；④A 类评定分量的重复测量组数及单组重复测量的次数是否合适；⑤B 类评定分量的概率分布是否恰当；⑥各不确定度分量的合成是否正确；⑦扩展不确定度的计算、表述及其报告是否规范，尤其应该重点审查是否满足 CNAS-CL01-G003《测量不确定度的要求》。

4. 现场评审重点以及对人员能力的评审

（1）评审策划阶段：在实验室递交认可申请时，CNAS 要求同时提供不确定度评估报告并转交评审组。评审员通过审查评估报告，确定现场评审时需要进一步澄清或核实的问题，以及需要关注的重点。

（2）现场评审阶段：

1）根据管理体系文件中的岗位职责规定，对相关人员进行考核，可结合现场试验进行，也可对人员进行专门考核，还可结合作业指导书或评估实例进行考核。

2）对相关人员的考核，既要考核评估人员的能力，也要考核检测/校准人员和做出符合性判定的人员能否正确应用测量不确定度。

3）考核授权签字人时，应注意考核其测量不确定度的评估和应用的能力。

（3）对检测实验室的要求：评审员应侧重检查实验室的测量不确定度程序（包含作业指导书）和人员实际能力（包含评估能力和应用能力）。不必要求实验室提供所有项目/参数/方法的书面的测量不确定度评估报告，但也不能仅要求实验室提供一个实例就判断实验室的人员具备了评估和应用测量不确定度的能力。

检测实验室至少应按照每一类型（按测量原理不同）的检测项目或参数，分别制定测量不确定度评估的作业文件，需要时，应能进行相关测量不确定度的评估。

（4）对校准实验室的要求：评审员应侧重检查不确定度评估程序（包含作业指导书）的充分性和正确性，通常涉及以下四个方面：

1）校准实验室的测量不确定度评估文件通常应覆盖全部校准项目和校准参数，以及同一校准项目中不同类型（例如准确度等级不同）的校准活动。

2）校准证书中应分别给出每个校准参数或校准结果的测量不确定度。

3）测量不确定度应便于客户理解和使用，例如应区分相对值还是绝对值、应避免与测量结果不对应等情况。

4）校准人员应熟悉、掌握相关校准项目或参数的测量不确定度评估步骤和方法。如果不具备评估测量不确定度的能力，该校准项目不予推荐。

五、设备

（一）对于租用设备的要求

在现场评审中往往会遇到实验室租用设备的情况，《实验室认可评审工作指导书》的5.10“对于租用设备的要求”中规定：

> 5.10.1　以下情况均满足时，被评审实验室租用设备，可作为实验室的能力予以认可：
>
> a）租用设备的管理应纳入实验室的管理体系。
>
> b）实验室必须能够完全支配使用，即租用的设备由被评审实验室的人员进行操作；被评审实验室对租用的设备进行维护，并能控制其校准状态；被评审实验室对租用设备的使用环境、设备的贮存应能进行控制等。
>
> c）租用设备的使用权必须完全转移，并在申请人的设施中使用。
>
> 5.10.2　现场评审时，评审组应调阅设备租赁合同及实验室的相关控制记录进行核查。
>
> 5.10.3　设备的租赁期限应至少能够保证实验室在认可期限内使用。
>
> 5.10.4　同一台设备不允许在同一时期被不同机构租用而获得认可。

（二）非独立法人实验室的仪器设备校准是由本单位没有通过CNAS认可的计量站检定的，是否满足要求？

该问题具有一定普遍性，但是否满足要求，不能一概而论，关键看是否满足CNAS-CL01-G002《测量结果的计量溯源性要求》，其中4.3“CNAS承认以下机构提供校准或检定服务的计量溯源性”规定了以下内容：

（1）中国计量科学研究院，或其他签署国际计量委员会（CIPM）《国家计量基（标）准和NMI签发的校准与测量证书互认协议》（CIPM-MRA）的NMI在互认范围内提供的校准服务。

（2）获得CNAS认可的，或由签署国际实验室认可合作组织互认协议（ILAC MRA）的认可机构所认可的校准实验室，在其认可范围内提供的校准服务。签署ILAC MRA的区域认可组织有亚太实验室认可合作组织（APLAC）、泛美认可合作组织（IAAC）、欧洲认可合作组织（EA）。有些认可机构仅签署上述区域合作组织的互认协议，但未签署ILAC互认协议，其认可的校准实验室所提供的校准服务也在被承认之列。

（3）我国的法定计量机构依据相关法律法规对属于强制检定管理的计量器具实施的检定。合格评定机构应索取并保存该法定计量机构的资质证明与授权范围。“检定证书”通常包含溯源性信息，如果未包含测量结果的不确定度信息，合格评定机构应索取或评估测量结果的不确定度。

（4）当（1）~（3）所规定的溯源机构无法获得时，也可溯源至我国法定计量机构或计量行政主管部门授权的其他机构在其授权范围内提供的校准服务，其提供的“校准证书”应至少包含溯源性信息、校准结果及校准结果的测量不确定度等。

（5）当（1）~（4）所规定的溯源机构均无法获得时，合格评定机构可选择能够确保计量溯源性的其他机构的校准服务。此时，合格评定机构应至少保留以下满足《认可准则》相关要求的溯源性证据：

1）校准方法确认的记录（见《认可准则》5.4.5）；

2）测量不确定度评估程序（见《认可准则》5.4.6）；

3）测量溯源性的相关文件或记录（见《认可准则》5.6）；

4）校准结果质量保证的相关文件或记录（见《认可准则》5.9）；

5）人员能力的相关文件或记录（见《认可准则》5.2）；

6）设施和环境条件的相关文件或记录（见《认可准则》5.3）；

7）校准服务机构的审核记录（见《认可准则》4.6.4和4.14）。

当测量结果无法溯源至国际单位制（SI）单位或与SI单位不相关时，测量结果应溯源至参考物质（RM）、公认的或约定的测量方法/标准，或通过实验室间比对等途径，证明其测量结果与同类实验室的一致性。

当测量结果溯源至公认的或约定的测量方法/标准时，合格评定机构应提供该方法/标准的来源和溯源性的相关证据。

（三）评审中出现仪器设备不能现场确认的问题及实验室建标问题的把握

评审组在现场审核过程中，时常会碰到“仪器设备损坏，且导致现场无法确认”的情况。由于各评审员对此事的认识各不相同，因此出现了不同的评审组评审尺度掌握宽严不一的现象。对于在评审现场发现“仪器设备损坏，且导致现场无法确认的”，秘书处要求根据不同情况可分别给出暂停、撤销或开具不符合项整改的要求。

（1）如果损坏的仪器设备是所申请能力中的主要仪器设备，评审组应提出撤销该项能力的建议。

（2）如果损坏仪器设备是所申请能力中的辅助仪器设备时，评审组应提出暂停的建议，并开具不符合项，要求实验室在规定的整改期内完成整改，并将最终整改结果提交至秘书处。建议评审组对此类不符合项整改的有效性最好进行现场核查。

DILAC/AC01第5.6.1注2中要求“实验室用的最高测量标准应按国防科技工业测量标准管理办法考核合格后投入使用”，国防实验室认可对这一问题的把握是：实验室最高标准一定要建标，次级标准可以不建标。

六、测量溯源性

（一）实验室现场评审中测量溯源性要素评审注意事项

在实验室的现场评审中，对量值溯源要素主要通过以下几个方面进行评审：

1）检查溯源图，实验室相关技术人员应能绘制各种物理和化学量的溯源图。

2）被评审实验室能根据自身申请认可技术能力的要求，提出对测量设备、标准物质检定、校准的溯源技术要求。能提出对校准、检定证书应有信息和数据的技术要求。

3）检查测量设备、标准物质等台账，检查测量设备、标准物质的溯源计划，并核查两者的一致性。

4）查看被评审实验室提供的为其提供检定、校准服务的上级机构相关授权证明、能力附表及有效的评定记录。

5）查看实际溯源的检定、校准证书，被评审实验室技术人员应学会阅读和使用检定、校准证书的数据；能够根据数据判别测量设备、标准物质是否合格能用、降级使用或不能使用。

6）查看实验室主要测量设备、标准物质等的期间核查计划和具体的实施、评定情况。

（二）检测报告不能作为溯源的有效证据

众所周知，检定证书是“证明计量器具已经过检定，并获满意结果的文件。”具体地说，是以国家计量检定规程和国家检定系统表为技术依据，由国家法定计量检定机构出具，证明被检测量仪器符合国家相关计量检定规程要求的文件。由于计量检定规程对评定方法、计量标准、环境条件等已做出规定，并满足检定系统表的量值传递的要求，当被评定测量仪器处于正常状态时，对示值误差评定的测量不确定度将处于一个合理的范围内，因此《认可准则》5.6.2.1.1 条规定：“由这些实验室发布的校准证书应有包括测量不确定度和（或）符合确定的计量规范声明的测量结果”。这说明如果有规程一类的技术依据，可以不给出测量结果不确定度。

校准证书是校准实验室依据校准规范，通过校准得出被校准对象所指示的量值和实验室所拥有的更高准确度等级的标准所复现的标准值之间关系的证明文件。校准证书不仅给出了不同测点的校准数据，也给出了测量结果的不确定度报告，表明测量结果以一定的置信概率落在一定区间内。由于测量不确定度永远存在，符合性评定的临界模糊区（待定区）就永远存在。从校准证书给出的扩展不确定度，即可期望被测量之值分布的大部分落在这个区间内。

由上可知，测量设备送检时，上级溯源部门应出具检定证书（不合格通知书或称检定结果通知书）或校准证书，规范的检定证书和校准证书可以作为测量设备有效溯源的依据。

有的实验室送检/校计量标准器或测量仪器时，提供校准服务的实验室不出具检定证书（不合格通知书或称检定结果通知书）或校准证书，而出具所谓的“检测报告”。在该报告中也没有给出测量不确定度，使用单位得到的只是单纯的测量数据，无法获知测量结果的可信度。当实验室使用这些仪器检测顾客产品时，是否具有相应检测能力不得而知；校准测量仪器时，其作为上级计量标准是否符合量值溯源的要求也不得而知。这样，无法得出该测量仪器本身对所得测量结果的影响程度，因此所谓的“检测报告”不能作为测量仪器有效溯源的证据。

（三）溯源证书报告的计量确认

溯源证书能否做有效的确认，直接关系到实验室溯源工作的实施质量和有效性。在现场评审中，溯源证书的确认工作存在问题比较多，需要做重点的评审与关注。

从概念来说，所谓计量确认是指“为确保测量设备处于满足预期使用要求的状态所需要的一组操作”，计量确认一般包括：校准，必要调整和修理，随后的再校准，以及所要求的封印和标志。计量确认过程包括校准、计量验证以及决定和措施三个阶段。校准是获得计量特性的操作，验证则是根据计量要求判断合格性的过程。

作为测量设备的用户，最关心的是设备能否满足工作需要。因此设备在校准后，必不可少的一项工作是要对校准数据进行分析，进行设备的计量确认，判断其是否能够满足预期用途。在实验室工作中，就体现为设备的校准、调整、再校准以及加贴状态标识。

计量确认应重点核查：①溯源证书信息的正确性，如被检计量器具的名称、型号、序列号、日期等信息；②溯源证书中所选用方法、规程、规范的正确性；③溯源证书提供的溯源参数、数据的充分性，溯源参数、数据是否覆盖并满足计量标准装置建标报告、标准证书的要求；是否满足相关计量检定规程和校准规范的要求；是否满足军品型号或配套产品检验（测）规程（规范、方法）的要求；④溯源证书提供的最终溯源结果，是否满足计量标准装置建标报告、标准证书的要求；是否满足相关计量检定规程和校准规范的要求；是否满足军品型号或配套产品检验（测）规程（规范、方法）的要求。

溯源证书报告的计量确认看似一个简单、孤立的操作，其实是“4.3 文件控制”“4.6 服务和供应的采购”“5.5 设备”“5.6 测量溯源性”等几个要素相互衔接、有机融合的过程。溯源证书报告的有效确认，必须在有效溯源的前提下进行，这就需要在正确的溯源图指导下，根据实验室自身申请认可技术能力的要求，根据标准装置的建标报告，提出对测量设备、标准物质检定、校准的溯源技术要求。然后实验室依据《认可准则》的要求，通过查看为其提供检定、校准服务的上级机构相关授权证明、能力附表等，完成对检定、校准服务供应商的评审，并提供有效的评定记录。然后实验室根据测量设备、标准物质等的台账和溯源计划，定期按照计划进行溯源。溯源工作完成后，测量设备返回实验室时，实验室相关技术人员，根据实际溯源的检定、校准证书，结合测量设备，标准物质检定、校准的溯源技术要求以及对校准、检定证书应有信息和数据的技术要求，实验室相关技术人员判别测量设备、标准物质是合格能用、降级使用还是不能使用。同时，相关的确认技术数据和信息作为质量监控和期间核查计划的一个输入。

有效的检定证书建议确认，校准证书则必须要确认。

（四）内部校准实验室的相关问题

在现场评审中往往会遇到带内部校准的检测实验室，在《实验室认可评审工作指导书》的5.11“关于内部校准实验室”中明确规定了以下内容：

5.11.1　对于开展内部校准的检测实验室，既要满足检测实验室的要求，也要满足校准实验室的要求。

5.11.2　内部校准实验室的最高计量标准应具备溯源性。

5.11.3　内部校准规程若属标准方法以外的其他方法，应符合《认可准则》5.4.5.2相关确认程序的要求。

5.11.4　从事内部校准的试验人员能力，须符合CNAS-CL25中对校准实验室人员能力的要求。

5.11.5　内部校准应符合CNAS-CL31：2011《内部校准要求》。

1. 内部校准活动的要求

(1) 检测实验室对使用的与认可能力相关的测量设备实施的内部校准，应满足《认可准则》和 CNAS-CL01-A025《检测和校准实验室能力认可准则在校准领域的应用说明》的要求。

(2) 实施内部校准的人员，应经过相关计量知识、校准技能等必要的培训、考核合格并持证或经授权。

(3) 实验室实施内部校准的校准环境、设施应满足校准方法的要求。

(4) 实施内部校准应按照校准方法要求配置和使用参考标准和/或标准物质（计量标准）以及辅助设备，其量值溯源应满足《认可准则》第 5.6 条“测量溯源性”的要求和 CNAS-CL01-G002《测量结果的计量溯源性要求》的要求。

(5) 实验室实施内部校准应优先采用标准方法，当没有标准方法时，可以使用自编方法、测量设备制造商推荐的方法等非标准方法。使用外部非标准方法时应转化为实验室文件。非标准方法使用前应经过确认。

非标准方法应符合《认可准则》第 5.4.4 条的注释中对其包含内容的要求。非标准方法的主要技术内容和体例可参照 JJF 1071《国家计量校准规范编写规则》的要求。

(6) 内部校准活动应满足 CNAS 对校准领域测量不确定度的要求。

(7) 内部校准的校准证书可以简化，或不出具校准证书，但校准记录的内容应符合校准方法和《认可准则》的要求。

(8) 实验室的质量控制程序、质量监督计划应覆盖内部校准活动。

(9) 相关法规规定属于强制检定管理的测量设备，应按规定检定。

2. 内部校准活动认可要求

(1) 初次认可、复评审和扩项评审的要求：初次认可、复评审和扩项评审中，申请认可的检测能力存在内部校准活动时，实验室应在申请书中申报，评审组应安排相关校准领域的评审员进行评审。现场评审过程中，参照校准能力认可的评审要求实施对全部内部校准能力的评审和确认。实验室的内部校准能力不符合要求，不予确认时，申请认可的相关检测项目或参数也不予认可。实验室存在内部校准活动，但认可申请时未向 CNAS 申报的，现场评审中，评审组不具备对相关内部校准的评审能力时，申请认可的相关检测项目或参数不予认可。

(2) 监督评审的要求：监督评审中，应覆盖内部校准活动，但可以根据相关项目的认可风险，以及其内部校准活动的复杂性、能力验证活动情况等，确定监督全部或部分内部校准能力。一般情况下，内部校准能力的监督范围与认可的检测能力的监督范围一致。

(3) 能力验证的要求：实验室应寻求和参加适当的能力验证活动，以对其实施的内部校准活动进行质量监控，当可能时，这些能力验证活动应符合 CNAS-RL02《能力验证规则》的相关要求。实验室使用内部校准的测量设备进行的检测项目/参数，当发生能力验证不满意时，或 CNAS 对实验室的内部校准能力产生怀疑时，CNAS 可以要求实验室参加与其内部校准能力相关的能力验证计划或测量审核。

3. 内部校准能力的性质

对相关内部校准活动的确认，是 CNAS 对检测结果的量值溯源有效性评价的需要，但这些内部校准能力不属于认可范围。实验室不得在内部校准活动的校准证书中宣称获得 CNAS 认可或使用认可标识，也不得在对外宣传的认可范围中包含内部校准能力。

（五）与期间核查相关的问题

关于如何开展测量设备和标准物质的期间核查，由于各实验室概念理解上的差异，导致实际工作中对测量设备和标准物质的期间核查工作开展不到位，不能真正达到监控其技术状态，保证测量结果质量的最终目的；同时，评审员在现场审核过程中，也因对期间核查概念的认识差异，存在着评审尺度掌握宽严不一的问题。因而在现场评审中期间核查存在的问题相对也较多。

《认可准则》中关于期间核查的要求：①5.5.10条规定“当需要利用期间核查以保持设备校准状态的可信度时，应按照规定的程序进行。”②5.6.3.3条规定“应根据规定的程序和日程对参考标准、基准、传递标准或工作标准以及标准物质（参考物质）进行核查，以保持其校准状态的置信度。”

在实验室内有不少测量设备的校准周期都不止一年，而是两年、三年甚至更长。而在长校准周期里，采取期间核查的方式保证设备校准的可信度也就是十分必要的了。

期间核查的要求不是盲目提出来的，采用什么方法、针对什么设备开展期间核查都是基于上述原因制定的。不能不顾实验室的具体情况不计成本而单纯强调期间核查，也不能只考虑成本而忽视了期间核查对结果质量的保证作用。

1. 期间核查和校准的不同点

（1）实施的目的不同。期间核查的目的是维持测量仪器校准状态的可信度，即确认上次校准的特性不变。校准的目的是确定被校准对象与对应的由计量标准所复现的量值的关系。

（2）采用的方法不同。期间核查的方法有：参加实验室间比对，使用有证标准物质；与相同准确度等级的另一个设备或几个设备的量值进行比较，对稳定的被测件的量值重新测定（即利用核查标准进行期间核查）。在资源允许的情况下，可以进行高等级的自校。校准应采用高等级的计量标准。

（3）依据的标准不同。设备校准依据的是国家已经颁布的检定规程、校准规范或经过法定计量管理机构备案批准的校准程序。设备期间核查依据的是实验室自己制定的设备期间核查作业指导书，不需要报法定计量部门备案。

（4）核查的参数不同。设备校准是对需要校准的设备进行系统性的校准，涉及稳定性、精密度、灵敏度等整体功能或技术指标，一般还需要给出判定和不确定度的评定，由校准机构出具校准证书或检定报告。设备期间核查可以在某次核查过程中只对设备的个别或部分的功能或技术指标进行核查，并不一定需要给出不确定度的评定，也不需要出具校准报告。

（5）针对的对象不同。期间核查的对象是使用者对其计量性能存疑的测量仪器，校准的对象是对测量结果有影响的测量仪器。期间核查的测量仪器一般是自有的，校准的测量仪器不仅包括自有的，还包括顾客的。

（6）执行的时间不同。设备校准的间隔周期执行的是国家法定颁布的设备校准周期，或是当设备经过故障修复后需要送校准机构重新校准，带有强制性质。期间核查在两次相邻的校准时间间隔内进行，期间核查的周期频率可以由实验室根据设备的使用频率、数据争议程度、设备的新旧和稳定水平自行确定，不带有强制性。

实验室应针对具体的测量设备、计量标准和标准物质的各自特点，从经济性、实用性、可靠性、可行性等方面综合考虑相应的期间核查方法。使用技术手段进行期间核查的常见方法有：① 参加实验室间比对；②使用有证标准物质；③与相同准确度等级的另一个设备或几个设备的量值进行比较；④对稳定的被测件的量值进行重新测定（即利用核查标准进行期间核查）；⑤在资源允许的情况下，可以进行高等级的自校。

2. 仪器设备的期间核查

仪器设备是否需要期间核查，应考虑以下问题：

（1）仪器设备的稳定性。对于稳定性好的仪器设备可不考虑或少考虑进行期间核查；对于稳定性较差的仪器设备，应结合后面几点，在适当时间安排期间核查。

（2）仪器设备的校准周期及上次校准的结果。对于实验室识别出校准周期可以较长的仪器设备或上次校准结果不是很理想的仪器设备，应在适当时间安排期间核查。对于识别出校准周期短的仪器设备，正常情况下可不考虑安排期间核查。

（3）仪器设备的使用状况和频次。在仪器设备易发生故障时期或排除故障后，不进行校准时，应考虑安排期间核查。当仪器设备使用频次较高时，应考虑安排期间核查。

（4）仪器设备的使用。经常拆卸、搬运、携带到现场进行检测/校准的设备应在适当时考虑安排期间核查。

（5）仪器设备操作人员的熟练程度。人员的熟练程度不高时，引发仪器设备故障的概率就会增高，甚至有时会影响到仪器设备的稳定性。应考虑安排期间核查并缩小期间核查的间隔。

（6）仪器设备的使用环境。当仪器设备的使用环境较为恶劣时，会影响设备的使用状况，应考虑安排期间核查。

3. 标准物质/标准样品的期间核查

标准物质包括有证标准物质和非有证标准物质。

（1）有证标准物质：是附有认定证书的标准物质，其一种或多种特性量值用建立了溯源性的程序确定，使之可溯源至准确复现的表示该特性值的测量单位，每一种认定的特性量值都附有给定置信水平的不确定度。所有有证标准物质都需经国家计量行政主管部门批准、发布。有证标准物质在研制过程中，对材料的选择、制备、稳定性、均匀性、检测、定值、储存、包装、运输等均进行了充分的研究，为了保证标准物质量值的准确可靠，研制者一般都要选择6～8家的机构共同为标准物质进行测量、定值。

对于有证标准物质的期间核查，实验室在不具备核查的技术能力时，可采用核查其是否在有效期内、是否按照该标准物质证书上所规定的适用范围、使用说明、测量方法与操作步骤、储存条件和环境要求等进行使用，以确保该标准物质的量值为证书所提供的量值。

若上述情况的核查结果完全符合要求，实验室无须再对该标准物质的特性量值进行重新验证；如果发现以上情况出现了偏差，则实验室应对标准物质的特性量值进行重新验证，以确认其是否发生了变化。

（2）非有证标准物质：是指未经国家行政管理部门审批备案的标准物质，包括参考（标准）物质、质控样品、校准物、自行配置的标准溶液、标准气体等。

对于非有证标准物质的核查方法如下。

1）定期用有证标准物质对其特性量值进行期间核查。

2）如果实验室确实无法获得适当的有证标准物质时，可以考虑采用的核查方法：①通过实验室间比对确认量值；②送有资质的校准机构进行校准；③测试近期参加过能力验证结果满意的样品，检测足够稳定的不确定度与被核查对象相近的实验室质量控制样品。

4. 对相关期间核查文件、记录的核查

（1）对文件的核查。

1）实验室的体系文件的岗位职责中，是否包括了有关期间核查的职责，如哪个岗位的人员负责决定对哪类仪器、设备或标准物质实施期间核查，哪个岗位的人员负责实施期间核查。

2）实验室的管理体系文件（无论是哪个层次）中应规定了实施期间核查的条件，并说明了对其使用的仪器设备、参考标准、基准、传递标准或工作标准以及标准物质等（以下简称设备）进行了识别，明确是否需要开展期间核查，并制定相应的操作程序。

3）当体系文件规定要对设备开展期间核查后，是否对实验室的在用设备从稳定性、使用状况、上次校准的情况、使用频次、设备操作人员的熟练程度、设备使用环境等方面进行了分析，并得出对哪些设备在何种情况下要进行期间核查，以及期间核查的间隔。

4）对需进行期间核查的设备进行分析识别的人员，实验室对其资格应有明确的规定。

5）根据识别出的需进行期间核查的设备，制定相应的年度期间核查计划，并由专人负责实施和督查。

（2）对记录的核查。年度期间核查计划应包括实施期间核查的设备、需核查的参数、核查间隔的设置、核查方式等信息，该计划应经过审批。实验室应指定专人负责按照计划实施设备的期间核查。

5. 期间核查结果的应用

实验室应明确专人对核查的结果进行分析，以判定其结果是否出现异常，是否出现异常趋势而需进一步监控，异常现象的判定依据等内容应有作业指导书。当期间核查的结果表明该设备出现偏差时，应根据情况对设备进行维护调试，或将设备送至校准机构进行校准。还应分析偏差对以前测试产生的影响，启动“不符合工作程序”和/或“纠正措施程序”。

七、抽样

抽样要素相关的问题

由于抽样这个要素在不同的实验室差别特别大，在检测实验室相对涉及较多。从现场评审的整体情况看，该要素发生的不符合项主要表现为以下几个方面：

（1）质量手册对抽样要素没有做裁剪，明确说明实验室的管理体系包括该要求，但在程序文件中没有与抽样对应的程序文件。

（2）管理体系有抽样要素和对应程序文件，但在管理体系中没有抽样人员的职责和授权。

（3）实验室有实际的抽样工作，但没有相应的抽样计划。

（4）客户对文件规定的抽样程序有偏离、添加或删节，但这些要求与相关抽样资料没有被详细记录，同时，也没有被纳入包含检测/校准结果的相关证书报告和文件中。

（5）当抽样作为检测或校准工作的一部分时，实验室提供的记录没有包括与抽样有关的资料和操作，如所用的抽样程序、依据的统计方法、抽样人的识别、环境条件、抽样位置的图示等信息。

八、检测和校准物品（样品）的处置

实验室没有具体的样品标识系统

在现场评审中发现为数不少的实验室在管理体系文件中明确提出要建立样品标识系统，但在质量手册、程序文件、作业指导书及相关管理规定中均没有具体的样品标识系统。为防止检测/校准物品发生混淆，提高实验室工作的准确性，对物品进行恰当的标识是十分重要的。物品标识系统应重点体现唯一性标识、检测/校准状态标识、群组标识和传递标识。

1. 唯一性标识：唯一性标识是对物品进行唯一性编号，可以用计算机自动生成的送件顺序号和检测/校准类别的组合来表示。许多校准实验室同时承担校准和多种产品的检测工作，比如校准、定量包装商品净含量计量检验、计量产品质检、测试等，不同的服务类型用不同的英文字母可清晰地表示顾客的要求，同时也便于对各种业务类型的需求量进行统计。

2. 检测/校准状态标识：建立检测/校准状态标识的目的，在于区分出留样物品、待检/校物品和已检/校物品。如果实验室没有建立检测/校准状态标识，在业务繁忙、工作量大时就容易发生重复、遗漏检测/校准的现象。

3. 群组标识：成组成套的送检/校物品需要进行群组标识，这可以采用在唯一性标识后附加组（套）内序号来表示。

4. 传递标识：传递标识表示的是物品在传递或流转过程中哪些项目已经检测/校准，哪些项目尚待检测/校准。当被检测/校准物品在不同检测/校准人员、不同专业科室中流转时，应该具有传递标识。

在确定了物品的标识后，第二步是将标识固定在检测/校准物品上，用不干胶粘贴、用橡皮筋拴住、用细绳捆绑都可以，但要确保标识的牢固性和清晰可识别，并且不能对顾客物品造成损坏。由于该标识在离开实验室后即丧失作用，为不破坏顾客物品的外观，应选择容易去除的固定材料和固定办法。

九、检测和校准结果的质量保证

（一）现场评审中对能力验证要求的理解和把握

在现场评审中，附件4“实验室参加能力验证活动核查表”是每次必须填写的，该表需填写3年（对于3年认可周期）或4年（对于5年认可周期）内参加能力验证活动的情况，并对实验室满足CNAS-RL02《能力验证规则》（包括附录）的情况进行评价。能力验证活动类型包括能力验证计划、测量审核、CNAS承认的实验室间比对、与CNAS参比实验室间的比对、与行业内权威实验室间的比对。

1. 实验室能力验证

在CNAS-RL02《能力验证规则》中，对实验室的能力验证活动进行了明确规定。

> 4.2　制定参加能力验证工作计划的要求
>
> 4.2.1　合格评定机构的质量管理体系文件中，应有参加能力验证的程序和记录要求，包括参加能力验证工作计划和不满意结果的处理措施等内容。
>
> 注：参加能力验证的程序可以是独立的程序，也可以包含在其他程序中。
>
> 4.2.2　合格评定机构应分析自身的能力验证需求，制定参加能力验证的工作计划并实施，同时根据人员、方法、场所和设备等变动情况，定期审查和调整参加能力验证的工作计划。
>
> 4.2.3　参加能力验证工作计划应至少满足本规则4.3条款的要求，同时应考虑以下因素（不限于）：a）认可范围所覆盖的领域；b）人员的培训、知识和经验；c）内部质量控制情况；d）检测、校准和检验的数量、种类以及结果的用途；e）检测、校准和检验技术的稳定性；f）能力验证是否可获得。
>
> 4.2.4　在没有适当能力验证的领域，合格评定机构应当通过强化其他质量保证手段（例如：CNAS-CL01中5.9条款规定的方式）来确保能力，这些措施也应当作为合格评定机构相关质量控制计划或参加能力验证工作计划的组成部分。
>
> 4.4　不满意结果的处理要求
>
> 4.4.1　合格评定机构在参加能力验证中结果为不满意且已不能符合认可项目依据的标准或规范所规定的判定要求时，应自行暂停在相应项目的证书/报告中使用CNAS认可标识，并按照合格评定机构体系文件的规定采取相应的纠正措施，验证措施的有效性。在验证纠正措施有效后，合格评定机构自行恢复使用认可标识。合格评定机构的纠正措施和验证活动（可行时）应在180天（自能力验证最终报告发布之日起计）内完成。合格评定机构应保存上述记录以备评审组检查。
>
> 注1：纠正措施有效性的验证方式包括：再次参加能力验证活动（能力验证活动应当符合4.5条款的要求）或通过CNAS评审组的现场评价。
>
> 注2：当合格评定机构使用同一设备或方法对不同认可项目出具数据，在能力验证中出现不满意结果时，其纠正措施应当考虑到所有与该设备或方法相关的项目。
>
> 4.4.2　在参加CNAS指定的能力验证计划中，合格评定机构的结果为不满意时，如果不满意项目已获CNAS认可，CNAS可暂停合格评定机构在相关项目的证书/报告中使用CNAS认可标识，直至撤销其相关项目的认可。
>
> 4.4.3　合格评定机构参加能力验证的结果虽为不满意，但仍符合认可项目依据的标准或规范所规定的判定要求，或当合格评定机构参加能力验证结果为可疑或有问题时，合格评定机构应对相应项目进行风险评估，必要时，采取预防或纠正措施。

2. 能力验证中“满意”和“合格”的区别

在能力验证中，以“满意”“不满意”以及“有问题”来表述能力验证结果，但在实际操作中，还应充分考虑结合专业要求来判断。

“满意”不等于“合格”，评审员应更关注这点。

“不满意”不等于“不合格”，合格评定机构应更关注。

这是由于统计意义和专业判断之间的差异所致，但理论上和正常情况下应该一致。出现差异时应以专业判定为依据。

（二）检测和校准结果质量的保证与期间核查的关系

在实验室现场评审中期间核查这一条款的评审，应当着重结合《认可准则》的5.9“检测和校准结果质量的保证”要素，全面看实验室是否有效结合这两者。

5.9要素中规定：“实验室应有质量控制程序以监控检测和校准的有效性。所有数据的记录方式应便于发现其发展趋势，如果可行，应采用统计技术对结果进行审查。”“定期使用有证标准物质（参考物质）进行监控和/或使用次级标准物质（参考物质）开展内部质量控制。”“应分析质量控制的数据，当发现质量控制数据将要超出预先确定的判据时，应采取有计划纠正措施来纠正出现的问题，并防止报告错误的结果。”

这里很明确的要求是通过监控，应用统计技术对结果进行审查，发现监控数据的发展趋势，采取相应措施防止错误结果。

在这里，监控手段之一就是期间核查，可见期间核查并不是在两个校准时间间隔之间的简单再校准，而是要用一定的技术手段对这些数据进行统计分析，发现测量设备的主要参数的稳定性的变化趋势，以便对可能出现的偏离正常检测或校准的情况采取有效的预防措施加以控制。

评审时应注意作为监控手段之一的期间核查，最后的落脚点在于对核查数据的分析，通过数据分析对测量设备的计量性能是否符合使用要求做出判断。在现场评审中，不应僵化地审核实验室有没有制定期间核查计划，有没有期间核查记录，关键是要建立与5.9要素紧密结合的一套质量监控措施，对它们进行有效的监控，从而达到期间核查的最终目的。

（三）质量监控计划制定、评审与实施过程中存在的问题

从现场评审的整体情况看，实验室对5.9“检测和校准结果质量的保证”要素理解把握和重视程度参差不齐，该要素存在的问题主要表现为以下几个方面。

（1）实验室虽然有质量控制程序，但对检测和校准有效性监控仅停留在一般泛泛的文字描述，理解缺乏深度。同时，质量监控计划有名无实，无法起到质量监控的目的，同时实验室更无法提供质量监控计划的评审记录。

（2）实验室所采取的监控检测/校准结果有效性的方法，是为监控而监控，孤立实施，质量控制的数据无分析过程和相应分析记录。有些质量控制数据超出预先确定的判据，实验室也不启动有计划的措施来纠正出现的问题。

（四）实验室检测和校准结果质量保证的技术方法

在《认可准则》5.9条中给出了五种监控检测/校准结果有效性的方法。

（1）定期使用有证标准物质（参考物质）和/或次级标准物质（参考物质）进行内部质量控制。

（2）参加实验室间的比对或能力验证计划。

（3）利用相同或不同方法进行重复检测或校准。

（4）对存留物品进行再检测或再校准。

（5）分析一个物品不同特性结果的相关性。

比对和能力验证属于外部活动，系利用实验室间比对来确定实验室的能力，其目的是在检测/校准类型和水平相当的实验室之间发现是否存在系统偏差。它是对实验室能力进行持续监控的一种技术活动，特别是当量值难以或无法溯源、开展新项目、对检测/校准质量进行监控时显得尤为重要。

分析被检测/校准物品不同特性结果的相关性属于内部活动。某些物品的被测的两个特性之间存在着理论上的相关性，通过一个特性可以推断出另一特性，以此可以监控实测结果。

十、结果报告

（一）报告/证书采用电子签名应注意的问题

电子签名也称“数字签名”，是通过密码技术对电子文档的电子形式的签名，并非是书面签名的数字图像化。利用它，收件人能在网上轻松验证发件人的身份和签名以及文件的原文在传输过程中有无变动。电子签名具有的真实性、完整性、不可抵赖性、不可篡改性，这四大属性决定了电子签名可在网络环境中应用。

含有电子笔迹技术的办公自动化系统可以大大减少重复劳动，把各个部门、各个环节单独处理的工作串联起来，同时也能处理流程上多个环节的任务。除了可以方便地进行各个环节的审核、批复、签字外，同时也可以进行不同环节批复的查询。

为建立安全可靠的电子交易环境，普及电子商务及电子政务，国内外都启动了电子签名的相关立法工作。《中华人民共和国电子签名法》于2005年4月1日起实施。《签名法》在总则中指出，制定这部法律主要是为了规范电子签字行为。确立电子签名的法律效力，维护有关各方的合法利益。法律规定，可靠的电子签名与手写签名或者盖章具有同等的法律效率。

有的实验室为了减少报告/证书在检测/校准人员、核验人员和签发人员之间的流转时间，采取网上审核、电子签名、统一输出打印的方式。有的实验室考虑到授权签字人不在实验室可能延误报告证书的发出时间，采取互联网远程传送报告/证书、电子签名的形式来签发。电子签名必须起到两个作用，即识别签名人身份、保证签名人认可文件中的内容。在此基础上，电子签名具有与手写签名或者盖章同等的效力。电子签名需要相应的技术支持，实验室需要在保证其可靠性的前提下使用。而要保证报告/证书电子签名的可靠，需经作为第三方的电子认证服务机构对电子签名人的身份进行认证。实施电子签名的实验室应该制定规范电子签名的工作程序文件或作业指导书。

（二）报告/证书电子副本的有效性问题

实验室的报告/证书是提供给顾客，说明所检测/校准物品技术性能的书面文件。正本是唯一的，手写签名的法律效力是得到公认的。因此《认可准则》5.10.2条要求每份检测报告或校准证书应至少包括检测报告或校准证书批准人的姓名、职务、签字或等同的标识。等同的标识可以是图章。如果一个人有几枚图章，必须固定其中一枚图章用于报告证书的签发。

副本用于提示正本所包含的信息，可以不止一份。在司法实践中作为证据时，必须和相关联的其他证据相互印证来表明其真实性，单纯的副本是不能作为直接依据的。就报告/证书而言，副本仅表明原来由实验室发出的报告/证书包含的信息，保存副本是实验室出于自我保护的目的而采取的一种内部措施。一旦报告/证书数据被人篡改，报告/证书的发出单位可通过与保存的副本进行比较得知改动的内容。

副本有不同形式，例如复印件、电子副本，也有由颁发部门制作一式两份后，在其中一份上标“副本”标记的，形式多种，不一而足。电子副本作为副本的一种形式，由于具有适合集中统一管理、不易损坏、占空间小、记录信息量大等优点，实际上要优于复印件。为了避免电子扫描带来的人力、物力消耗，证书在局域网中传输时使用电子签名，其副本在服务器中自动保存下来，只要服务器中的数据得到有效的控制和保护，电子副本是可以采用的。

（三）电子或电磁形式向顾客传输报告/证书应注意的问题

在某些情况下，由于顾客无法前往实验室，可能要求电子传输报告/证书。《认可准则》5.10.7 条规定了实验室在满足数据控制要求的前提下，可采用电话、电传、传真或其他电子或电磁方式传送检测/校准结果。

为规避风险，规范报告/证书的电子或电磁传输，建议实验室应满足以下五条要求：

（1）建立相关程序，当遇到此类情况时，严格执行该程序。

（2）对送检测/校准时顾客提出电子或电磁传输要求的，应让顾客在合同评审时签名确认，并约定通信方式、通信时间和双方联络人；对事后提出要求的，应确认对方当事人的身份、姓名、职务以及具体要求。

（3）可能对顾客利益造成重大影响的，应确认提出电子或电磁传输要求的顾客是真实的，确认是该顾客的真实意愿的表达，防止他人假冒。

（4）发送前，应确认电话、电传、传真或其他电子或电磁方式的通信代码是正确的，防止误传至其他机构。

（5）最好由专人执行这一工作，无关人员不得经手过目，当事人详细记录事件发生时间、地点和经过，传输前经实验室相关负责人批准。

（四）现场评审中证书报告与原始记录的信息量、规范性等问题

从整个国家和国防实验室认可工作来看，由于对大部分实验室来说正在进行认可的第二或第三周期，因此证书报告表面化问题和不符合项相对减少，该要素发生的问题和不符合项主要表现为以下几个方面：

（1）证书报告的信息量大于原始记录的信息量，证书报告中有关数据和结论无原始记录；证书报告中的计算和导出数据在原始记录中不能说明数据来源，不注明应用公式等。例如：有为数不少从事电磁兼容检测的实验室出具的证书报告中有“检测布置图”，但原始记录中却无法找到相关信息。

（2）《认可准则》5.10.4.3“当被校准的仪器已被调整或修理时，如果可获得，应报告调整或修理前后的校准结果。”在现场评审中发现为数不少的实验室出具的证书报告往往是仪器最后经调整或修理后的校准数据，而修理前的校准结果却没有做任何记录或没有以证书报告的形式予以出具。并且对此现象和问题的严重性没有引起足够的重视。

（3）有为数不少的实验室有“如对检测报告有异议，请在 15 日内提出，逾期不予受理”的申明。“15 日”的说法来源于“质量抽查和检验”，如果是委托检验，我们可以理解为实验室拒绝客户监督，因为实验室提供的证书报告是实验室提供的“产品”，实验室理所当然应对自己提供的证书报告的质量负责。另外，证书报告中没有校准/检测依据、无客户名称信息、页码之间缺少关联标志、缺少唯一性标识等现象也时有发生。

第九章　实验室期间核查的理解实施与现场评审

综观目前实验室期间核查工作，在开展对参考标准、基准、传递标准或工作标准以及标准物质（参考物质）（简称测量设备）的期间核查方面，由于各实验室概念理解上的差异，导致实际工作中对测量设备的期间核查工作开展不到位，不能真正达到监控其技术状态，保证测量结果质量的最终目的。同时，评审员在现场审核过程中，也因对期间核查概念的认识差异，存在着评审尺度掌握宽严不一的问题。因而在现场评审中期间核查存在的问题相对也较多。为此，非常有必要根据实验室认可规则、认可准则、认可指南和相关管理规定的要求，切实强化实验室期间核查的理解实施与现场评审工作。

对于测量设备在相邻两次校准期间内，如何保持校准状态的置信度，使测量过程处于受控状态，进而确保测量结果的质量，在国际标准 ISO/IEC 17025《检测和校准实验室能力的通用要求》、ISO 10012《测量管理体系　测量过程和测量设备的要求》以及我国国家、国防、军用实验室认可标准和测量管理体系中均有相关要求。如何科学、合理地实施测量设备的期间核查，是校准/检测实验室、法定计量技术机构、计量从业人员、实验室认可评审员都必须认真学习和合理把握的课题。

第一节　期间核查概述

一、期间核查的概念及目的

影响测量设备“校准状态”的因素包括示值的系统漂移和短期稳定性。如图 9-1 所示，系统漂移可能是单方向的（曲线 1 和 2），也可能是起伏变化的（曲线 3），或单方向起伏变化的（曲线 4）。期间核查的目的是核查参考标准、基准、传递标准或工作标准，以及标准物质（参考物质）的校准状态在有效期内是否得到保持，也就是监控在有效期内校准值 X_R 的变化是否超出其允许误差 $\pm\Delta$。

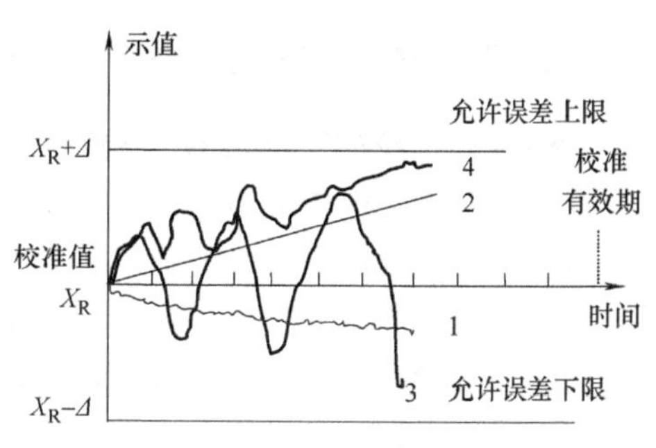

图 9-1　期间核查概念图

期间核查（intermediate check）是指：为保持设备校准状态的可信度，而对设备示值（或其修正值或修正因子）在规定的时间间隔内是否满足其规定的允许误差、扩展不确定度或准确度等级的一种核查。也就是说，期间核查实质上是核查设备示值的系统误差，或者说核查系统效应对设备示值的影响，其目的与方法同 JJF 1033—2016《计量标准考核规范》中所述的稳定性考核相似。期间核查的对象是测量设备，具体包括参考标准、基准、传递标准或工作标准、标准物质（参考物质）、测量仪器、辅助设备等，通常简称为设备。

期间核查的目的是：保持设备校准状态的可信度（confidence）。这里的“保持”与时间有关，所以期间核查须确定保持的时间间隔；而“校准状态”是指“示值误差”“修正值”或“修正因子”等校准结果的状态。该状态的“可信度”则意味着某个“尺度”，用它对校准状态进行分析、比较和判断，而这个尺度就是其示值的允许误差或扩展不确定度或准确度等级/级别。从理论上说，只要可能，实验室应对其所用的每台设备进行期间核查并保存相关记录；但针对不同设备，其核查方法/方式、频率可以不一样。

二、相关准则、标准对期间核查的要求

在 CNAS-CL01：2006《检测和校准实验室能力认可准则》和 GB/T 27025—2008（等效采用 ISO/IEC 17025：2005）《检测和校准实验室能力的通用要求》中，对测量设备期间核查的要求涉及如下两条：

> 5.5.10　当需要利用期间核查以保持设备校准状态的可信度时，应按照规定的程序进行。
>
> 5.6.3.3　期间核查：应根据规定的程序和日程对参考标准、基准、传递标准或工作标准以及标准物质（参考物质）进行核查，以保持其校准状态的置信度。

JJF 1069—2012《法定计量检定机构考核规范》关于期间核查的要求体现在以下两个条款中：

> 6.4.5.6　当需要利用期间核查以维持设备检定或校准状态的可信度时，应按照规定的程序进行。
>
> 7.6.3.3　期间核查：应根据规定的程序和日程对计量基（标）准、传递标准或工作标准以及标准物质进行核查，以保持其检定或校准状态的置信度。

考虑到在溯源链中的地位，对计量标准应根据规定的程序和日程进行核查；而从广义上讲，对测量仪器并非全部都要核查，实验室应综合考虑哪些需要核查，采用何种方法核查，以及核查的频次。

三、期间核查与检定或校准的区别

国外只有“校准”而没有“检定”的概念，也就不存在检定规程和检定周期的硬性规定。校准一般不规定校准周期，但有的厂家会提出建议校准周期。国外测量设备校准周期一般是由使用者根据设备使用情况以及对积累的相关运行数据的统计分析后，自行确定的。所以确定设备校准周期，是用户在保证设备正常运行的情况下成本与利益之间的一种平衡。

在国外实验室，有不少测量设备的校准周期都不止一年，而是两年、三年甚至更长。而在长校准周期里，一旦设备发生偏移，就需要采取适当的方法或措施，尽可能地减少和降低由于量值失准而产生的成本和风险，有效维护实验室和客户的利益。为此采取期间核查的方式保证设备校准的可信度也就十分必要了。

期间核查的要求不是盲目提出的，采用什么核查方法，针对什么设备开展期间核查，都是基于上述原因而统一制定的，既不能不顾实验室的具体情况不计成本而单纯强调期间核查，也不能只考虑成本而忽视了期间核查对结果质量的保证作用。

期间核查和检定或校准的不同点如下。

（1）实施的目的不同：期间核查的目的是维持测量仪器校准状态的可信度，即确认上次校准时特性不变。检定或校准的目的是确定被校准对象与对应的由计量标准所复现的量值的关系。

（2）采用的方法不同：期间核查的方法包括参加实验室间比对，使用有证标准物质，与相同准确度等级的另一个设备或几个设备的量值进行比较，对稳定的被测件的量值进行重新测定（即利用核查标准进行期间核查）。在资源允许的情况下，可以进行高等级的自校。检定或校准应采用高等级的计量标准。

（3）实施的人员不同：检定或校准必须由有资格的计量技术机构用经考核合格的计量标准按照规程或规范的方法进行。期间核查由本实验室人员，使用自己选定的核查标准，按照自己制定的核查方案进行。

（4）依据的标准不同：检定或校准依据的是国家已经颁布的检定规程、校准规范，或经过法定计量管理机构备案批准的校准程序。期间核查依据的是实验室自己制定的设备期间核查作业指导书，不需要报法定计量部门备案。

（5）核查的参数不同：检定或校准是对需要检定或校准的设备进行系统性的校准，涉及稳定性、精密度、灵敏度等整体功能或技术指标，一般还需要给出判定和不确定度的评定，由校准机构出具校准证书或检定报告。期间核查可以在某次核查过程中只对设备的个别或部分的功能或技术指标进行核查，并不一定需要给出不确定度的评定，也不需要出具正式的校准报告。

（6）针对的对象不同：期间核查的对象是使用者对其计量性能存疑的测量仪器。检定或校准的对象是对测量结果有影响的测量仪器。期间核查的测量仪器一般是自有的。检定或校准的测量仪器不仅包括自有的，还包括顾客的。

（7）执行的时间不同：检定或校准的间隔周期执行的是国家法定颁布的设备检定或校准周期，或是当设备经过故障修复后需要送校准机构重新校准，带有强制性。期间核查在两次相邻的校准时间间隔内进行，期间核查的周期频率可以由实验室根据设备的使用频率、数据争议程度、设备的新旧和稳定水平自行确定，不带有强制性。

四、计量标准的稳定性考核与期间核查的区别

（一）计量标准的稳定性考核与期间核查依据的规范

计量标准的稳定性考核的依据是 JJF 1033—2016《计量标准考核规范》，其中 4.2.3 条规定：“新建计量标准一般应当经过半年以上的稳定性考核，证明其所复现的量值稳定可靠后，方能申请计量标准考核；已建计量标准一般每年至少进行一次稳定性考核，并通过历年的稳定性考核数据比较，以证明其计量特性的持续稳定。”

计量标准的期间核查的依据是 JJF 1069—2012《法定计量检定机构考核规范》和 CNAS-CL01：2006《检测和校准实验室能力认可准则》，具体规定见本书“二、相关准则、标准对期间核查的要求”。

（二）计量标准的稳定性考核与期间核查的目的、对象、方法及量值关系

1. 计量标准的稳定性考核与期间核查的概念与目的

计量标准稳定性考核是指利用稳定的被测对象作为核查标准，对计量标准是否保持随时

间恒定的计量特性的考核。

计量标准期间核查是指使用简单实用并具相当可信度的方法，对可能造成不合格的测量设备或参考标准、基准、传递标准或工作标准以及标准物质（参考物质）的某些参数，在两次相邻的检定或校准的时间间隔内进行检查，以判定设备是否保持着检定或校准时的准确度，以确保检测和校准结果的质量。

从两者的概念来看，期间核查范围更宽泛一些，应用的领域更广一些，计量标准稳定性考核的定义更具体一些，应用的范围仅限于计量标准。

计量标准稳定性考核的目的是判断计量标准是否保持随时间恒定的计量特性，从而确保检定和校准结果的质量。计量标准期间核查的目的是判定仪器设备或计量标准是否保持校准或检定时的准确度，以确保检定和校准结果的质量。两者都是为了保证检定和校准结果的质量而进行的，所以目的是相同的。

2. 计量标准的稳定性考核与期间核查的对象、方法

计量标准稳定性考核的对象是计量标准。计量标准期间核查的对象是可能造成不合格的测量设备或参考标准、基准、传递标准或工作标准以及标准物质（参考物质）。从考核对象方面来看，计量标准期间核查的对象范围要比计量标准稳定性考核的对象范围更广些。但是法定计量检定机构主要是利用计量标准来开展检定、校准工作的，仅仅要求计量标准器或配套设备的可靠是不能保证检定和校准结果质量的，因此在法定计量检定机构中，计量标准期间核查的对象也应该是计量标准。所以在法定计量检定机构中两者的考核对象也是大致相同的。

计量标准稳定性考核的方法是利用稳定的被测对象作为核查标准进行考核，当计量标准不存在量值稳定的核查标准时，是不可能也不要求进行稳定性考核的。计量标准期间核查是使用简单实用并具相当可信度的方法进行考核的。从经济性、实用性、可靠性、可行性等方面综合考虑，一般进行计量标准期间核查有本章第三节“期间核查方法及其判定原则”中介绍的七种方法。

3. 计量标准的稳定性考核与期间核查的量值关系

稳定性考核曲线与期间核查曲线如图 9-2 所示。稳定性考核与期间核查都是设备示值核查的一部分，但期间核查是核查实际值，实际值控制限为 Y_c，控制的中心线 Y_0（原点）为 0（示值误差或修正值）或标称值（实际值为标定值）。稳定性考核是核查实际值的变化量，控制限为技术法规规定的周期间稳定性控制指标 Y_{cw} 或稳定性统计控制指标。如果实际评定的设备的扩展不确定度做控制限，控制的中心线 Y_{0w}（原点）为由高一等级计量标准给出的初值；未给出初值时，取期间核查控制的中心线 Y_0。两个核查量的控制限不同，对示值的控制区域也不同。只有当中心线与控制限完全相同（未给出初值或标定且 $Y_c=Y_{cw}$）时，两项核查结果才会偶然重合。对实际值允许范围和稳定性均有符合性要求的设备，控制范围应为两者控制限的交集。实际值允许范围和稳定性均有符合性要求的设备，可将两项工作合并进行。稳定性考核的核查值 Y_1、Y_2、Y_3 的测量与上述期间核查相同。稳定性考核分为对初值变化和核查值之间最大变化两种情况。计算方法如下：核查量为对初值变化的，核查结果 $Y_{xw}=|Y_i|_{max}$ 为多次核查差值绝对值最大者，核查差值 $Y_{wi}=Y_i-Y_1$；核查量为核查值之间最大变化的（JJF 1033—2016《计量标准考核规范》的新建计量标准要求），核查结果 $Y_{xw}=Y_{imax}-Y_{imin}$ 为多次核查值的最大差值。核查结果 Y_{xw} 应不大于稳定性的控制限 Y_{cw}，即

$Y_{xw} \leqslant Y_{cw}$。稳定性考核判据：$P_w = Y_{xw}/Y_{cw} \leqslant 1$。

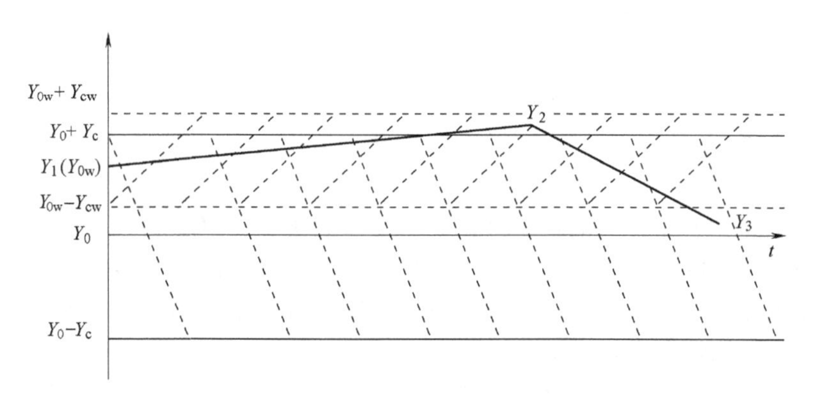

图 9-2 稳定性考核曲线与期间核查曲线

第二节 期间核查的对象与核查标准的选择

一、期间核查的对象选择

《认可准则》的 5.6.1 条指出“实验室应制定设备校准的计划和程序。该计划应当包含一个对测量标准、用作测量标准的标准物质（参考物质）以及用于检测和校准的测量与检测设备进行选择、使用、校准、核查、控制和维护的系统”。可见核查是实验室量值溯源计划系统的一部分，从理论上说，只要可能，所有设备都应进行期间核查。

在实际情况下，考虑到在溯源链中的地位，对计量标准应根据规定的程序和日程进行核查；而对测量仪器设备并非全部都要核查。可以综合考虑的因素有：①是否有期间核查的要求；②是否具备核查标准和实施的条件；③成本和风险之间的均衡，期间核查并不能完全排除风险，应寻求实验室具体的成本和风险平衡点以做出选择。此外，如期间核查的费用超过校准或检定且校准或检定所需时间满足实验室要求，则实验室可以只进行校准或检定。

一般应对处于下列九种情况之一的仪器进行核查：

（1）不够稳定、易漂移、易老化且使用频繁的（包括使用频繁的参数和量程）。

（2）使用或储存环境严酷或发生剧烈变化的。

（3）使用过程中容易受损、数据易变或对数据存在疑问的。

（4）脱离实验室直接控制的（如借出后返回的）。

（5）使用寿命临近到期的。

（6）首次投入运行，不能把握其性能的。

（7）测量结果具有重要价值或重大影响的。

（8）有较高准确度要求的关键测量标准装置。

（9）分析历年校准或检定证书，示值的校准状态变动较大的。

二、期间核查标准的选择

期间核查标准是计量性能满足核查要求、用于核查的测量设备，是通过受控测量过程进行测量的与被测物相似的某种装置。通常核查标准稳定性应优于核查控制限的1/3，用于多周期核查应优于1/5。由于各专业技术特点的差异性，可对核查标准的稳定性、分辨力等计量性能指标单独提出要求，通常可选用符合上述要求的实物量具。

核查标准选择有以下几个原则：

（1）核查标准应具有核查对象所需的参数，能由被核查仪器或计量标准对其进行测量。

（2）核查标准应具有良好的稳定性，某些仪器的核查还要求核查标准具有足够的分辨力和良好的重复性，以便进行期间核查时能观察到被核查仪器及计量标准的变化。

（3）核查标准应可以提供指示，以便再次使用时可以重复前次核查实验时的条件，如环规使用刻线标示测量直径的方向。

（4）核查标准主要是用来观察测量结果的变化，因此不一定要求其提供的量值准确。

（5）一些仅用于量值传递的最高标准，其准确度等级很高，平时很少使用，一旦损坏损失很大，这样的仪器就不适于作为核查标准使用。比如用作最高标准的量块，一般仅用作量值传递，而不用于期间核查。这是因为频繁的核查磨损了量块，重新配置费用较高，而且标准器的稳定性数据将全部失效，这样对实验室来说会带来很大的损失。

根据期间核查标准的用途和特性，大体上可以将期间核查分为下述三大类情况：

（一）参考标准、基准、传递标准或工作标准的期间核查

（1）被校准对象为实物量具时，可以选择一个性能比较稳定的实物量具作为核查标准。

（2）参考标准、基准、传递标准或工作标准由实物量具组成，而被校准对象为测量仪器。鉴于实物量具的稳定性通常远优于测量仪器，此时可以不必进行期间核查；但需利用参考标准、基准、传递标准或工作标准历年的校准证书，画出相应的标称值或实际值/校准值随时间变化的曲线。

（3）参考标准、基准、传递标准或工作标准和被校准的对象均为测量仪器。若存在合适的比较稳定的实物量具，则可用它作为核查标准进行期间核查；若不存在可作为核查标准的实物量具，则此时可以不进行期间核查。

（二）测量设备的期间核查

（1）若存在合适的比较稳定的实物量具，即可用它作为核查标准进行期间核查。

（2）若存在合适的比较稳定的被测物品，即可用它作为核查标准进行期间核查。

（3）若对于被核查的检测设备来说，不存在可作为核查标准的实物量具或稳定的被测物品，则可以不进行期间核查。

（三）标准物质的期间核查

标准物质是指具有一种或多种足够均匀和很好地确定了的特性，用以校准测量装置、评价测量方法或给材料赋值的一种材料或物质。标准物质通常分为有证标准物质和非有证标准物质。

1. 有证标准物质

有证标准物质是附有认定证书的标准物质，其一种或多种特性量值用建立了溯源性的程序确定，使之可溯源至准确复现的表示该特性值的测量单位，每一种认定的特性量值都附有给定置信水平的不确定度。所有有证标准物质都需经国家计量行政主管部门批准、发布。有证标准物质在研制过程中，对材料的选择、制备、稳定性、均匀性、检测、定值、储存、包装、运输等均进行了充分的研究，为了保证标准物质量值的准确可靠，研制者一般都要选择6～8家的机构共同为标准物质进行测量、定值。

对于有证标准物质的期间核查，实验室在不具备核查的技术能力时，可采用核查其是否在有效期内、是否按照该标准物质证书上所规定的适用范围、使用说明、测量方法与操作步骤、储存条件和环境要求等进行使用和保存进行核查，以确保该标准物质的量值为证书所提供的量值。若上述情况的核查结果完全符合要求，则实验室无须再对该标准物质的特性量值进行重新验证；如果发现以上情况出现了偏差，则实验室应对标准物质的特性量值进行重新验证，以确认其是否发生了变化。对于不分具体情况，以盲目对有证标准物质的特性量值重新进行验证来作为对标准物质的期间核查的做法是不适宜的，它不仅增加了实验室的工作量，而且也增加了实验室的经济负担（有的标准物质非常昂贵），如果核查方法不当，还有可能做出误判，加大测试风险。

一次性使用的有证标准物质，可以不进行期间核查。

2. 非有证标准物质

非有证标准物质是指未经国家行政管理部门审批备案的标准物质，它包括参考（标准）物质、质控样品、校准物、自行配置的标准溶液和标准气体等。对非有证标准物质的核查的方法如下。

（1）定期用有证标准物质对其特性量值进行期间核查。

（2）如果实验室确实无法获得适当的有证标准物质时，可以考虑采用下列方法进行核查：

1）通过实验室间比对确认量值。

2）送有资质的校准机构进行校准。

3）测试近期参加过水平测试结果满意的样品，以及检测足够稳定的不确定度与被核查对象相近的实验室质量控制样品。

总之，对标准物质的期间核查，应具体问题具体分析，切忌盲目地对标准物质的特性量值进行测量，或采用不当的方法对标准物质进行期间核查。

第三节　期间核查方法及其判定原则

实验室应从经济性、实用性、可靠性、可行性等方面综合考虑，依据有关标准、规程、规范中的规定，或参照仪器技术说明书中制造商提供的方法进行期间核查。期间核查方法的一般来源有以下几种：

（1）测量标准方法或技术规定中的有关要求和方法。

（2）设备的检定规程的相应部分。

（3）设备的使用说明书、产品标准或供应商提供的方法。

（4）自行编制的期间核查作业指导书。

（5）设备自带校准的方法（注：虽然期间核查不是再校准，但设备校准的某些方法也可用于核查，如采用标准物质、标准仪器等）。

下面是期间核查常用方法及其判定原则。

一、自校准法

若实验室自身拥有的仪器，其某一参数的示值不确定度小于被核查仪器不确定度的1/3，即可用前者对后者进行核查。当结果表明被核查仪器的性能满足要求时，则核查通过。例如，用实验室自身拥有的0.1级力标准机对0.3级标准测力仪某一测点进行核查时，得到的结果为y_2，而最近一次校准/检定的结果为y_1。参照JJG 144—2007《标准测力仪检定规程》，若力值长期稳定度$\frac{|y_1 - y_2|}{y_1} \leqslant 0.3\%$，则核查通过。

二、多台（套）比对法

如果实验室没有更高等级的仪器，但拥有准确度相同的同类多台（套）仪器，此时可采用多台（套）比对法。首先用被核查的仪器对被测对象进行测量，得到测量值y_1及其不确定度U_1；然后用其他几台仪器分别对该被测对象进行测量，得到测量结果y_2，y_3，…，y_n。计算y_2，y_3，…，y_n的平均值，代入

$$|y_1 - \bar{y}| \leqslant \sqrt{\frac{n-1}{n}} U_1 \tag{9-1}$$

若式（9-1）成立，则核查通过。

三、核查标准法

如果实验室拥有一个足够稳定的被测对象（例如砝码、量块或性能稳定的专用于核查的测量仪器等）作为“核查标准”，则当被核查仪器经校准/检定返回实验室后，立即测量该核查标准的某一参数，得到结果x_0及其不确定度U_0，此后，核查时再次对该核查标准进行测量，得到结果x_1及其不确定度U_1，代入

$$E_{n1} = \frac{|x_1 - x_0|}{\sqrt{U_1^2 + U_0^2}} < 1 \tag{9-2}$$

若式（9-2）成立，则核查通过。

类似地，进行第2、3、4……次核查，得到一系列值E_{n2}、E_{n3}、E_{n4}……当$0.7 \leqslant E_{ni} < 1$时，建议实验室分析原因并采取预防措施，以避免仪器性能进一步下降对结果造成影响。

四、临界值评定法

当实验室对测量不确定度缺乏评定信息，而用于该测量的标准方法提供了可靠的重复性标准差s_r和复现性标准差s_R时，可采用临界值（CD值）评定法。根据GB/T 6379.6—2009按式（9-3）计算CD值。

$$CD = \frac{1}{\sqrt{2}} \sqrt{(2.8 s_R)^2 - (2.8 s_r)^2 \left(\frac{n-1}{n}\right)} \tag{9-3}$$

在重复性条件下n次测量的算术平均值$\bar{y}$与参考值u_0（如校准/检定证书给出的值）之差的绝对值$|\bar{y} - u_0|$小于CD值，则核查通过。

五、允差法

在E_n值及CD值均不可获得时，依据相应规程、规范或标准规定的测量结果的允差Δ判

断，若式（9-4）成立，则核查通过。

$$X_{\text{lab}} - X_{\text{ref}} \leqslant \Delta \tag{9-4}$$

式中　X_{lab}——实验室的测量结果；

X_{ref}——被测对象的参考值。

当将标准物质作为被测对象，其参考值 X_{ref} 采用标准物质证书中的值时，该方法也称为“标准物质法”。用于期间核查的标准物质应能溯源至 SI，或是在有效期内的有证标准物质。当无标准物质时，可用已定值的标准溶液对仪器（如 pH 计、离子计、电导仪等）进行核查。

六、常规控制图法

常规控制图应用于仪器的核查，通常是用被核查对象定期对测量对象进行重复测量，或用测量对象定期对被核查对象进行重复测量，并利用得到的特性值绘制出平均值控制图和极差控制图。此后，若核查值落在控制限内，则核查通过。测量对象的测量范围应接近于被核查对象，并具有良好的稳定性和重复性。如果测量对象是一台仪器，还应具有足够的分辨力。

七、计量标准可靠性核查法

（1）选一稳定的被测对象，用被核查的计量标准对某参量的某测点，在短时间内重复测量 n 次（$n \geqslant 6$），得测量结果 x_i（$i=1, 2, \cdots, n$），则实验标准差为：

$$s_n(x) = \sqrt{\frac{\sum_{i=1}^{n}(x_i - \bar{x})^2}{n-1}} \tag{9-5}$$

依据 JJF 1033—2016《计量标准考核规范》，对已建计量标准每年至少进行一次重复性测量，若测得的重复性不大于新建计量标准时测得的重复性，则该计量标准的检定或校准结果的重复性核查通过；依据 GJB 2749A—2009《军事计量测量标准建立与保持通用要求》，若 $s_n(x)$ 小于该计量标准考核时确认的合成标准不确定度的2/3，则其重复性核查通过。

（2）用被核查的计量标准对被测对象的某参量的某测点重复测量 n 次（$n \geqslant 6$），在不同时间段测得 m 组（$m \geqslant 4$）测量结果，则组间实验标准差为：

$$s_m = \sqrt{\frac{\sum_{i=1}^{m}[(\bar{x}_n)_i - \bar{x}_m]^2}{m-1}} \tag{9-6}$$

式中　$\bar{x}_n$——一组测量中 n 个测量值的算术平均值；

$\bar{x}_m$——m 组测量结果的算术平均值。依据 JJF 1033—2016，若计量标准在使用中采用标称值或示值，即不加修正值使用，则计量标准的稳定性应当小于计量标准的最大允许误差的绝对值；若计量标准需要加修正值使用，则计量标准的稳定性应当小于修正值的扩展不确定度。当相应的计量检定规程或计量技术规范对计量标准的稳定性有具体规定时，则可以依据其规定判断稳定性是否合格。依据 GJB 2749A—2009《军事计量测量标准建立与保持通用要求》，若 s_m 小于该计量标准考核时确认的合成标准不确定度，则其稳定性核查通过。

八、休哈特（Shewhart）控制图

期间核查结果控制图的制定和运用，是对测量过程的状态按照预防为主、科学合理、经

济有效的原则进行控制的手段，是用来及时反映和区分正常波动与异常波动的一种工具，便于查明原因和采取纠正措施，以达到测量过程受控的目的。机构内部质量控制图大多采用休哈特（Shewhart）控制图。常用的休哈特控制图包括 $\overline{X}$-R（均值-极差）控制图、$\overline{X}$-s（均值-标准差）控制图、M_e-R（中位数-极差）控制图和 X-R_s（单值-移动极差）控制图。绘制内部质量控制图时大多使用平均值 $\overline{X}$ 控制图和极差 R 控制图即可。

（一）平均值 $\overline{X}$ 控制图

平均值 $\overline{X}$ 控制图主要用于控制测量过程的系统影响。将每次核查时对被核查标准进行的 n 次测量列为一组，取 n 次测量的平均值为本组核查的结果，国标推荐组内测量次数 n 取 4 或 5，共核查 m 组。将各组核查的结果，按时间先后顺序画在控制图上，就是平均值 $\overline{X}$ 控制图，简称 $\overline{X}$ 图。

（二）极差 R 控制图

极差 R 控制图用于观察测量过程的分散或变异情况的变化，主要是在 n 太小时（$n<10$）使用的。同一组测量值中的最大值与最小值之差称为极差 R。同样，将得到的极差值 R 按时间顺序画在控制图上，就是极差 R 控制图，简称 R 图。绘制内部质量控制图时，应先绘制 R 图，等 R 图判稳后，再作 $\overline{X}$ 图。如果先作 $\overline{X}$ 图，则由于这时 R 图还未判稳，$\overline{X}$ 的数据不可用，故不可行。

综上所述，不同的期间核查方法耗费成本不一，实验室应尽可能采取经济、简便、可靠的方法。例如，对综合型校准实验室的许多仪器通常采用自校准法；当稳定的被测对象易于获取时，常采用核查标准法和常规控制图法；计量标准在建标考核后，可通过对其重复性考核和稳定性考核进行核查；当实验室拥有多台（套）功能相同、准确度一致的仪器时，多台（套）比对法不失为一种可选的方法；在实验室内部无法获得支持的情况下，有时也采用实验室间比对来进行核查。

应注意区分仪器的使用前核查与期间核查。在每次使用前利用仪器自带或内置的标准样块或自动校准系统进行核查，属于使用前核查。例如，按照仪器说明书规定的方法利用内置砝码对电子天平进行核查。再如，选用数字多用表对标准电压源 5V 的直流输出进行核查时，首先调整电压源，使数字多用表显示 5V，得到修正值 e；然后再次调整电压源输出，使其指示 5V，此时数字多用表显示结果为 E，则 $E+e$ 为核查结果；最后根据标准电压源的技术要求，即可判定其性能是否令人满意。

第四节　期间核查的参数量程选择及频次控制

一、期间核查仪器设备参数和量程的选择

期间核查主要是核查测量仪器、测量标准或标准物质的系统漂移，而稳定性考核是考核其短期稳定性。因此可以从以下三个方面考虑核查参数和量程的选择。

（1）选择使用最频繁的参数和量程。

（2）分析历年的校准证书/检定证书，选择示值变动性最大的参数和量程作为核查参数和量程。

（3）对于新购设备，期间核查的参数和量程应选择设备的基本参数和基本量程。

二、期间核查的频次控制

期间核查可以提高校准/检测质量，降低出错的风险，但并不能完全排除风险。期间核查的实施及其频次应结合行业自身的特点，寻求成本和风险的平衡点。此外，不同实验室所拥有的测量设备和参考标准的数量和技术性能不同，对校准/检测结果的影响也不同，实验室应从自身的资源和能力、设备和参考标准的重要程度等因素考虑，确定期间核查的频率，并且应在相应文件中对此做出规定。

期间核查的频次选择大致可以从下列六个方面进行考虑：

（1）实验室配备的设备和标准的数量。

（2）实施期间的资源，如核查标准、核查人员、核查结果评判人员、环境设施。

（3）设备或标准使用的范围及主要面向的客户。

（4）设备或标准对测量不确定度要求的严格程度。

（5）设备或标准历次校准或检定周期的长短以及校准结果的一致性、稳定性。

（6）设备或标准的技术成熟度以及使用频率。

期间核查的频次根据核查过程的难易、费时程度决定，也要考虑不应频繁使用核查标准。期间核查的时间间隔取决于对测量过程控制的情况，建议每年至少应进行三次期间核查，即主标准器送检前、周期送检后及送检周期的中间三次。通过对被考核标准主标准器周期送检前后核查数据的比较，可发现主标准器送检过程中其状态的保持情况；在送检周期的中间进行一次核查以确保被考核标准处于受控状态，尽量缩短标准失常的追溯期。对于使用频率比较高的仪器，应增加核查的次数。

在开展期间核查时，应注意所编写工作程序的针对性、可操作性以及实施的经济性。在确定期间核查的时间间隔时，对检验结果有重大影响的、稳定性差的、频繁携带外出使用的仪器设备，以及因送修、外借等原因脱离实验室直接控制的仪器设备，应加强期间核查，而对其他仪器设备可以放宽核查间隔。另外对因使用频率较低而延长校准周期的仪器设备，使用前应通过期间核查保持其校准状态的准确度，或者通过核查发现其准确度的变化，从而及时调整校准周期。期间核查的频次还需要从质量活动的成本和风险、设备或标准的重要程度以及实验室的资源和能力等因素综合考虑，确定设备和标准的期间核查频次。

第五节　期间核查的组织实施与结果处理

一、期间核查组织实施的总体要求

编写期间核查专门程序文件（包括目的、适用范围、职责、工作程序及记录表格等）、作业指导书。

编制期间核查的计划，内容至少应包括：核查对象的名称、型号、规格、编号，期间核查的时间或频次，核查的方法，执行人员，判定人员以及记录格式等。

期间核查工作应由具有一定资格和能力的人员实行，核查结果判定人员应独立于执行人员。

按照制定的计划实施期间核查。当出现以下情况时，也应考虑进行期间核查：

(1) 使用环境条件发生较大变化，可能影响仪器设备的准确性时。

(2) 在质量活动中，发现所测数据可疑，对设备仪器的准确性、稳定性提出怀疑时。

(3) 遇到重要的质量活动时。

(4) 维修或搬迁后等。

实验室对期间核查计划的执行情况进行统计分析，定期进行评审。妥善归档保存期间核查的所有记录以及相关文件。实验室的期间核查可参考 CNAS-GL042《测量设备期间核查的方法指南》文件。

二、期间核查作业指导书

期间核查作业指导书的作用是保证每次期间核查工作都按照同样的核查方法、核查过程规范地进行，不会因为人员变动等因素而使其发生变化进而影响到核查结果的稳定性，使期间核查工作具有前后一致性。

实验室应对已确定的核查项目编制相应的期间核查作业指导书，按规定进行评审、批准。一份期间核查的作业指导书通常应包括以下内容：

(1) 所要控制的测量设备/过程的工作特性与技术指标，及被核查的参数（或量）和范围，包括设备名称、编号、测量范围、分辨率、不确定度、稳定度、重复性、复现性等。

(2) 所选定的核查方法，相应的核查标准及技术指标、稳定性，当两个设备的差值作为核查标准时，被测样品及其技术指标、稳定性。

(3) 核查的环境条件。

(4) 核查人员的能力要求。

(5) 操作步骤与方法。

(6) 需要记录的数据与分析和表达的方法，相应的记录表格。

(7) 接受（或拒绝）的准则和要求，及测量设备/过程是否在控的判断方法。

(8) 核查间隔。

(9) 相关不确定度评定（如适用）。

(10) 其他一些影响测量可靠性因素的说明（如适用）。

作业指导书可以是独立的文件形式，也可以包含在其他文件（如设备的操作规程）中，实验室可以根据自身实际情况选择适当的形式。

三、期间核查的记录

期间核查记录的内容包括期间核查计划、采用的核查方法、选定的核查标准、核查的过程数据、判定原则、核查结果的评价、核查时间、核查人和判定人的签名等，同时一般还应包括环境条件（如温度、湿度、大气压力）等。

期间核查工作结束后，建议编写核查报告，并且与原始记录一同进行审核批准并归档保存。核查报告一般应包括以下内容：

(1) 被核查设备与核查标准的名称、编号，当用两个设备差值作为核查标准时，被测样品的名称与编号。

(2) 核查时间、环境条件与核查人员。

(3) 数据的分析处理。

（4）核查结论，即测量设备/过程是否在控。

（5）其他，如建议、相关说明。

四、期间核查结果的处理

当期间核查发现仪器性能超出预期使用要求时，首先应立即停用；其次要采取适当的方法或措施，对上次核查后开展的检测/校准工作进行追溯，分析当时的数据，评估由于使用该仪器对结果造成的影响，必要时追回检测/校准结果。

第六节　实验室认可现场评审中的尺度把握

国外只有“校准”而没有“检定”的概念，也就不存在检定规程和检定周期的硬性规定，校准一般不规定校准周期，但有的厂家会提出建议校准周期。国外测量设备校准周期一般是由使用者根据设备使用情况以及对积累的相关运行数据的统计分析后，自行确定的。所以确定设备校准周期，是用户在保证设备正常运行的情况下成本与利益之间的一种平衡。

在国外实验室，有不少测量设备的校准周期都不止一年，而是两年、三年甚至更长。而在长校准周期里，考虑到一旦设备发生偏移，将会造成测量结果失准，所以需要采取适当的方法或措施，尽可能地减少和降低由于量值失准而产生的成本和风险，有效维护实验室和客户的利益。为此，采取期间核查的方式保证设备校准的可信度也就十分必要了。

期间核查的要求不是盲目提出的，采用什么核查方法、针对什么设备开展期间核查，都是基于上述原因而统一制定的。不能不顾实验室的具体情况，不计成本而单纯强调期间核查，也不能只考虑成本而忽视了期间核查对结果质量的保证作用。

考虑到我国计量工作的实际情况，我们的计量标准都需要依据 JJF 1033—2016《计量标准考核规范》进行稳定性考核，同时，如作为法定计量检定机构还需符合 JJF 1069—2012《法定计量检定机构考核规范》的要求；并且我们的检定规程均规定明确的检定周期（有一年甚至半年的）。所以在实验室认可的现场评审中，应当正确理解并客观看待期间核查。过分强调期间核查，对所有测量设备都要求实施期间核查是不现实的；反之，对期间核查条款不予关注，只要实验室的体系文件中有相关条款规定或提供了期间核查的记录表格，就认为实验室进行了有效的期间核查，这也是不可取的。

一、期间核查与“5.9 检测和校准结果质量的保证”要素的关系

在实验室认可的现场评审中，针对期间核查工作的评审，应当着重结合《认可准则》的 5.9 要素“检测和校准结果质量的保证”，全面审核实验室两者是否有效结合。

《认可准则》5.9 要素中规定：“实验室应有质量控制程序以监控检测和校准的有效性。所有数据的记录方式应便于发现其发展趋势，如可行，应采用统计技术对结果进行审查。……定期使用有证标准物质（参考物质）进行监控和/或使用次级标准物质（参考物质）开展内部质量控制。……应分析质量控制的数据，当发现质量控制数据将要超出预先确定的判据时，应采取有计划的纠正措施来纠正出现的问题，并防止报告错误的结果。”

5.9 要素明确地要求通过监控、应用统计技术对结果进行审查，发现监控数据的发展趋势，采取相应措施防止错误结果。

在这里，监控手段之一就是期间核查，可见期间核查并不是在两个校准时间间隔之间的简单再校准，而是要用一定的技术手段对这些数据进行统计分析，发现测量设备的主要参数的稳定性及变化趋势，以便对可能出现的偏离正常检测或校准的情况采取有效的预防措施加以控制。如果实验室质量控制比较严格有效，有可能会通过每年的周期检定，建立核查数据库，通过绘制极差控制图、平均值标准差控制图等方式来监测校准/检测设备的计量性能。这样测量设备的不确定度、长期稳定性及其变化趋势就会一目了然。仅仅找一个稳定的核查标准得到几组核查数据并不能说明问题，因为期间核查最后的落脚点在于对核查数据的分析，通过数据分析，对测量设备的计量性能是否符合使用要求做出判断。

评审时应注意作为监控手段之一的期间核查，最后的侧重点在于对核查数据的分析，通过数据分析对测量设备的计量性能是否符合使用要求做出判断。在现场评审中，不应僵化地审核实验室有没有制定期间核查计划，有没有期间核查记录，关键是要建立与5.9要素紧密结合的一套质量监控措施，对它们进行有效的监控，从而达到期间核查的最终目的。

二、对期间核查相关文件、记录的评审

（一）对期间核查相关文件的评审

年度期间核查计划应包括实施期间核查的设备、需核查的参数、核查间隔的设置、核查方式等信息，该计划应经过审批。实验室应指定专人负责按照计划实施设备的期间核查。

（1）实验室体系文件的岗位职责中应包括有关期间核查的职责，如哪个岗位的人员负责决定对哪类仪器设备或标准物质实施期间核查，哪个岗位的人员负责实施期间核查。

（2）实验室的管理体系文件（无论是哪个层次）中应规定实施期间核查的条件，并对其使用的仪器设备、参考标准、基准、传递标准或工作标准以及标准物质等进行识别，明确是否需要开展期间核查，并制定相应的操作程序。

（3）当体系文件规定要对设备开展期间核查后，应对实验室的在用设备从稳定性、使用状况、上次校准的情况、使用频次、设备操作人员的熟练程度、设备使用环境等方面进行分析，并得出对哪些设备在何种情况下要进行期间核查，以及期间核查的间隔。

（4）实验室对需进行期间核查设备进行分析识别的人员的资格，应有明确的规定。

（5）根据识别出的需进行期间核查的设备，制定相应的年度期间核查计划，对计划的执行情况进行统计分析，定期进行评审，并由专人负责实施和督查。

（6）对已确定的核查项目编制相应的期间核查方案，按规定进行评审、批准。一份期间核查的作业文件（指导书）通常应包括的内容见本章第五节“二、期间核查作业指导书”。

（二）对期间核查相关记录的评审

对期间核查相关记录的评审应按本章第五节“三、期间核查的记录”中叙述的内容进行。

三、期间核查结果的应用

实验室应明确专人对核查的结果进行分析，以判定其结果是否出现异常，是否出现异常

趋势需进一步监控，异常现象的判定依据等内容应有作业指导书。当期间核查的结果表明该设备出现偏差时，应根据情况对设备进行维护调试，或将设备送至校准机构进行校准。还应分析偏差对以前测试产生的影响，启动“不符合工作程序”和/或“纠正措施程序”，进行必要的追溯。

实验室期间核查整体实施情况、核查结果等应作为实验室年度管理评审重要输入材料。

第十章　实验室质量监控的要点理解与组织实施

第一节　实验室技术能力的质量控制

实验室能否承担检测或校准任务，取决于实验室的技术能力。实验室技术能力通常由检测或校准的项目、参数、范围，能达到的测量不确定度或最大允许误差或准确度等级，依据或满足的技术标准或技术规范等表述。实验室的技术能力是实验室所从事的技术工作的能力和水平的直接体现。实验室配备的资源应与所承担的检测或校准任务相适应，例如，负责量值传递的校准实验室，要具备相应的测量标准、计量检定人员、计量检定规程及符合规程要求的设施和环境条件等；负责检测任务的实验室应具备相应的检测设备和设施、检测人员以及所依据的国家军用标准或国家标准等。实验室在建立和运行质量管理体系时，应根据本实验室开展工作的现状，结合任务要求，对每项技术能力项目逐一进行审核，以便准确地提出申请认可的技术能力。

影响实验室技术能力的主要因素有人员、设备、设施和环境条件、方法的选择和确认、测量溯源性、抽样以及对被测件的处置等。对于不同类型的检测或校准实验室，这些因素对测量不确定度的影响是不同的，因此实验室在制定检测或校准的方法和程序时，在人员培训和考核以及选择检测或校准设备时，都应考虑这些因素。在内部审核时，特别是在申请认可之前应对实验室的技术能力进行全面的考核。

一、人员

在影响实验室技术能力的诸多因素中，首要考虑的是人员对实验室技术能力的影响。实验室应制定人员的岗位职责、人员教育和培训的目标、培训的程序和计划。培训计划应与实验室当前的和预期的任务相适应，应确保检测和校准的人员都具有相应的资格；还应保留人员的技术档案，充分发挥每个技术人员的技术特长。

（一）岗位职责

实验室内部的组织机构及岗位设置是否合理和适宜会影响到实验室技术能力的发挥，这是实验室必须考虑的问题。

实验室要明确从事检测或校准工作的人员、专用设备的操作人员和审核报告或证书的人员的职责，他们是实验室进行检测或校准工作全过程的关键性人员。从认清委托方需求开始，利用资源（人员、设备和设施、资金和信息等），得到一系列检测或校准的结果，最后出具检测报告、校准证书或检定证书，这就是实验室检测或校准工作的全过程。在这个过程中，应由有足够专业技术水平的人员进行工作，由这些人员确定检测或校准方法，开展检测或校准工作，保证出具结果的正确性。

实验室也要明确从事消耗材料的采购，设备的维修保养，被测件的收发、储存保管与运输，环境条件的监控和保障，文件资料的管理以及仪器设备的管理、送检等从事技术保障的人员的职责，虽然他们不直接从事检测或校准活动，但是他们的工作质量有可能对实验室的技术能力的发挥产生很大影响，应予以控制。

（二）资格与技能

在影响检测或校准工作质量的诸多因素中，从事检测或校准工作人员的资格、技能与水平是十分重要的因素。实验室领导应确保所有进行检测或校准的人员、操作专用设备的人员、评价或审核报告证书的人员具备相应的能力和资格。实验室的聘用人员也应具备相应的资格，并受到监督。

实验室应有各类人员的教育、培训和技能目标，制定相应的政策和程序以及人员培训计划，并记录实施结果。实验室应对从事特定工作的人员进行资格确认，包括要求的学历、培训结业证明、技能考核证明和资历等，资格应与从事的工作相适应。

实验室应保存人员的技术档案，包括教育、培训、考核的记录和资格证明文件。

（三）授权签字人

实验室最高领导应授权专门人员在实验室出具的报告或证书上签字，审核评价检测/校准结果，从技术上审查、把关，对出具的检测或校准结果负责。这些人员称为授权签字人，一般属于实验室的技术管理层，对确保检测或校准结果的质量有明显的作用。

授权签字人通常具有相应的资格，在实验室组织结构中有相应级别的职位、职责和权限，对报告的结果有足够的判断经验，他们熟悉实验室的技术工作内容，可以保证签发的报告和证书的质量。

授权签字人也可以是管理层人员，但必须与技术工作保持足够的联系，有足够的技术支撑，从而保证具有对检测或校准结果评价的能力。

二、设备

实验室的设备是技术能力的主要基础，对于完成检测或校准工作的质量是至关重要的。根据ISO/IEC 17025的要求，实验室应注重以下方面：

（1）制定控制检测或校准所用设备（包括借用设备）的管理规定或程序，并按规定执行。

（2）用于检测或校准的所有设备都应达到技术标准或规范要求的量程范围和准确度等级。对于需要进行溯源的设备都能按照规定的周期进行校准或检定。当校准产生一组新的修正因子时，应确保在所有计算程序中都得到了正确更新。对于需要特别保持校准状态可信度的测量设备，应进行核查。

（3）设备操作人员应具有资格。

（4）设备都应有唯一标识并保存设备的档案记录；需要溯源的设备上应有校准状态标识。

（5）有措施和制度确保测量设备的安全处置、运输、存储、使用和维护，并能防止污染和损坏。脱离实验室直接控制又返回实验室的设备，在使用前应对其功能和校准状态进行检查。

（6）对于不能正常工作的设备应采取隔离措施，并使用停用标识以防止误用。对设备停用前造成的影响及时采取纠正措施。

（7）对设备（包括硬件、软件）采取良好的保护措施，以防止发生使检测或校准结果失效的“调整”。

三、设施和环境条件

实验室的设施和环境条件是保证检测或校准结果正确性的重要条件。环境条件应满足所依据技术标准或技术规范的规定，还应满足所使用的仪器设备、被测件（样品）等方面对设施及环境条件的要求。当环境条件对检测或校准结果有影响时，实验室需要对环境条件进行控制、监测和记录。

（一）对设施和环境条件的要求

实验室可从以下方面考虑检测或校准工作对设施和环境条件的要求：

（1）所从事的检测或校准工作所遵循的技术标准、规范对设施和环境条件的要求。

（2）实验室检测或校准工作所使用的测量标准、检测设备对设施和环境条件的要求。

（3）被测件对设施和环境条件的要求。

（4）检测或检定人员的防护措施对设施和环境条件的要求。

（5）实验室在固定设施以外的场所进行检测或校准时的特殊要求，例如接地、防振、防潮等，保证结果的有效性不受到影响。

（二）对设施和环境条件的监测和控制

实验室对设施和环境条件的控制应确保在此环境条件不会使测量结果无效，不会对所要求的测量质量产生任何不良影响，不会影响实验室发挥其技术能力水平。实验室对环境条件的控制包括以下方面：

（1）实验室应当将影响检测或校准结果的设施和环境条件的技术要求文件化，例如，可以对实验室的设施和环境条件提出总要求，并分别列出每一项测量标准或检测设备对设施及环境条件的特殊要求。

（2）实验室对需要控制的环境条件采取相应的监测、控制和记录措施，必要时采取有效的隔离措施或控制措施。

（3）通过明文规定对进入和使用对检测或校准质量有影响的区域加以控制。

（4）实验室应采取必要的措施，保持良好内务，应有内务管理规定。

（5）若发现环境条件不符合要求，应该评审该环境条件对检测或校准结果的影响程度，并采取必要的措施，以至停止检测、校准或检定工作，做好记录。如果发现对以往的结果已经造成影响，应及时追回已经出具的报告或证书，并做必要的处理。

四、方法的选择和确认

实验室进行检测或校准工作时，应尽可能使用标准的方法或得到同行承认的方法。这些方法对实验室检测或校准结果的质量具有重要影响。实验室应对技术标准（检测标准、检定规程、技术规范等）的选用做出明文规定，包括对适用的技术标准的选择、对非标准方法的确认、自编方法的评审、测量不确定度的评定以及对测量数据的控制等方面的内容。

（一）技术标准的选择

实验室选择技术标准时，应该注意以下方面：

（1）实验室所选择的技术标准应适用于所进行的检测或校准工作，并满足委托方的需要。选择的标准应是现行有效版本，选择时应符合《认可准则》规定的选择顺序：首选国家标准，如果没有国家标准则依次选用国际标准、行业标准或跨国区域标准、国家军用标准、部门军用标准。

（2）实验室应保存用于检测或校准所使用方法的全部文件并编制目录汇总列表，包括选用的技术标准，被测件的处置、运输、储存和准备方法的技术文件，检测或校准数据分析计算方法，抽样时所采用的统计技术方法，测量不确定度的评定方法等。与方法有关的技术文件应受控管理。

（3）编写的作业指导书或操作说明也应当经过评审并成为受控文件。

（4）如果实验室选择权威技术组织发布的或在有关的科技文献、期刊中发表的或由设备制造厂规定的方法，实验室应评审该方法的正确性和适用性，评价其满足预期用途的能力和证明方法的有效性，并编制成实验室的技术文件后使用。

（5）当选用非标准方法时，应经确认并征得委托方同意。

（二）非标准方法的确认

实验室如果使用自编的方法或选用非标准方法，应有自定方法的确认程序，内容应包括以下方面：

（1）确认所使用的自定方法是否正确、适用，应有验证报告。

（2）选用非标准方法的内容是否全面、充分。

（3）方法的测量范围等技术指标是否与实验室实际工作情况相适宜，与委托方的需求相适应。

（三）不确定度的评定

凡是给出定量的测量结果，实验室都应能给出其测量不确定度。实验室给出的测量不确定度反映出实验室技术能力的水平。因此应该对实验室不确定度的评定能力予以较多的关注。在测量不确定度评定方面通常要求以下内容：

（1）实验室应有“评定测量不确定度的程序”。

（2）对于每项测量标准和重要的测量结果，应充分分析不确定度的来源，并进行不确定度估算。

（3）应规定合成标准不确定度及扩展不确定度的计算方法和报告形式。

（4）对规定的测量不确定度的评定方法和表达方式，实验室应能够正确执行。

（四）测量数据的控制

实验室测量数据的正确性、有效性、完整性能够综合反映实验室的技术能力，因此无论对于非自动化设备所进行的计算、转换及其校核方面，还是对于利用计算机或自动化设备进行采集、处理、记录、报告、存储或检索测量数据方面，都应该仔细地加以检查、校对及审核。实验室使用计算机或自动化设备时，可采取以下措施保证对测量数据的控制：

（1）使用实验室自己开发的软件时，应编写程序说明、流程图和源程序，并经审查确认其适用性。

（2）在用计算机输入、采集、存储、传输及处理数据时，应制定保证数据完整性、安全性和保密性的保护程序，防止数据丢失或泄密，防止非授权人接触和修改记录的数据，对不允许修改的部分采取只读处理，对常用软件做备份保留等。

（3）提供维护计算机和自动化设备功能正常的环境条件和运行条件并能对设备有效维护。

（4）对使用的商品软件需要自己配置或进行修改时，应进行充分验证和评审，确认其适用性。

五、测量溯源性要求

实验室测量设备的溯源性是实验室的测量标准、检测设备给出的测量结果的量值准确一致和可信的必要保证，也是有效发挥实验室技术能力的有力保证。

测量设备溯源性的要求一般包括以下方面：

（1）需要进行校准或检定的设备包括所有用于检测或校准的设备，以及对检测或校准结果的准确度和有效性有明显影响的辅助测量设备，如校准实验室的测量标准装置（含主标准器、主要配套设备等）、标准物质等，检测实验室的测量设备和具有测量功能的检测设备等。

（2）对于需要进行校准或检定的设备，实验室应制定校准计划，除了首次使用前校准外，日常按照规定的周期进行校准或检定；由本单位计量机构校准时，其使用的测量标准应经确认符合要求并有证明其溯源性的证书；如果使用外部校准服务，应溯源到那些能证明其资格和校准能力的校准实验室。

（3）校准实验室应绘制本实验室的溯源等级图。

（4）如果检测实验室的测量设备引入的不确定度在检测结果的总的测量不确定度中的影响小到可以忽略，该测量设备可以不校准，但实验室应提供证明文件。

（5）如果实验室某些测量项目不能严格溯源到国际单位制单位，实验室可溯源到由有资格的供方提供的有证标准物质；或参加实验室之间的比对活动并以比对报告作为能力的证明文件；或使用经有关方约定的方法进行验证，或溯源到各有关方同意的协议标准等。

（6）对校准实验室建立的参照标准，应编写《测量标准技术报告》，并经过审核、批准，获得《测量标准证书》；实验室的参照标准应溯源到有资格证明的、校准能力可以得到质量保证的实验室，这些有资格的实验室可以是经过 ISO/IEC 17025 认可的校准实验室，也可以是经过国家标准 GB/T 15481 认可的校准实验室。由这些校准实验室出具的校准证书（或检定证书）应具有溯源性的说明，是实验室技术能力和测量溯源性的证明文件。

（7）实验室使用的标准物质也应溯源到国际单位制单位或有证标准物质。

（8）对于特别需要保持校准状态可信度的测量标准和检测设备，在两次校准间，还需按规定或程序进行周期内的核查。

（9）为了保持设备良好的校准状态，实验室对其参照标准和标准物质的安全处置、运输、存储、使用应专门制定程序。

六、抽样

当抽样作为实验室检测或校准工作的一部分时，抽样工作对实验室技术能力的影响是不容忽视的。在这种情况下，应根据《认可准则》的要求，选择抽样方法、制定抽样计划和程序，有关要求如下：

（1）正确地选择和使用有关抽样的标准或规范，正确地制定抽样方案和程序，抽样方案应建立在统计方法的基础上。

（2）在抽样过程中应有效地控制各种影响因素，包括抽样方案的各要素，被抽取物质、材料或产品的批次和供方情况，抽样操作人员的技能，环境条件等；若为送样检测时，可以只考虑样品的数量及状态等。

（3）实验室对有关抽样工作以及与委托方联系的内容都应有记录。

七、被测件的处置

实验室在处置被测件的运输、接收、处理、标识、保护、储存等过程中应能够防止其发生变质、丢失、损坏或混淆。例如，在接收被测件时，发现不符合技术标准规定的异常情况或偏离规定的情况、不适合进行所要求的检测或校准工作、提供的说明书不够详细等情况，如果不在工作开始前与委托方核对清楚，都可能影响实验室校准或检测结果的正确性和有效性。

实验室应制定被测件的处置程序，应有保护完整性和委托方利益的存储设施和安全措施；要有明确的标识制度，保证在实物上以及相应的记录或文件中都不会混淆。

第二节　实验室质量监控计划的制定

《认可准则》5.9条“检测和校准结果质量的保证”中的第5.9.1款提供了常用的5种质量监控方法，实验室质量监控计划可包括（但不限于）下列内容：

1）定期使用有证标准物质进行监控和/或使用次级标准物质开展内部质量控制。

2）参加实验室间的比对或能力验证计划。

3）使用相同或不同方法进行重复检测或校准。

4）对存留物品进行再检测或再校准。

5）分析一个物品不同特性量的结果的相关性。

其中1），3），4），5）属内部质量控制方法，2）属外部质量保证方法。内部质量控制是实验室依靠自身资源评价检测或校准结果的质量。外部质量保证在水平相当的同类实验室之间进行，可发现存在的系统偏差，是内部质量控制的补充。

外部质量保证计划包含了实验室间的比对和能力验证计划。通过实验室间比对可以确定实验室进行特定检测/校准的能力，监控能力维持的状况，识别实验室人员的水平，确定新方法性能、有效性，增加客户对实验室的信心，识别实验室间的差异以及为标准物质定值及评价其适用性。能力验证计划是为保证实验室在特定检测或校准领域的能力而设计和运作的实验室间比对。

测量结果的质量监控是一种定期实施的技术活动，一般采用内部质量控制和外部质量保证相结合的方法进行。实验室应根据检测或校准的特性、能力范围、有证标准物质的来源情况以及实验室人员的多少来制定质量监控计划，应尽量确保覆盖实验室所有能力。

质量监控计划应明确监控项目或参数名称、监控方式、执行人员和执行时间、频次、可疑结果的判断准则等。实验室应着重选择新开展的、有新人员上岗的、技术难度较大的、测量设备变化或性能不稳定的、有客户对结果投诉的、发生过重大质量问题的项目或参数进行监控。在制定外部质量保证计划时，应严格按照CNAS-RL02《能力验证规则》和《CNAS能力验证领域和频次表》的要求寻找提供能力验证活动的机构，满足CNAS对实验室参加能力验证子领域和频次的要求。

当承担重要的校准和检测，如仲裁检验、涉及大宗贸易的验货、能力验证、现场考核试验等，或校准和检测过程发生异常，需对已检结果进行验证，纠正措施或预防措施实施效果的验证时，可以制定临时的质量监控计划。

第三节　定期使用有证标准物质开展内部质量控制

有证标准物质（CRM）的证书给出了标准物的量值及其不确定度。利用 CRM（包括次级标准物质）开展内部质量控制，相当于“测量审核”或盲样试验，即实验室对被测物品（材料或制品）进行测量，将其结果与参考值进行比较的活动，而参考值就是 CRM 或次级物质证明书提供的已知量值。

一、CRM 的选择

（1）量值（或含量水平）应与被测物品相近。

（2）基体应尽可能与被测物品相同或相近。

（3）形态（液态、气态或固定）应与被测物品相同。

（4）保存应符合规定的储存条件，并在有效期内使用。

（5）量值的不确定度 U_{RM} 与被测物品测量的不确定度 U_u（包含概率均为 95%）的关系尽量满足 $U_{RM} \leqslant \frac{1}{3}U_u$。

（6）同一 CRM 不能既用作仪器设备响应的校准，又用作测量结果的监控。

二、质控数据的判断

通常将 CRM 作为“盲样”进行检测，测量的结果为 x_u，则

$$E_n = \frac{x_u - x_{RM}}{\sqrt{U_u^2 + U_{RM}^2}}U_u \tag{10-1}$$

式中　x_u——实验室测量得到的 CRM 的量值；

x_{RM}——CRM 证书给出的标准物质的量值；

U_u——测量结果 x_u 的扩展不确定度，包含概率为 95%。

如果 $U_{RM} \leqslant \frac{1}{3}U_u$，则式（10-1）可简化为

$$E_n = \frac{x_u - x_{RM}}{U_u} \tag{10-2}$$

通常按 E_n 值将测量结果分为以下三段：

1）当 $|E_n| \leqslant 0.7$ 时，为接受段，表明测量结果的质量得到保证。

2）当 $|E_n| > 1$ 时，为拒绝段，表明测量结果的质量失控，须查找原因并采取纠正措施。

3）当 $0.7 < |E_n| \leqslant 1$ 时，为临界预防段，表明测量结果的质量接近临界状态，须查找原因并采取适当的预防措施。临界预防下界可根据实验室和仪器的情况而定，也可以是 0.8 或 0.9，其选择取决于资源和风险之间的平衡。

第四节 参加实验室间的比对或能力验证计划

一、能力验证的概念

能力验证（proficiency testing，简称 PT），是利用实验室间比对（inter-laboratory comparison）确定某实验室检测/校准能力的一项活动，包括由实验室自身、顾客、认可或法定管理机构等对实验室进行的评价。

能力验证对于识别实验室可能存在的系统偏差并制定相应的纠正措施，实现质量改进、进一步取得外部的信任，具有明显的作用。由于能力验证是通过外部措施来补充实验室内部质量控制的手段，当实验室开展新项目以及对检测/校准质量进行核验时，就显得尤为重要。GB/T 27043—2012《合格评定 能力验证的通用要求》（等同采用 ISO/IEC 指南 17043：2010），是开展该项活动的指导性文件。

早在 1998 年国际计量委员会（CIPM）向米制公约组织做了题为《国家与国际对于计量的需求：国际合作与国际计量局的作用》的报告，该报告阐述了能力验证与溯源对于保证测量一致性的作用。

图 10-1 所示为两个国家或经济体的溯源等级图，即检测实验室使用的检测设备或计量标准溯源到校准实验室，校准实验室使用的校准设备或计量标准溯源到国家计量院（NMI）的计量标准或工作基准，直到国际计量基（标）准。

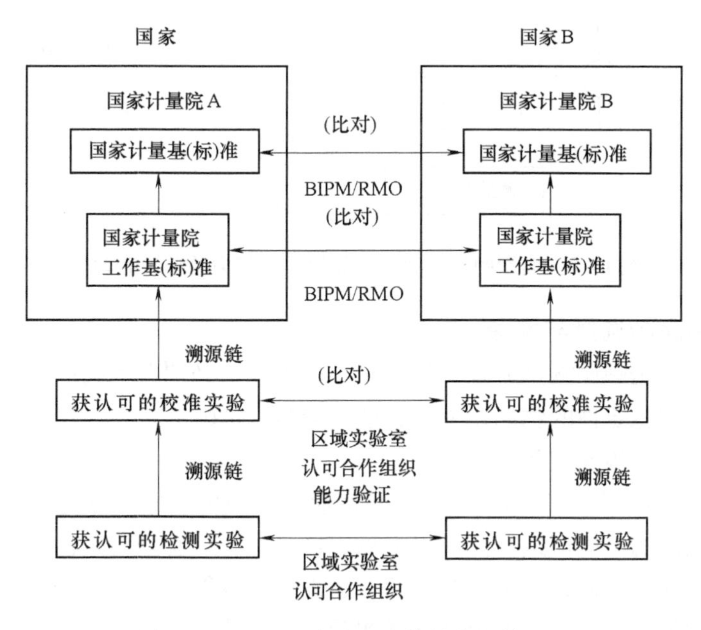

图 10-1 两个国家或经济体的溯源等级图

BIPM—国际计量局 RMO—区域计量组织

可以看出，为检查或验证纵向溯源路径的有效性和连续性，区域实验室认可合作组织（如亚太实验室认可合作组织 APLAC、欧洲认可合作组织 EA）必须对该区域内国家或经济体进行校准实验室间的横向比对和检测实验室间的能力验证。通常所说的能力验证，包括了校准实验室间的比对和检测实验室的能力验证，比对是通过对测量结果的量值的比较来评价实验室的校准能力，能力验证则是通过对实验室检测结果的分析对其能力予以确认。由于校准仅仅是对测量仪器计量特性的确认，实验室是否具有相应的校准能力还需通过比对得以确认。

由于能力验证与溯源在保证测量一致性中的地位与作用不同，因此不能相互替代，但是当量值难以或无法溯源时，参加适当的实验室间比对可增强人们对测量一致性的信任，由国际计量局（BIPM）或区域计量组织（RMO）组织的国家计量院计量基准的比对即属这一情形，关键项的比对为国家计量院所出具的校准证书的互认提供了基础。

二、校准实验室间量值比对

（一）比对程序

通常由参考实验室（PTP）提供被测物品，该被测物品在参加实验室中顺序流转。被测物品可以是已知量值及其测量不确定度的传递标准或有证标准物质。典型的校准实验室间比对（能力验证）程序图如图 10-2 所示。

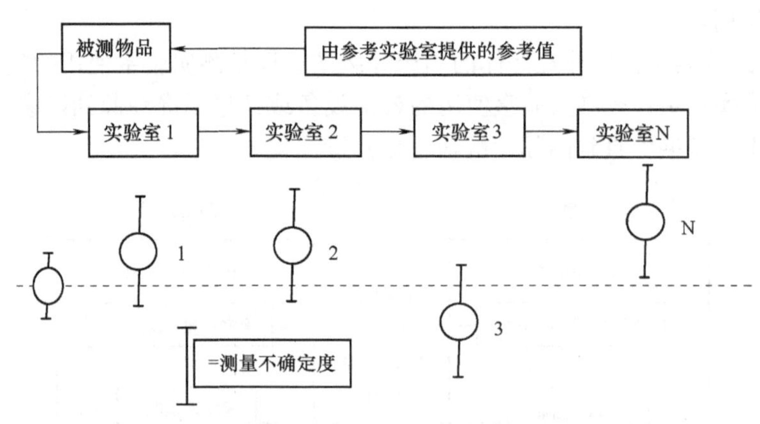

图 10-2　典型的校准实验室间比对（能力验证）程序图

（二）被测物品的选择与准备

由于比对采取的是顺序测量方式，耗时较长，为此，必须保证物品的稳定性。通常采取的措施有：选用已知稳定性的物品；采用合适的包装和运输方式；对参加实验室对物品有疑问时，将其送回参考实验室重新校准。

【例】为开展电能表量值比对，参考实验室应对作为传递标准的电能表在电流、电压和功率因数测量范围内的电能值进行三次以上稳定性考核，只有当稳定性符合要求时，才可用作传递标准。当循环结束回到参考实验室后，还需对该电能表再进行测量。参考值即为稳定性测量结果的平均值。当传递标准返回参考实验室时，若测量结果符合稳定性要求，则可认为其计量性能在传递过程中没有发生变化。

（三）路径的选择

根据被测物品稳定性能的好坏，量值比对的线路可选择圆环式、星形式和花瓣式，如图 10-3所示。在参加实验室不多，传递标准结构比较简单、便于搬运、稳定性非常好的情况下，适用圆环式比对；如传递标准稳定性比较好，则可采用花瓣式；否则只能采取星形式。

图 10-3　校准实验室量值比对路径图

注：A 表示参考实验室，B、C、D、E、F、G 表示参加实验室。

（四）处理能力验证数据的统计方法

1. 指定值的确定

计量器具有准确性、一致性和溯源性，校准结果具有相当的可比性。通常由一个权威机构作为开展校准实验室间比对的参考实验室，为被测物品提供参考值，该参考值即为指定值。例如，在组织省级计量院（所）量值比对时，国家计量院常常作为参考实验室，以获得更小的测量不确定度，从而提高其测量结果的可信度。

2. 能力统计量的计算

E_n值是最为常用、也被国际认同的一个典型的用于比对的统计量，它通过将参加实验室与参考实验室的测量结果进行比较，并考虑他们的测量不确定度来评定其校准能力，所表述的是一个标准化的误差，即

$$E_n = \frac{x - X}{\sqrt{U_{lab}^2 + U_{ref}^2}} \tag{10-3}$$

式中　x——参加实验室的测量结果。

X——参考实验室的参考值（指定值）。

U_{lab}——参加实验室所报告的测量结果的扩展不确定度。

U_{ref}——参考实验室所报告的参考值（指定值）的扩展不确定度。

U_{lab}和 U_{ref}两者的置信概率应相同（一般为 95%）。

可见，E_n所表示的是参加实验室的测量结果与参考值的差值，与这两个测量结果扩展不确定度的合成不确定度之比。显然，E_n值反映了实验室的比对结果与合成测量不确定度相关，而不仅仅是测量结果接受参考值的程序，因为报告了小的不确定度的实验室，可能和在较大的测量不确定度上工作的实验室具有相似的 E_n值。若 E_n始终保持正值或负值，则表明可能存在某种系统效应的影响。

当没有公认的、适合的参考实验室时，协调机构可指定一个主导实验室，或由参加实验室推选一个主导实验室，由主导实验室对比对结果进行评判。此时，所有参加实验室的测量结果的平均值作为指定值，E_n值为

$$E_n = \frac{|X_i - \overline{X}|}{\sqrt{U_{xi}^2 + U_x^2 - \frac{2}{\sqrt{n}} \times U_{xi} \times U_x}} \tag{10-4}$$

式中　X_i——参加实验室的测量结果。

$\overline{X}$——测量结果的算术平均值。

U_{xi}——参加实验室测量结果的不确定度。

U_x——算术平均值的不确定度。

n——参加比对的实验室数量。

3. 能力验证结果的评价

当$|E_n| \leqslant 1$时，比对结果满意，通过。

当$|E_n| > 1$时，比对结果不满意，不通过。

对出现$|E_n| > 1$的实验室，必须仔细查找原因，采取纠正措施。必要时，可重新进行测量，否则，不能参与最后的统计比对。也就是说，该实验室的该项校准能力验证不能通过，即不具备该项校准能力。对出现$0.7 \leqslant |E_n| \leqslant 1$的实验室，建议采取预防措施。

【例】表10-1为有参考实验室（编号为0）时七个校准实验室关于1V电压测量的量值比对结果，测量结果扩展不确定度的包含概率均为95%。

表10-1 1V直流电压比对结果

实验室编号	测量结果-参考值（μV）	扩展不确定度（μV）	E_n
0	0	1.0	0
1	-0.1	1.5	-0.55
2	2.0	2.0	0.89
3	-1.5	1.5	-0.83
4	2.5	1.0	1.77
5	0.5	1.5	0.28
6	-2.5	3.0	-0.79

从表10-1可见，在所有参加能力验证的校准实验室中，除4号实验室的$|E_n| = 1.77 > 1$以外，其余实验室的$|E_n|$皆小于1，具备了相应的校准能力。实际上，4号实验室报告的不确定度为1.0μV，远小于6号和2号实验室，但能力验证却没有通过。可见，参加实验室所报告的不确定度并不能完全反映其所具备的校准能力。

三、检测实验室能力验证

（一）能力验证程序

由国家认可委组织实施的绝大多数检测实验室之间的比对，是由能力验证计划提供者将（取之于一个整体样品的）分割样品分发到参加实验室同时进行检测。然后参加实验室将检测结果返回到能力验证计划提供者进行分析，这包括确定公议值。图10-4是典型的检测实验室之间的能力验证。

（二）被测物品的制备

检测物品的制备应考虑到可能影响比对完好性的条件，诸如均匀性、抽样、稳定性、转运中可能的损坏及周围环境条件的影响。分发的被测物品在性质上应与参加实验室日常检测/校准的物品相类似，数量上取决于所需覆盖的范围。

实验室间检测比对应考虑样品的均匀性和稳定性。样品均匀性的检测或稳定性保证，都应在样品发送前得到落实。对性能稳定的样品只需考虑均匀性。样品均匀性的检测方法可参

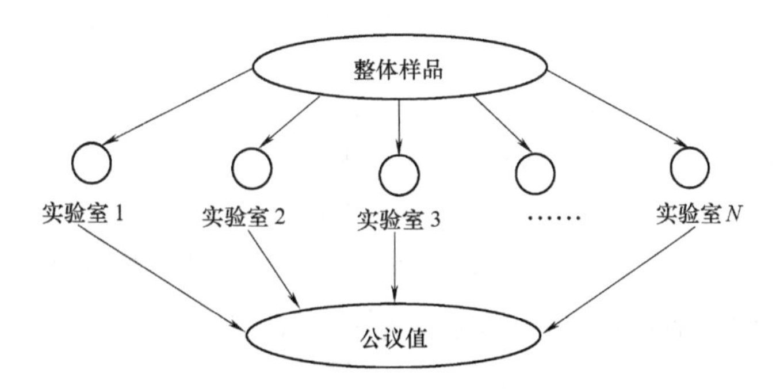

图10-4　典型的检测实验室之间的能力验证

见CNAS公开文件CNAS-GL003《能力验证样品均匀性和稳定性评价指南》。检测比对路径，可参考如图10-3所示的校准实验室量值比对路径来选择。

（三）处理能力验证数据的统计方法

1. 指定值的确定

对于检测实验室来说，由于影响测量结果的因素往往较多，试验条件不易控制，测量结果出现离群值的概率较大。由于算术平均值受所有参加实验室比对结果的影响，尤其是当出现若干个特别大（或小）的离群值时，其对平均值的影响远大于正常值，而平均值的改变会影响其他实验室的比对结果，因此一般不以能力验证参加实验室的平均值作为参考值。

如果按照3σ原则或格拉布斯准则剔除离群值，经常会遇到离群值所在实验室的抵制或反对，有时可能也没有足够证据表明采用该值确实是不可靠的。此外，由于各实验室间测量结果的分散性或样本标准差s也会受离群值的影响，因而有时也不能直接用3σ原则或格拉布斯准则来剔除。

检测实验室能力验证的指定值使用的是从各参加实验室得到的公议值，考虑到极端结果的影响，可采用中位值作为指定值。所谓中位值，是指一组数据的中间位置的值，即有一半数据的值低于该值，而另一半数据的值高于该值。若数据的总数为奇数，则中位值为中间数的值［即第$(n+1)/2$个结果］；若数据的总数为偶数，则中位值为中间两数的平均值［即$n/2$与$(n+2)/2$个结果的平均值］。中位值的特点是不受过大或过小的离群值的影响。

2. 能力统计量的计算

（1）z比分数。z比分数定义为

$$z=\frac{y-\text{中位值}}{IQR'} \tag{10-5}$$

式中　y——参加实验室比对样品的测量结果；

IQR'——标准四分位数间距。

由上式可以看出，中位值相当于$\bar{x}$，在能力验证中作为参考值；IQR'相当于s。事实上，z比分数的最大允许值就相当于包含因子k。

设在一组数据的高端和低端各有一个四分位数值（指1/4位置处的数值，通常是该位置两侧最近的两个测量结果的内插值）Q_H和Q_L，则四分位数间距$IQR=Q_H-Q_L$。IQR通常比

s 大，通过对标准正态分析计算可得，正态分布的 IQR 与 s 的比值为 1.3490，于是标准四分位数间距 IQR' 为

$$IQR' = IQR/1.3490 = 0.7431IQR$$

（2）实验室间 z 比分数（z_B）和实验室内 z 比分数（z_W）。

假设 A、B 为参加实验室对“样品对”的两个测量结果，称为“结果对”。样品对可以是均匀对（即完全相同的两个样品），也可以是分散对（即两个相似但略有不同，如不同等级的样品）。结果对的“标准化和值” S 定义为 $\frac{A+B}{\sqrt{2}}$（两测量结果之和会消除一部分随机误差的影响），“标准化差值” D 定义为 $\frac{|A-B|}{\sqrt{2}}$（两测量结果之差可消除系统误差的影响）。

将 S 与 D 作为测量结果，按下式分别计算各个实验室的 z_B 和 z_W：

$$z_B = \frac{S - \text{中位值}(S)}{IQR'(S)} \tag{10-6}$$

$$z_W = \frac{D - \text{中位值}(D)}{IQR'(D)} \tag{10-7}$$

综上所述，为将离群值的影响减至最小，检测实验室间的能力验证活动中常用的稳健统计量有：N（结果数量，即参加检测比对的实验室数量）、所有结果值的中位值（即公议值，以此代替算术平均值）、IQR'（标准四分位数间距，以此代替样本标准差 s），并由此计算出检测结果的 z 比分数。

（3）能力验证结果的评价。

当 $|z| \leqslant 2$ 时，测量结果出现于该区间的概率在 95% 左右，通过。

当 $2 < |z| < 3$ 时，测量结果出现于该区间的概率在 5% 左右，可疑，应查找原因。

当 $|z| \geqslant 3$ 时，测量结果出现于该区间的概率小于 1%，为小概率事件，离群，不通过。

为了判断不通过是由于实验室内的随机因素还是实验室间的系统差别引起的，就需要计算 z_W 和 z_B。

当 $|z_W| \geqslant 3$ 时，表明由实验室内的随机因素所致。

当 $|z_B| \geqslant 3$ 时，表明与其他实验室之间存在较大的系统差。

【例】澳大利亚国家检测机构协会（NATA）选用均匀样品对 A、C 及单一样品 B 组成被测样品组，组织过一次关于微生物菌落总数的能力验证，计算结果见表 10-2。实验室间 z 比分数 z_B 和实验室内 z 比分数 z_W 是对于均匀样品对 A、C 而言的，z 比分数是对于单一样品 B 而言的。缺编号为 7、15、21、22、42 号实验室的测量结果。

表 10-2　微生物菌落总数能力验证的计算结果　［单位：log（CFU/mL）］

实验室编号	计算结果			z_B	z_W	z
	样品 A	样品 B	样品 C			
1	2.78	2.00	2.78	0.66	−0.11	0.00
2	3.04	1.90	3.00	1.19	0.11	−0.20
3	2.61②	1.70②	2.63②	—	—	—
4	2.58	2.30	2.48	0.12	0.45	0.60

（续）

实验室编号	计算结果			z_B	z_W	z
	样品 A	样品 B	样品 C			
5	<1	1.00	1.00	—	—	-1.99
6	2.64	2.00	2.90	0.64	-1.57	0.00
8	2.48	1.30	2.30	-0.18	0.90	-1.39
9	1.30	<1	<1	—	—	—
10	2.85	1.60	2.70	0.65	0.73	-0.08
11	2.30	1.30	2.00	-0.71	1.57	-1.39
12	2.00	—	2.00	-1.03	-0.11	—
13	1.30	1.00	1.30	-2.56	-0.11	-1.99
14	2.30	3.29	2.00	-0.71	1.57	2.57
16	2.70	1.90	2.68	0.47	0.00	-0.20
17	2.93	2.00	2.95	1.01	-0.22	0.00
18	2.78	1.30	2.70	0.58	0.34	-1.39
19	1.51	1.00	1.20	-2.44	1.63	-1.99
20	2.00	1.48	2.95	0.00	**-5.45**①	-1.04
23	2.85	2.00	<1	—	—	0.00
24	2.00	2.00	2.70	-0.27	**-4.05**①	0.00
25	<1	<1	1.00	—	—	—
26	2.00	2.00	2.46	-0.53	-2.70	0.00
27	2.60	2.30	2.48	0.14	-0.56	0.60
28	2.80	1.70	2.74	0.53	-0.34	-0.60
29	4.20	3.78	4.20	**3.75**①	-0.11	**3.54**①
30	2.90	2.30	2.85	0.87	0.17	0.60
31	2.41	2.30	2.70	0.17	-1.74	0.60
32	2.78	2.00	2.85	0.74	-0.51	0.00
33	2.70	2.59	2.04	-0.23	**3.60**①	1.17
34	2.00	1.48	2.00	-1.03	-0.11	-1.04
35	2.60	2.00	2.43	0.09	0.84	0.00
36	2.34	—	2.30	-0.34	0.11	—
37	3.18	2.11	3.00	1.34	0.90	0.22
38	2.08	1.30	1.85	-1.11	1.18	-1.39
39	2.30	2.00	2.60	-0.05	-1.80	0.00
40	2.30	1.70	2.48	-0.18	-1.12	-0.06

（续）

实验室编号	计算结果			z_B	z_W	z
	样品 A	样品 B	样品 C			
41	2.30	—	2.00	−0.71	1.57	—
43	2.00	2.48	2.11	−0.91	−0.73	0.96

① 离群的数据，即 z 比分数 >3。

② 迟到的结果。

从表 10-2 可知，第 29 号实验室对于样品对 A、C 有一个正向的实验室间 z 比分数的离群值（$z_B=3.75$），对于样品 B 有一个正向的离群值（$z=3.54$），表明测量结果偏大，并超过了本次检测比对所允许的范围，不能通过。

第 20、24 和 33 号实验室分别存在实验室内 z 比分数的离群值（$z_W=-5.45$、-4.05、3.60），表明对于样品对 A、C 所得的结果之间的差异偏大，并超过了本次检测比对所允许的范围，也不能通过。

第 13、19 和 26 号实验室分别存在 z 比分数为 $2<|z|<3$，应仔细查找原因，暂不宜通过。

四、实验室认可对能力验证的要求

（一）实验室能力认可准则中有关能力验证的条款（见表 10-3）

表 10-3　实验室能力认可准则中有关能力验证的条款

序　号	条 款 号	要　求
1	4.4.1	实验室应建立和保持评审客户要求、标书和合同的程序。这些为签订检测和/或校准合同而进行评审的政策和程序应确保 …… 对实验室能力的评审，应当证实实验室具备了必要的物力、人力和信息资源，且实验室人员对所从事的检测和/或校准具有必要的技能和专业技术。该评审也可包括以前参加的实验室间比对或能力验证的结果和/或为确定测量不确定度、检出限、置信限等而使用的已知值样品或物品所做的试验性检测或校准计划的结果
2	4.12.2	预防措施程序应包括措施的启动和控制，以确保其有效性 预防措施是事先主动识别改进机会的过程，而不是对已发现问题或投诉的反应 除对运作程序进行评审之外，预防措施还可能涉及包括趋势和风险分析结果以及能力验证结果在内的数据分析
3	4.15.1	实验室的最高管理者应根据预定的日程表和程序，定期地对实验室的管理体系以及检测和/或校准活动进行评审，以确保其持续适用和有效，并进行必要的变更或改进。评审应考虑到 ——政策和程序的适用性 ——管理和监督人员的报告 ——近期内部审核的结果 ——纠正措施和预防措施 ——由外部机构进行的评审 ——实验室间比对或能力验证的结果 ……

（续）

序　号	条 款 号	要　求
4	5.6.2.1.1	对于校准实验室，设备校准计划的制定和实施应确保实验室所进行的校准和测量可溯源到国际单位制（SI） 校准实验室通过不间断的校准链或比较链与相应测量的SI单位基准相连接，以建立测量标准和测量仪器对SI的溯源性。对SI的链接可以通过参比国家测量标准来达到 国家测量标准可以是基准，它们是SI单位的原级实现或是以基本物理常量为根据的SI单位约定的表达式，或是由其他国家计量院所校准的次级标准。当使用外部校准服务时，应使用能够证明资格、测量能力和溯源性的实验室的校准服务，以保证测量的溯源性。由这些实验室发布的校准证书应有包括测量不确定度和/或符合确定的计量规范声明的测量结果（见5.10.4.2） …… 持有自己的基准或基于基本物理常量的SI单位表达式的校准实验室，只有在将这些标准直接或间接地与国家计量院的类似标准进行比对之后，方能宣称溯源到SI单位
5	5.6.2.1.2	某些校准目前尚不能严格按照SI单位进行，这种情况下，校准应通过建立对适当测量标准的溯源来提供测量的可信度，例如 ——使用有能力的供应者提供的有证标准物质（参考物质）来对某种材料给出可靠的物理或化学特性 ——使用规定的方法和/或被有关各方接受并且描述清晰的协议标准。可能时，要求参加适当的实验室间比对计划 ……
6	5.9.1	实验室应有质量控制程序以监控检测和校准的有效性。所得数据的记录方式应便于发现其发展趋势，如可行，应采用统计技术对结果进行审查。这种监控应有计划并加以评审，可包括（但不限于）下列内容 1）定期使用有证标准物质（参考物质）进行监控和/或使用次级标准物质（参考物质）开展内部质量控制 2）参加实验室间的比对或能力验证计划 ……

（二）与能力验证报告有关的几个问题

（1）能力统计量的选取、结果的评判以及对试验的某些特殊要求，应在能力验证前告知所有参加实验室，并取得一致意见。在试验结束后，也要按照原定的评判准则来判断试验结果。

（2）对于比对周期较长的能力验证方案，主导实验室可能需要编制中期报告，列出各比对项目的统计量或初步评价结果，以便参加实验室及早了解自己的能力水平。当结果不可接受时，可以尽快开展原因调查并采取纠正措施。

（3）通常，为各参加实验室的身份保密是大多数能力验证计划的政策之一。此时，在能力验证报告中参加实验室仅以代号表示。

（4）在能力验证活动中，不宜对参加实验室进行基于 E_n 值和 z 比分数的排名，也不应做出“合格”与否的结论，而是使用“满意/不满意”或“离群”的概念。

（三）与能力验证有关的公开文件

（1）CNAS-GL002《能力验证结果的统计处理和能力评价指南》。

（2）CNAS-GL003《能力验证样品均匀性和稳定性评价指南》。
（3）CNAS-RL02《能力验证规则》。
（4）《CNAS能力验证领域和频次表》。
（5）CNAS-CL03《能力验证提供者认可准则》。

第五节　使用相同或不同方法进行重复检测或校准

一、使用相同方法

实验在重复性条件下进行时，两次测量结果的扩展不确定度相同，即有 $U_2=U_1=U$，则下式成立：

$$E_n=\frac{x_1-x_2}{\sqrt{U_1^2+U_2^2}}=\frac{x_1-x_2}{\sqrt{2}U} \tag{10-8}$$

式中　x_1——第一次测量得到的测量结果；
x_2——第二次测量得到的测量结果；
U_1——x_1 的扩展不确定度，包含概率为95%；
U_2——x_2 的扩展不确定度，包含概率为95%。

对测量结果的判断按 E_n 值的不同分为三段：

1）$|E_n|\leqslant 0.7$，为接受段，表明测量结果的质量得到保证；

2）$|E_n|>1$，为拒绝段，表明测量结果的质量失控，须查找原因并采取纠正措施；

3）$0.7<|E_n|\leqslant 1$，为临界预防段，表明测量结果的质量接近临界状态，须查找原因并采取适当的预防措施。临界预防下限可根据实验室和仪器的情况而定，也可是0.8或0.9，其选择取决于资源和风险之间的平衡。由于实验是在重复性条件下进行的，故不能判断测量结果是否存在系统偏差。

二、使用不同方法

在测量方法不同的复现性条件下进行时，

$$E_n=\frac{x_1-x_2}{\sqrt{U_1^2+U_2^2}} \tag{10-9}$$

式中　x_1——方法1给出的测量结果；
x_2——方法2给出的测量结果；
U_1——方法1测量结果 x_1 的扩展不确定度，置信概率为95%；
U_2——方法2测量结果 x_2 的扩展不确定度，置信概率为95%。

对结果的判断按 E_n 值的不同分为三段，判定方法同本节“一、使用相同方法”部分。

【例】根据欧姆定律

$$R=\frac{U}{I} \tag{10-10}$$

直流电阻 R 可以直接测量，也可以通过测量电流 I 与电压 U 算得。

方法1：直接测量电阻，得到电阻值 R_1，测量结果的扩展不确定度为 U_{R95}，包含概率为95%。

方法2：测量流经其上的直流电流 I 与加于其两端的直流电压 U，计算得 R_2，电流 I 测量结果的扩展不确定度为 U_{I95}，包含概率为95%；电压 U 测量结果的扩展不确定度为 U_{U95}，包含概率为95%。

$$E_n = \frac{R_1 - R_2}{\sqrt{U_{R95}^2 + U_{I95}^2 + U_{U95}^2}} \tag{10-11}$$

某实验室的实测数据为 $R_1 = 1000.03\Omega$，其扩展不确定度为 $U_{R95} = 0.02\% R$，包含概率为95%。

$R_2 = U/I = 1000.08\Omega$，电流 I 测量结果的扩展不确定度为 $U_{I95} = 0.01\% I$，包含概率为95%；电压 U 测量结果的扩展不确定度为 $U_{U95} = 0.01\% U$，包含概率为95%。

由式（11-11）可得 $E_n = -0.2$，$|E_n| = 0.2 < 1$，质量监控结果满意，实验室电阻测量结果的质量得到保证。

第六节　对存留物品进行再检测或再校准

通过对存留物品进行再检测或再校准来进行内部质量监控的判据是

$$E_n = \frac{x_1 - x_2}{\sqrt{U_1^2 + U_2^2}} = \frac{x_1 - x_2}{\sqrt{2}U} \tag{10-12}$$

式中　x_1——第一次测量给出的测量结果；

x_2——第二次测量给出的测量结果；

U_1——第一次测量结果 x_1 的扩展不确定度，置信概率为95%；

U_2——第二次测量结果 x_2 的扩展不确定度，置信概率为95%。

因为是使用相同的方法对存留物品进行检测或校准，测量同一被测物品，两次测量结果的扩展不确定相同，即有 $U_2 = U_1 = U$。

注意，存留物品必须稳定性良好。

对结果的判断按 E_n 值的不同分为三段，判定方法同“第五节　使用相同或不同方法进行重复检测或校准”的“一、使用相同方法”部分。同样，对存留物品进行再检测或再校准，只能对测量结果的重复性进行控制，不能判断测量结果是否存在系统偏差。

第七节　分析一个物品不同特性量的结果的相关性

利用同一物品不同特性量之间存在的相关性，可得出相关量之间的经验公式，进而可以利用相关关系间接地用一个量的值来核查另一个量的值。诸如，煤炭中灰分与热值、钢材中碳含量与抗拉强度、纤维的拉伸倍数与强度、啤酒的浊度与储藏时间以及水泥养护3天与养护28天的强度。此外，矿品的杂质与白度、水分与含量、灼烧失量与品位之间也存在着相关性。

设自变量 x 与因变量 y 对应的观测值为

$$x:\quad x_1 \quad x_2 \quad \cdots \quad x_n$$

$$y: \quad y_1 \quad y_2 \quad \cdots \quad y_n$$

如果他们之间存在线性关系，则可用直线方程拟合为

$$y = bx + a \tag{10-13}$$

用最小二乘法可求得斜率 b、截距 a 和相关系数 r

$$b = \frac{l_{xy}}{l_{xx}} = \frac{\sum_{i=1}^{N}[(x_i - \bar{x})(y_i - \bar{y})]}{\sum_{i=1}^{N}(x_i - \bar{x})^2}$$

$$a = \bar{y} - b\bar{x} \tag{10-14}$$

$$r = \frac{l_{xy}}{\sqrt{l_{xx}l_{yy}}} = \frac{\sum_{i=1}^{N}[(x_i - \bar{x})(y_i - \bar{y})]}{\sqrt{[\sum_{i=1}^{N}(x_i - \bar{x})^2][\sum_{i=1}^{N}(y_i - \bar{y})^2]}}$$

式中

$$\bar{x} = \frac{1}{n}\sum_{i=1}^{n}x_i, \quad \bar{y} = \frac{1}{n}\sum_{i=1}^{n}y_i$$

为了判断是否符合线性关系，可用相关系数 r 检验法进行显著性检验。先用式（10-14）求出相关系数 r，然后根据给定的显著性水平 α 以及测量次数 n，由表10-4查相关系数起码值 r_α。

表10-4　相关系数起码值表

$\nu=n-2$	$\alpha=0.05$	$\alpha=0.01$	$\nu=n-2$	$\alpha=0.05$	$\alpha=0.01$	$\nu=n-2$	$\alpha=0.05$	$\alpha=0.01$	$\nu=n-2$	$\alpha=0.05$	$\alpha=0.01$
1	0.997	1.000	12	0.532	0.661	23	0.396	0.505	50	0.273	0.354
2	0.950	0.990	13	0.514	0.641	24	0.388	0.496	60	0.250	0.325
3	0.878	0.959	14	0.479	0.623	25	0.381	0.487	70	0.232	0.302
4	0.811	0.917	15	0.482	0.606	26	0.374	0.478	80	0.217	0.283
5	0.754	0.874	16	0.468	0.059	27	0.367	0.470	90	0.205	0.267
6	0.707	0.834	17	0.456	0.575	28	0.361	0.463	100	0.195	0.254
7	0.666	0.798	18	0.444	0.561	29	0.355	0.456	150	0.159	0.208
8	0.632	0.765	19	0.433	0.549	30	0.349	0.449	200	0.138	0.181
9	0.602	0.735	20	0.423	0.537	35	0.325	0.418	300	0.113	0.148
10	0.576	0.708	21	0.413	0.526	40	0.304	0.393	400	0.098	0.128
11	0.553	0.684	22	0.404	0.515	45	0.288	0.372	1000	0.062	0.081

1）若 $|r| < r_{0.05}$，则 x 与 y 间线性关系不明显。

2）若 $r_{0.05} \leqslant |r| \leqslant r_{0.01}$，则 x 与 y 间线性关系显著。

3）若 $|r| > r_{0.01}$，则 x 与 y 间线性关系特别显著。

利用 r 检测法可以判断回归方程的线性关系是否显著，也可以在日常检验中用一个特性量的量值来核查另一个特性量的量值。

此外，线性关系还可用 t 检验法、F 检测法进行检验。

第八节　七种质量控制工具

20 世纪 60 年代，石川馨（Kaoru Ishikawa）所领导的一个日本科学家小组，在质量管理活动中采用了一些有效而易用的图表。多年以来，这些方法在持续改进活动中被证实是非常有用的，并得到广泛的应用，这些统计式图表方法称之为“七种质量控制工具（7QC 工具）”。它们是因果图、检查表、排列图、分层图、散布图、直方图和休哈特控制图。这七种质量控制工具自始至终都依赖于改进的理论模型，即“y 是 x 的函数”，确定 x，给出改进的 y 值。

一、因果图

因果图又称石川（Ishikawa）图或鱼骨图，20 世纪 40 年代早期在日本川崎（Kawasaki）钢厂作为质量计划的一部分由石川馨首创。

因果图是对问题的根源进行分类的一种方法。通过查找可能的原因，并针对原因制定和改善作业标准。一般来说，产生问题的原因很多，要系统地掌握它，采用因果图是适当的。主要原因通常可确认为七个 M 之一：管理（management）、人员（man）、方法（method）、测量（measure）、机器（machine）、材料（material）、环境（milieu）。

通过头脑风暴法，区分各个主要原因，并进一步查找各种更细小的原因，直至确定特殊的主要原因的根源。

因果图将问题和原因之间的关系以箭头相连，并将原因进行细分。在分析不确定度来源时，常常使用因果图。

制作因果图时应注意：

（1）问题要清晰、具体，不宜笼统。

（2）对可能的原因都要收集。有时认为不可能的原因，实际上却是很重要的，所以宜采用头脑风暴法，召集有关人员一起研讨，协力制作，以免遗漏。

（3）对原因要分析再分析，内容应翔实正确。有时只做一个因果图是不够的，要针对重点项目分别作图，并追根问底，必要时做适当增补修订。

二、检查表

检查表是为了调查、记录有关问题或事实所设计的表格，通过掌握事实，来实现问题的分析改善。例如要减少不良或投诉，降低异常现象，可设计不良现象或顾客投诉调查表，从而掌握客观事实，以利于分析掌握重点及问题所在。设计检查表时，应考虑由谁收集数据及测量间隔。

检查表通常有两种形式，来源于属性数据离散特性的为计数检查表，来源于连续数据连续特性的为计量检查表。

三、排列图

排列图于 20 世纪 40 年代由约瑟夫 M. 朱兰（Joseph M. Juran）引进。它以意大利经济学家和统计学家维尔夫莱德·帕雷托（Vilfredo Pareto，1848 ~ 1923）的名字命名，因此也称

"帕雷托图"。这种图用来区别"关键的少数和次要的多数",即 80% 的问题来源于 20% 的原因。

排列图是将问题按不良项目或原因,例如损失金额、不良个数、发生件数等由大至小顺序列成直方图并做累计曲线。这样不需复杂计算,即可求得重点项目。由于问题大小一目了然,易于理解,很具有说服力。

制作排列图时应注意:

(1) 明确收集数据的目的,确定要改善的问题。

(2) 确定分类项目。以能找出重点项目为原则,一般取 6～12 项,将其他小项合并为"其他"。

(3) 如果排列图显示项目平均化,则应从另一角度收集数据以找出重点项目。

(4) 记载数据收集的时间段和作图者。

四、分层图

一个现象是由各种原因或条件共同作用的结果,而所谓"分层"就是将不同来源的数据分离开来并单独加以分析,即以相同条件或特征将数据加以分类,以找出差异和重点所在,进而采取恰当对策。分层法在 7QC 中使用最少,但仍然非常有用。

分层法中的重要步骤是确定分层的标准。通常分为两个层别,若观测值的数据足够大,也可分为多个层别。

要利用过去的知识和经验,着眼于可能发生的差异及重点所在的层别,使复杂问题简单化,从而发现改善途径。

五、散布图

散布图是用来发现两种因素相关性的一种方法。在质量改进中,输入量 x 对输出量 y 有特殊影响。了解两者的关系,就可以通过控制 x 的波动,来改进 y。

绘制散布图,通常把 X 轴设为输入变量 (x),Y 轴设为结果变量 (y),这样两种变量就可以相对应地描出来,散布的点就显示出来了。

六、直方图

直方图也称为柱状图,常用来了解在测量阶段所收集数据的分布情况,收集到的数据能分类到不同的间隔中。直方图的每一条柱的面积,在绘制时都与每一个间隔内的数量成比例,从而给出了采集的数据所涉及的分布类型。

直方图的形态反映了过程的稳定或异常。稳定的过程是左右对称的。若直方图偏离正态分布,呈离岛型、双峰型、缺齿型、绝壁型时,则表明过程异常,存在特殊原因的波动。

七、休哈特控制图

(一) 控制图原理

休哈特控制图是一种将显著性统计原理应用于控制生产过程的图形方法,由休哈特 (Walter Shewhart) 博士于 1924 年首先提出。控制图原理认为存在如下两种变异。

第一种为随机变异,由"偶然原因"(又称"一般原因")造成。它是由各种始终存在的、不易识别的偶然原因所致，其中每种原因的影响只构成总变异的一个微小分量，而且无一构成显著分量。这些不易识别的影响的总和是可以度量的，并假设为过程所固有的。

第二种表征过程中实际存在的改变：它是由某些可识别的、非过程固有的、在理论上可消除的原因所致时。这些原因称为“可查明的原因”或“特殊原因”。

利用重复性条件下得到的数据，控制图有助于找出变差的异常模式，并提供统计失控的检验准则。当变异仅由偶然原因所致时，则过程处于统计控制状态。这种变异的可接受水平一经确定，则对此水平的任何偏离都可假定是由可查明的原因所致，应加以识别、消除或减轻。

统计过程控制的目的，就是要建立并保持过程处于可接受且稳定的水平，以确保产品或服务符合规定的要求。控制图是一种图形方法，它给出表征过程当前状态的样本序列信息，并将这些信息与考虑了固有变异后建立的控制限进行对比。控制图用于评估某过程是否已达到或是否继续保持在规定水平的统计控制状态。

（二）休哈特控制图的性质

休哈特控制图又称常规控制图，它要求从过程中以近似等间隔来抽取数据。此间隔可以用时间或者数量来定义。通常这样抽取的数据在过程控制中称为“子组”。从每一子组得到一个或多个特性，如子组平均值$\bar{x}$、子组极差 R 或标准差 s。休哈特控制图是给定的子组特性值与子组号对应的一种图形，包含一条中心线（CL），作为点绘特性的基准值。在评定过程是否处于统计控制状态时，此基准值通常为所考察数据的平均值。控制图还包括由统计方法确定的上控制限（UCL）和下控制限（LCL），分别位于中心线的两侧，如图 10-5 所示。若数据处于控制限以内，表明测量过程处于统计控制状态；反之则失控。

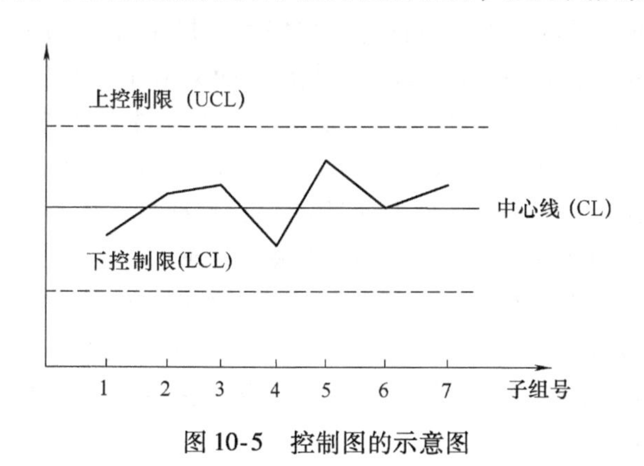

图 10-5　控制图的示意图

（三）控制图的类型

控制图分为计量控制图和计数控制图两大类。计量控制图中的数据是产品（过程）的特性值，例如平均值、标准偏差、极差；计数控制图中的数据则是具有某种特征的个体的数量，如差错率、不及时率。

检测/校准控制过程采用计量控制图。推荐使用均值控制图（$\bar{x}$ 图）和极差控制图（R 图），也可用标准差控制图（s 图）代替极差控制图。当测量次数 $n=3\sim5$ 时，一般用 R 图；当 $n\geqslant10$ 时，用 s 图。

附　　录

附录 A　CNAS 实验室认可申请书填写指南

一、CNAS-AL01《实验室认可申请书》填写要求

根据认可委（秘）［2015］32 号的实施安排，申请复评审的实验室（不包含复评 + 扩项申请）于 2015 年 3 月 16 日起仅填写《实验室认可复评审申请书》（CNAS-AL17：2015），由于该申请书内容较为简单，因此本节内容重点介绍 CNAS-AL01《实验室认可申请书》的填写要求。

（一）CNAS-AL01《实验室认可申请书》概述

CNAS-AL01《实验室认可申请书》（以下简称《申请书》）适用于检测实验室、校准实验室（含医学参考测量实验室）、司法鉴定/法庭科学机构的初次申请、扩大认可范围（含扩大认可范围 + 复评审）申请。

CNAS 对开展内部校准实验室的认可要求，参见 CNAS-CL01-G004《内部校准要求》。开展内部校准的实验室，应就内部校准所使用的仪器设备填写申请书附表 4-3。

当实验室申请校准项目认可时，应符合《中华人民共和国计量法》的有关要求。

实验室须提交 2 份《申请书》（含附表内容）书面文本和 1 份电子版本，电子媒介可以是光盘、U 盘等载体，也可以电子邮件形式发送，电子邮件发送地址：认可二处是 shenqing2@ cnas. org. cn；认可三处是 shenqing-3@ cnas. org. cn；认可四处是 haop@ cnas. org. cn；认可五处是 wanglm@ cnas. org. cn；认可七处是 chuping@ cnas. org. cn（初次申请）。

随《申请书》提交的文件资料在申请时可只提交 1 套。

《申请书》“随本申请书提交的文件资料”栏目中所提及的“典型项目的检测报告/校准证书/鉴定文书及不确定度评估报告”，是指提交每一申请认可的领域中具有代表性的检测报告/校准证书/鉴定文书，以及与所提交的检测报告/校准证书/鉴定文书相对应的不确定度评估报告，并能覆盖申请认可的方法。

《申请书》中“租用设备”是指当实验室利用租用设备/设施作为实验室的能力申请认可时，实验室的人员必须能对租用的设备进行操作和维护，并能控制其校准状态和使用环境，且同一台设备不能同时作为两个及以上实验室的能力认可。

（二）CNAS-AL01《实验室认可申请书》主要内容

1. 实验室概况

本栏须以中英文对照填写，具体包括实验室相关的名称、地址、实验室所在的具有法人资格的机构名称（若实验室是法人单位则此项不填）、组织机构代码/统一社会信用代码、法定代表人、资产性质、实验室性质、实验室属性等相关具体信息。

2. 申请类型及证书状况

主要分为初次评审、复评审、扩大认可范围三大类，其中复评审、扩大认可范围根据实验室实际申请情况可同时选择。如需要对外公布英文证书附件，请同时填写附表7。

3. 实验室基本信息

主要分为实验室类别、实验室特性、实验室设施特点、实验室场所特点、实验室人员及设施（存在多场所或分支机构时，请按不同地点填写此栏）、实验室技术能力（存在多场所或分支机构时，请按不同场所填写此栏）、实验室获得其他认可机构认可的说明、实验室质量管理体系初始运行（第1版体系文件）时间的说明等相关信息。

4. 申请书附表

实验室可以仅填写与申请认可有关的内容，当实验室存在多场所或分支机构时，应分别填写以下附表：

附表1：实验室关键场所一览表。

附表2-1：实验室授权签字人一览表。

附表2-2：授权签字人申请表。

附表3：实验室人员一览表

附表4-1：申请认可的检测能力及仪器设备（含标准物质/标准样品）配置/核查表

附表4-2：申请认可的“能源之星”检测能力及仪器设备（含标准物质/标准样品）配置/核查表

附表4-3：申请认可的校准和测量能力及仪器设备/标准物质配置/核查表

附表4-4：申请认可的司法鉴定/法庭科学机构仪器设备/标准物质配置/核查表

附表4-5.1：申请认可的参考测量能力及仪器设备配置/核查表

附表4-5.2：实验室标准物质（参考物质）配置/核查表（医学参考测量实验室专用）

附表4-6：判定标准情况一览表

附表5-1：实验室参加能力验证/测量审核一览表

附表5-2：实验室参加实验室间比对一览表

附表6：质量管理体系核查表（初次申请时填写，司法鉴定/法庭科学机构填相应的质量管理体系核查表）

附表7：实验室英文能力范围表（需要公布英文证书附件时填报）

附表7-1：实验室关键场所一览表（英文）

附表7-2：申请认可的实验室授权签字人一览表（英文）

附表7-3：申请认可的检测能力范围（英文）

附表7-4：申请认可的校准和测量能力范围（英文）

附表7-5：申请认可的“能源之星”检测能力范围（英文）

附表7-6：申请认可的鉴定能力范围（英文）

附表7-7：申请认可的参考测量能力范围（英文）

附表7-8：判定标准一览表（英文）

5. 随《申请书》提交的文件资料

主要包括以下内容：

（1）实验室法律地位的证明文件，包括法人营业执照、（非独立法人实验室适用）法人或法人代表的授权文件（若没有变化，仅在初次申请时提供）。

（2）实验室现行有效的质量手册和程序文件。

（3）实验室进行最近一次完整的内部审核和管理评审的资料（初次申请时提交）。

（4）实验室平面图。

（5）对申请认可的标准/方法现行有效性进行的核查情况（提交核查报告）。

（6）非标方法及确认记录（证明材料）。

（7）典型项目的检测报告/校准（参考测量）证书/鉴定文书及其不确定度评估报告。

（8）申请“能源之星”检测的实验室还应提供：

1）填写的能源之星产品分类表（从 EPA 网站下载，网址：http://www.energystar.gov/index.cfm?c=third_party_certification.tpc_labs）。

2）“能源之星”检测方法与实验室检测程序、检测人员对应一览表。

（9）申请费汇款单据复印件。

（10）其他资料（若有请填写）。

（三）CNAS-AL01《实验室认可申请书》填写要求

科学、系统、准确、完整地填写 CNAS-AL01《实验室认可申请书》，是顺利开展实验室认可现场评审的重要前提和保证。结合实验室认可现场评审的具体情况，在 CNAS 各表格填表说明的基础上，对《申请书》的具体内容及附表 1～7 的填写方法做出补充和细化。

假设需要填写《申请书》的××研究所校准/检测中心，是属于多地点校准/检测实验室，共有 3 个地点 A、B、C，且每个地点都有多个校准/检测领域。

1. 实验室地址填写方法

各实验室地址填写方法见表 A-1，不同地点分开做表，同一幢楼内或距离不远的多幢楼可算作同一地点，视具体情况而定（如东阁路 88 弄 3 号楼与 4 号楼都是××研究所校准/检测中心所在，只需填写到东阁路 88 弄，无须填写到几号楼）。统一填写方法见表 A-1，××研究所校准/检测中心的实验室按照表中的方法统一填写。

表 A-1　实验室所在地地址统一写法

实验室所在地	中文地址	英文地址
地点 A	浙江省杭州市富阳区桂花西路 888 号	No. 888, Guihuaxi Road, Fuyang District, Zhejiang, China
地点 B	略	略
地点 C	略	略

为此，该实验室《申请书》相关的所有申请表及附表附件，在填写“名称”时统一填写“××研究所校准/检测实验室”，英文为“Calibration and Test Laboratory of ×× Research Institute”，地址的写法参见表 B-1 及“二、合格评定机构英文名称与地址的申报指南”中的相关具体要求。

2.《申请书》附表的填写要求

二、CNAS-AL01 实验室认可申请书表格汇总

附表 1

实验室关键场所一览表（中文）

	地址代码	地址/邮编	设施特点	主要活动	备注
关键场所	A				
	B				
	C				

填写要求：

（1）设施特点包括“Ⅰ、固定、Ⅱ、离开固定设施、Ⅲ、临时、Ⅳ、可移动、Ⅴ、其他”。

（2）主要活动包括“（1）检测、（2）校准、（3）签发报告和/或证书、（4）样品接收、（5）合同评审、（6）其他”。

（3）“设施特点”和“主要活动”栏应填写第 1、2 条的代码，可复选，选择其他时，应标注具体内容。

（4）如不需要英文证书附件，可不填写英文部分表格。

（5）复评审时，对同时增加地址和/或地址变更确认，应在“备注 1”栏注明“新增”“变更”字样。

附表 2-1

实验室授权签字人一览表（中文）

名称：

地址：

序　号	授权签字人姓名	授权签字领域	备　注

填写要求：

（1）如需要英文证书附件，应填写英文部分附表 7-2“申请认可的实验室授权签字人一览表（英文）”表格，应完整列出所有申请认可的实验室授权签字人。

（2）“授权签字领域”一栏须与附表 2-2“授权签字人申请表”中“申请签字的领域”所填内容相同；“授权签字领域”请将检测领域、校准领域、鉴定领域、医学参考测量领域分开叙述；医学参考测量实验室的“授权签字领域”按 CNAS-AL11 的专业领域描述。

（3）授权签字领域格式应为“申请认可的……检测项目”，英文格式为“Apply for items of…”。

（4）备注栏填写维持、新增、取消、扩大授权领域或缩小授权领域（初次申请除外），英文表示为“Maintain，New，Cancel，Enlarge authorized scope or narrow down authorized scope”。

（5）存在多场所或分支机构时，在不同场所签发报告/证书/鉴定文书的授权签字人应分开填写。

附表 2-2

授权签字人申请表

实验室名称：________________

No.

<table>
<tr><td>姓 名</td><td></td><td>性 别</td><td></td><td>出生年月</td><td></td></tr>
<tr><td>职 务</td><td></td><td>职 称</td><td></td><td>文化程度</td><td></td></tr>
<tr><td>电 话</td><td></td><td>所在部门</td><td></td><td></td><td></td></tr>
<tr><td colspan="2">申请签字的领域</td><td colspan="4"></td></tr>
<tr><td colspan="6">何年毕业于何院校、何专业、受过何种培训</td></tr>
<tr><td colspan="6"></td></tr>
<tr><td colspan="6">工作经历及从事实验室技术工作的经历</td></tr>
<tr><td colspan="6"></td></tr>
<tr><td colspan="6">申请人签字：________________</td></tr>
<tr><td colspan="6">相关说明（若授权领域有变更应予以说明）</td></tr>
<tr><td colspan="6"></td></tr>
</table>

填写要求：

(1)“职称”一栏填写所获得的国家承认的技术职称，比如工程师、高级工程师等，如果没有相关职称，用斜杠“/”表示。

(2)“所在部门”一栏填写各实验室名称，比如计量实验室、环境实验室、材料实验室等。

(3)“出生年月”一栏统一填写：××××年××月。

(4)“申请签字的领域”一栏需根据相关授权签字人的实际情况，明确到“检测能力范围”中对应的产品大类（即“检测对象”）、“校准和测量能力范围”中对应的“测量仪器名称”、“司法鉴定/法庭科学能力范围”中对应的“鉴定领域/对象”。

(5)“毕业院校”一栏需写出最高学历的毕业院校及毕业年月。

(6)“工作经历”一栏，工作较多的需列出最近的至少3条工作经历，工作经历不足3条者，填写自毕业至今的所有工作经历。

(7)“申请人签字”一栏必须手写签名（电子签名亦可）。

(8)“相关说明”一栏填写与附表2-1“授权签字人一览表”中“备注”栏内容相同。

附表3

实验室人员一览表

名称：
地址：

序号	姓名	性别	年龄	职称	文化程度	所学专业	毕业时间	所在部门	岗位	从事本岗位年限	备注

填写要求：

（1）实验室人员填写正式员工，临时工及非签约员工可以不填。

（2）“职称”一栏填写所获得的国家承认的技术职称，比如工程师、高级工程师等，如果没有相关职称，用斜杠“/”表示。

（3）“所在部门”一栏填写各实验室名称，比如计量实验室、环境实验室、材料实验室等。

（4）“毕业时间”一栏统一填写：××××年××月。

（5）“岗位”栏请填写实验室主任、××室主任、检测员、鉴定人、档案管理员、授权签字人等。

（6）当一人多职时，请在“备注”栏按下列序号注出该人的其他关键岗位：①质量负责人；②技术负责人；③内审员；④监督员；⑤设备管理员；⑥给出意见和解释人员。其他关键岗位序号可顺延，并可用文字叙述。

（7）存在多场所或分支机构时，不同场所的人员请分开填写。

附表 4-1

申请认可的检测能力及仪器设备（含标准物质/标准样品）配置/核查表

名称：

地址：

序号	检测对象	项目/参数		领域代码	检测标准（方法）名称及编号（含年号）	说明	备注 1	检测开展日期	近 2 年检测次数	使用仪器设备/标准物质					是否确认（Y/N）	备注 2
		序号	名称							名称	型号规格	测量范围	①扩展不确定度/②最大允差/③准确度等级	溯源方式		

填写要求：

（1）本表适用于检测实验室。CNAS 对检测能力表述的要求请参见 CNAS-EL-03《检测和校准实验室认可能力范围表述说明》。

（2）“项目/参数”栏应填写实验室能够按照本表中所列检测标准（方法）实际进行检测的项目或参数。如不能对标准（方法）要求的个别参数进行检测，或只能选用其中的部分方法对某参数进行检测时，应在“说明”栏内注明“只测×××”“不测×××”或“只用×××方法”“不用×××方法”。

（3）使用可移动设施，租用设备、设施，或其他需说明的情况，填写在“说明”栏。可以进行现场检测的项目/参数，请在“项目/参数”栏标注*号。

（4）“领域代码”参见 CNAS-AL06《实验室认可领域分类表》。

（5）“溯源方式”栏填写送校、内部校准、送检、比对或其他验证方式等。其中送校、送检是指送到实验室法人以外的机构进行校准或检定，内部校准是指在实验室或实验室所在法人单位进行校准。填写“其他验证方式”时，应在“备注 2”栏注明所用方式。

（6）“扩展不确定度/最大允差/准确度等级”栏除填写数据外，还应填写相应的类型序号，例如：②±5mA。

（7）实验室对申请认可的能力进行自查，“确认”设备/标准物质满足申请认可的检测能力要求时填写“Y”，反之填写“N”。当核查结果为“N”时，实验室不应申请认可。

（8）复评审时，对同时扩大检测范围和标准变更确认，应将扩项能力和变更标准在“备注 1”栏注明“扩项”“变更”字样。

（9）实验室为多场所时，请分别填写此表。

附表 4-2

申请认可的“能源之星”检测能力及仪器设备（含标准物质/标准样品）配置/核查表

名称：

地址：

序号	检测对象	项目/参数		领域代码	检测标准（方法）名称及编号（含年号）	说明	备注 1	检测开展日期	近 2 年检测次数	使用仪器设备/标准物质					是否确认（Y/N）	备注 2
		序号	名称							名称	型号规格	测量范围	①扩展不确定度/②最大允差/③准确度等级	溯源方式		

填写要求：

（1）本表适用于开展“能源之星”检测的实验室。检测标准（方法）的填写应参考 EPA 对“能源之星”产品及其测试方法的要求列表，且为实际开展检测时采用的方法，并为有效版本。

（2）如认可的标准中有引用方法标准的，引用的方法标准也应同时在此表中予以申请；如果同一个标准被不同产品引用，应在每个产品类别中同时列出。

（3）当能源之星检测标准中部分内容不涉及检测要求，仅有特定章节或条款规定其检测方法时，“项目/参数”栏内不应填写“全部项目”或“全部参数”，应给出具体检测参数或项目，并在“检测标准（方法）名称及编号（含年号）”栏中注明检测标准的条款或章节号。

（4）在“说明”栏注明已获认可证书附件中的序号、针对每个方法的检测人员姓名。

（5）复评审时，对同时扩大检测范围和标准变更确认，应将扩项能力和变更标准在“备注 1”栏注明“扩项”“变更”字样。

（6）其他要求与附表 4-1 要求相同。

附表 4-3

申请认可的校准和测量能力及仪器设备（含标准物质/标准样品）配置/核查表

名称：

地址：

序号	测量仪器名称	校准参量		领域代码	规范名称及代号（含年号）	测量范围	扩展不确定度（$k=2$）	说明	校准开展日期	近2年校准次数	计量标准及主要配套设备/标准物质					是否确认（Y/N）	备注
		序号	名称								名称	型号规格	测量范围	①扩展不确定度/②最大允差/③准确度等级	溯源方式		

填写要求：

（1）本表适用于校准实验室或开展内部校准的实验室。CNAS对校准能力表述的要求请参见CNAS-EL-03《检测和校准实验室认可能力范围表述说明》。

（2）“测量仪器”指被校准的仪器设备、计量器具及标准物质等。

（3）“校准参量”栏应填写具有示值特性且能给出测量不确定度的参量，当不能对规范中要求的某些参量进行校准时，应在“说明”栏内说明。

（4）需要现场校准的仪器设备，请在“测量仪器名称”栏的仪器名称前标注＊号。

（5）当扩展不确定度不服从正态分布时，须注明k值。

（6）当依据的规范/规程中校准参量或辅助参量不具备能力时，在“说明”栏进行说明。

（7）如需填写对应的最大允差/准确度等级，可填写在“说明”栏内。

（8）“领域代码”参见CNAS-AL06《实验室认可领域分类表》。

（9）“计量标准及主要配套设备/标准物质”栏应填写校准所需的全部测量仪器和/或标准物质以及主要辅助设备。计量标准的技术指标应填写扩展不确定度（通常来自该计量标准的校准证书或根据其检定证书中的有关信息评估得出），可同时给出该计量标准的最大允差或准确度等级；辅助设备可填写最大允差或准确度等级。需要时，应注明类型序号。

（10）“溯源方式”栏填写送校、内部校准、送检、比对或其他验证方式等。其中送校、送检是指送到实验室法人以外的机构进行校准或检定；内部校准是指实验室自身具备该设备的校准或检定资质，或依据CNAS-CL31实施的内部校准。依据CNAS-CL31实施的内部校准，应在“备注”栏注明。

（11）实验室对申请认可的能力进行自查，确认工作（基）标准/设备/标准物质满足申请认可的校准能力要求时填写“Y”，反之填写“N”。当核查结果为“N”时，实验室不应申请认可。

（12）复评审时，对同时扩大校准能力和/或校准标准变更确认，应将扩项能力和变更标准在“备注”栏注明“扩项”“变更”字样。

（13）实验室为多场所时，请按不同地址分别填写此表。

附表 4-4

申请认可的司法鉴定/法庭科学机构仪器设备/标准物质配置/核查表

名称：

地址：

序号	鉴定对象	项目/参数		领域代码	鉴定标准（方法）名称及编号（含年号）/条款号	说明	备注 1	鉴定开展日期	近 2 年鉴定次数	使用仪器设备/标准物质					是否确认（Y/N）	备注 2
		序号	名称							名称	型号规格	测量范围	① 扩展不确定度/② 最大允差/③ 准确度等级	溯源方式		

填写要求：

（1）本表适用于司法鉴定/法庭科学机构。

（2）“项目”指鉴定活动所针对的鉴定对象的属性，可包含若干参数，填表时可进行概括性的描述。

（3）“项目/参数”栏应填写实验室能够按照本表中所列鉴定标准（方法）实际进行鉴定的项目或参数。如不能对标准（方法）要求的个别参数进行鉴定，或只能选用其中的部分方法对某参数进行鉴定时，应在“说明”栏内注明“只鉴定×××”“不鉴定×××”或“只用×××方法”“不用×××方法”。

（4）使用可移动设施、租用设备、设施或其他需说明的情况，填写在“说明”栏。

（5）“领域代码”参见 CNAS-AL13《司法鉴定/法庭科学机构认可领域分类表》。

（6）当检测依据的标准涉及多个检测参数时，请同时填写该项目/参数在标准中的条款号。

（7）“溯源方式”栏填写送校、内部校准、送检、比对或其他验证方式等。其中送校、送检是指送到鉴定机构法人以外的机构进行校准或检定，内部校准是指在鉴定机构或鉴定机构所在法人单位进行校准。填写“其他验证方式”时，应在“备注 2”栏注明所用方式。

（8）“扩展不确定度/最大允差/准确度等级”栏除填写数据外，还应填写相应的类型序号。

（9）鉴定机构对申请认可的能力进行自查，确认设备/标准物质满足申请认可的鉴定能力要求时填写“Y”，反之填写“N”。当核查结果为“N”时，鉴定机构不应申请认可。

（10）复评审时，对同时扩大检测范围和标准变更确认，应将扩项能力和变更标准在“备注 1”栏注明“扩项”“变更”字样。

（11）鉴定机构为多场所时，请分别填写此表。

附表 4-5.1

申请认可的参考测量能力及仪器设备配置/核查表

名称：

地址：

序号	分析物	材料/基体	量	领域代码	参考测量程序及其发布者	测量范围	扩展不确定度（校准和测量能力）（$k=2$）	说明	校准开展日期	近2年提供校准的次数	测量标准及主要配套设备/标准物质						是否确认（Y/N）	备注
											名称	型号规格	测量范围	扩展不确定度	溯源方式	生产厂家		

填写要求：

（1）“材料/基体”主要指被分析物所在的环境，即除分析物以外的一切组成，可能含有一些为了便于保存等目的而人为添加的材料，如防腐剂、促凝剂等。以参考测量元素钙为例，这里，分析物为钙，基体可能是血清、血浆、全血、尿或者含有血清和某些药物和防腐剂的混合物。

（2）“量”主要指如质量、质量分数、物质的量浓度、催化活性浓度等可定量确定的属性。

（3）“领域代码”见 CNAS-AL11《医学参考测量实验室认可领域分类表》。

（4）当 k 值不为 2 时，请在填写不确定度时注明其 k 值。需要时，在填写扩展不确定度时请同时填写出相应的测量点。

（5）如需填写对应的最大允差/准确度等级，可填写在“备注”栏内。

（6）“溯源方式”栏填写送校、内部校准、送检、比对或其他验证方式等。其中送校、送检是指送到实验室法人以外的机构进行校准或检定；内部校准是指实验室自身具备该设备的校准或检定资质，或依据 CNAS-CL31 实施的内部校准。依据 CNAS-CL31 实施的内部校准，应在“备注”栏注明。

（7）实验室对申请认可的能力进行自查，确认工作（基）标准/设备/标准物质满足申请认可的校准能力要求时填写“Y”，反之填写“N”。当核查结果为“N”时，实验室不应申请认可。必要的解释、说明以及限制条件可填写在“说明”里。

（8）复评审与扩大认可范围同时申请时，应在扩项能力对应的“备注”栏内注明“扩项”字样。

（9）测量不确定度的表述应符合 CNAS-CL07 的要求。

（10）存在多场所时，不同场所的技术能力请分开填写。

附表 4-5.2

实验室标准物质（参考物质）配置/核查表

序号	名称	生产商	证书号	材料/基体	参考值及不确定度	规格/状态	保存方式	有效期	用途	是否确认（Y/N）	备注

填写要求同附表 4-5.1。

附表 4-6

判定标准情况一览表

名称：

地址：

序号	产品名称	领域代码	判定标准名称及编号（含年号）	说明	项目/参数		检测标准（方法）名编号（含年号）	获认可情况	备注
					序号	名称			
								□ 已获认可 □ 申请认可，在附表 4-1 中的序号：№______	
								□ 已获认可 □ 申请认可，在附表 4-1 中的序号：№______	
								□ 已获认可 □ 申请认可，在附表 4-1 中的序号：№______	
								□ 已获认可 □ 申请认可，在附表 4-1 中的序号：№______	

填写要求：

（1）本表中所述判定标准是指不包含具体检测方法内容，只涉及限值要求的产品标准、规程、规范或法规。

（2）本表中所列的“检测标准”，应已获认可或与判定标准同时申请认可。

（3）领域代码按产品填写。

（4）请对获认可情况进行选择，检测标准（方法）未获认可且本次也未申请认可的，不予受理判定标准申请，限制范围及其他需要说明的事项，请填写在“说明”栏。

（5）标准中既有检测方法，也有判定标准的，按检测能力申请认可。

（6）复评审时，对同时扩项和标准变更确认，应将扩项能力和变更标准在“备注”栏注明“扩项”“变更”字样。

附表 5-1

实验室参加能力验证/测量审核一览表

名称：

地址：

序号	能力验证名称	计划编号	参加时间	组织方	参加项目/参数名称	依据方法标准编号	所用仪器设备名称	仪器设备编号	试验人员	参加结果	非满意结果处理情况	备注

填写要求：

（1）填写近 3 年内参加的所有能力验证/测量审核项目，包括已获认可和未获认可的项目。

（2）组织方为 CNAS 或 CNAS 承认的组织机构，其名单见 CNAS 网站。

（3）“参加结果“栏应填写参加能力验证计划/测量审核的结果，如满意、不满意、有问题等。

（4）“非满意结果处理情况”栏填写申请时正在暂停（还未被恢复认可）或已被撤消认可资格的项目。

（5）非认可项目请在“备注”栏注明。

（6）存在多场所或分支机构时，请分别填写该表。

附表 5-2

实验室参加实验室间比对一览表

名称：

地址：

序号	参加项目名称	组织方	参加实验室	参加日期	结果	备注

填写要求：

（1）填写近 3 年内参加的所有实验室间比对项目。

（2）当参加比对的实验室数量较多时，最多可列出 5 家实验室的名称。

（3）“结果”栏请将满意、有问题、不满意的项目分开填写。

（4）存在多场所或分支机构时，请分别填写该表。

附表6 （CNAS-CL01：2006）

质量管理体系核查表（节选，完整的表格包括4.1～5.10.9）

本核查表依据CNAS-CL01准则要求编制，编号与准则一致，其中准则的条款1、2和3在本核查表中省略。

4　管理要求

条款	核查内容	对应的质量管理体系文件名称、编号及章节/条款号	自查结果说明	备注
4.1　组织				
4.1.1	实验室或实验室作为其一部分的组织是否在法律上是可识别的： 如果实验室是独立法人单位，是否具备相应的法律文件证明其有合法的服务范围和独立机构编制？ 如果实验室隶属于某一法人单位，是否有独立的建制，其机构组成是否有主管部门（独立法人单位）的批准文件，实验室负责人是否得到主管部门的正式书面任命，并授权实验室独立进行规定范围的检测和/或校准工作？			
4.1.2	实验室是否明确承诺并切实履行职责，保证其检测和校准活动符合CNAS-CL01：2006的要求，同时满足客户、法定管理机构或对其提供承认的组织的需求？			

填写要求：

（1）实验室应参考本实验室的管理体系文件，依据本表中的“对应的质量管理体系文件名称及章节/条款号”和“自查结果说明”栏分别进行详细填写。尤其在“自查结果说明”栏填写时，应对本实验室的管理体系文件与《认可准则》逐个条款进行对比，并对实际的符合性进行详细描述，不能用“符合标准要求”此类笼统的语言进行描述。

（2）本表仅在初次申请时填写。

附表 7-1

实验室关键场所一览表（英文）

List of Key Places of the Laboratory

	Location Code	Address/Postalcode	Facilities Characteristic	Activity	Note
Locations Specified	A				
	B				
	C				

附表 7-2

申请认可的实验室授权签字人一览表（英文）

List of Authorized Signatories of the Laboratory

Lab：

Add：

№.	Name	Authorized field of signatory	Note

填写要求：

（1）如实验室需要公布英文证书附件，则实验室递交申请资料时需要对应填写附表 7“实验室英文能力范围表（需要公布英文证书附件时填报）”中的相关表格。填写相关要求请参考本节前述内容。

（2）附表 7“实验室英文能力范围表”填写时，应特别注意规范使用英语，如：“Restriction or limitation（限制范围中）”栏中“只用/只测”采用 Accredited only for；“不做/不测”采用 Except for；“全部项目”采用 All Items；“全部参数”采用 All Parameters；“部分项目”采用 Part of Items；“部分参数”采用 Part of Parameters。

附表 7-3

申请认可的检测能力范围（英文）
Applied Testing Scope

Lab：

Add：

No.	Test object	Item，Parameter		Code of field	Title，Code of standard or method	limitation	Note
		No.	Item，Parameter				

附表 7-4

申请认可的校准和测量能力范围（英文）

Lab：

Add：

No.	instrument	Parameter	Code of field	Title，Code of calibration method	Range	Expanded Uncertainty ($k=2$)	Limitation	Note

附表 7-5

申请认可的“能源之星”检测能力范围（英文）

Lab：

Add：

No.	Test object	Item/Parameter		Code of field	Title，Code of standard or method	limitation	Note
		No.	Item/Parameter				

附表 7-6

申请认可的鉴定能力范围（英文）

Lab：

Add：

No.	Identify object	Item，Parameter		Code of field	Title，Code of standard or method	limitation	Note
		No.	Item，Parameter				

附表 7-7

申请认可的参考测量能力范围（英文）

Lab：

Add：

No.	Analyte	Material or matrix	Quantity	Code of field	Reference measurement method or procedure used & Issuer	Measurement range	Expanded uncertainty (CMC)（$k=2$）	Note

附表 7-8

判定标准一览表（英文）

Lab：

Add：

No.	Product	Code of field	Title，Code of standard	Note

三、合格评定机构英文名称与地址的申报指南

为引导和规范相关机构在申请认可时填报正确的英文名称和英文地址，进一步提高认可证书的规范性和准确性，维护认可的严肃性和权威性，根据《汉语拼音方案》《汉语拼音正词法基本规则》《中国地名汉语拼音字母拼写规则（汉语地名部分）》《少数民族语地名汉语拼音字母音译转写法》《公共场所双语标识英文译法》以及《公共场所译写规范》，CNAS特地对英文名称与地址的申报要求进行规定。

（一）公司名称的翻译原则

公司名称一般包括四个部分，即企业注册地址（A）、企业专名（B）、企业生产对象或经营范围（C）、企业的性质（D）。翻译时，A按地名翻译的原则处理（一般为音译，也就是使用汉语拼音，下同）；B可音译，也可直译或意译；C一般需直译，两个并列成分一般用符号“&”或单词“and”连接，两个以上并列成分可用“,”及“&”或单词“and”连接；D一般有较固定的翻译方法。如：

深圳市谱尼测试科技有限公司

Shenzhen Pony Test Science and Technology Co., Ltd.

A　B　C　D

常州金源铜业有限公司

Changzhou Jinyuan Copper Co., Ltd.

A　B　C　D

1. 常见通名部分

公司常见通名部分一般有固定的翻译，包括但不限于表B-2所列。

表B-2　公司常见通名翻译

中　文	英　文	中　文	英　文	中　文	英　文
公司	Company/Corporation	集团	Group	局	Bureau
有限公司	Co., Ltd.	站	Station	中心	Center
控股公司	Holdings Company/Holdings Co., Ltd.	所、院	Institute	大队、总队	Corps
检测/校准实验室	Test Laboratory/Test Lab Calibration Laboratory/Calibration Lab	计量	Metrology	检验	Inspection
分公司/ 分局/分所	Branch	厂	Factory	办事处	Office

2. 行政区划限定词

行政区划限定词指名称中的“市、区、县”等，在译写时需视不同情况进行处理；企业名称中若含有行政区划限定词，一般不进行译写。

（1）应当译出行政区划限定词的情况。与同级人民政府有隶属关系的部门、机构，应当译出同级的行政区划限定词，如：上海市农业委员会 Shanghai Municipal Agriculture Commission，嘉定区财政局 Jiading District Finance Bureau。

行政区划限定词中的市译作 Municipal，区译作 District，县译作 County。

（2）不宜译出行政区划限定词的情况。法院、检察院独立于政府，因此其名称中的行政区划限定词不宜译出，如上海市高级人民法院 Shanghai High People's Court。

若组织机构名称为多层级性质，则上一层级行政区划限定词一般不译，如上海市静安区司法局 Shanghai Jing'an District Bureau of Justice。

3. 层级表述

当组织机构名称中具有两层及以上的层级关系时，译写时应清晰完整地描述出其从属或附属关系。

（1）简单的层级关系表述。可以按照由高到低的层级顺序进行翻译，如多美滋婴幼儿食品有限公司实验室 Dumex Baby Food Co., Ltd. Laboratory；或者使用介词“of”，如跃进汽车集团公司汽车研究所 Automotive Research Institute of Yuejin Motor (Group) Corporation。

（2）多层级关系表述。在翻译有两层以上层级关系的组织机构名称时，按照从低到高的层级顺序译写，并用逗号进行连接，应避免重复使用介词。如中国地质科学院地球物理地球化学勘查研究所中心实验室 Central Laboratory, Institute of Geophysical and Geochemical Exploration, CAGS。

综上，在填写公司英文名称时可结合音译、意译、补译或音意结合的原则，但注意要以公司的中文名称为依据，定冠词（the）应尽量不用。特别是当中文名称中包含地理属性时，相应地英译时也要注明，如深圳天祥质量技术服务有限公司，其英文名称为 Intertek Testing Services Shenzhen Co., Ltd.。

（二）中文地址的翻译原则

中文地址基本上按照地址要素的地理区域范围由大到小排列，包括四个构成部分：行政区划（A），分为省/自治区/直辖市/特别行政区、市/地区/自治州/盟/直辖市所属市辖区和县、县/市辖区/县级市/旗、乡/镇/村四级；街道（B），主要指路名和街道名等；门楼牌号（C），主要指门牌号、楼牌号和房间号等；补充信息（D），指门楼牌号之后表示空间关系的词汇。如：

北京市海淀区　学院路　17号　民主楼
A　B　C　D

地址要素一般包括专名和通名两部分，专名指用来区分各个地理实体部分的词，通名指用来区分地理实体的类型、隶属关系、形态和性质的词，如学院路中的“学院”为专名，“路”为通名。在翻译中文地址时应遵循“专名部分音译、通名部分直译，专名和通名分写”的原则。

1. 常见地址通名部分

表 B-3 所列为常见地址通名部分的英文翻译。

表 B-3　常见地址通名部分的英文翻译

中文	英文	中文	英文	中文	英文
××室	Room ××	××楼层	××/F.	工业城	Industry/Industrial Town
单元	Unit	栋/幢	Building	科技园区	Sci-Tech Park
街、大街	Street	路、大道	Road	科技产业园	Sci-Tech Industrial Park
公路	Highway	胡同	Hutong	信息产业基地	Information Technology Industry Base
巷/弄	Alley	辅路	Side Road	高速公路	Expressway
国道	National Road	环岛	Roundabout	大厦	Building/Plaza
区	District	××号	No. ××	甲/乙/丙/丁	A/B/C/D
经济技术开发区	Economic and Technological Development Zone/ Economic-Technological Development Zone/ Economic Development Area				

当通名前为数字时，宜采用通名在前、数字在后的拼写方法，如 5 栋为 Building 5，405 室为 Room 405。

2. 地址专名部分

专名部分按照《中国地名汉语拼音字母拼写规则（汉语地名部分）》的规定，使用汉语拼音进行拼写。如东城区东四什锦花园胡同，译为 Shijinhuayuan Hutong，Dongsi，Dongcheng District；东四十一条，译为 Dongsi Shiyitiao。

如果专名和通名的附加成分为单音节，则与其相关部分连写。如朝阳门内南小街 Chaoyangmennei Nanxiaojie。

自然村镇名称和其他不需区分专名和通名的地名，各音节连写。如王村 Wangcun、酒仙桥 Jiuxianqiao。

3. 方位词

当地名中包含方位词如“东、南、西、北、前、后、中、上、内、外”时，一般情况下采用直译原则，译为 East（E.）、South（S.）、West（W.）、North（N.）、Front、Back、Middle、Upper、Inner、Outer。如龙江中路 Longjiang Middle Road、朝阳北路 Chaoyang North Road。

地址中含有专门方位指示词的，可以略去不译。如北京市昌平区东关环岛 100 米路南，可略去“100 米路南”，译为 Dongguan Roundabout，Changping District，Beijing；云南省普洱市北部区规划 1 号路与 10 号路交叉口东北侧，可略去“东北侧”，译为 Crossing of Guihua Roads 1 and 10，Northern Area，Puer，Yunnan，China。

地名中含有行政机构名的仅翻译到门楼牌号，如北京市海淀区西苑操场 15 号政府办公楼，译为 No. 15，Xiyuan Caochang，Haidian District，Beijing，“政府办公楼”不翻译。

4. 英文地址的书写顺序

与中文地址由大到小的排列顺序相反，英文地址按照从小到大的顺序排列，例如：广东省深圳市宝安区芙蓉街道 18 号 15 号楼 5 层 508 室，其对应的英译地址应写作：Room 508，5/F.，Building 15，No. 18，Furong Street，Baoan District，Shenzhen，Guangdong，China。

应该注意的是，在译写地址时要与其中文地址一一对应（若为中国境内，英文地址末尾处需加“，China”）。按照认可证书书写习惯，中文名称中应包含行政区划限定词，但在译写地址时，只需译出“市辖区”District 这一限定词即可。如：北京市东城区钱粮胡同 3 号，译为 No. 3，Qianliang Hutong，Dongcheng District，Beijing，China。

（三）少数民族语地名的拼写要求

当组织机构的名称或地址中含有少数民族语地名时，应按照《少数民族语地名汉语拼音字母音译转写法》进行拼写。如呼和浩特 Hohhot、乌鲁木齐 Urumqi、鄂尔多斯 Ordos 等。

（四）格式

1. 大小写

大写：名称或地址中第一个单词和所有实意单词首字母均应大写；连字符“-”后实意单词的首字母也需大写。

小写：虚词一般为小写；实意单词除首字母外其他字母均小写。

2. 标点符号

（1）在填写英文名称和地址时应使用英文标点符号。

（2）隔音符号的使用规则。按照《汉语拼音方案》的规定，a、o、e 开头的音节连接在其他音节后面时，如果音节的界限发生混淆，用隔音符号（'）隔开。在翻译公司名称和地名时，应注意隔音符号的使用，如西安 Xi'an，而非 Xian（音同先）；静安 Jing'an，而非 Jingan（音同津赣）。

鉴于《汉语拼音方案》尽量减少使用附加符号的原则及汉语拼音连读习惯，当音节界限不会发生混淆时，可不使用隔音符号，如天安门 Tiananmen，泰安 Taian 等。

3. 空格

英文按单词分写，各单词间空一格。

标点符号后空一格；符号“&”的前后各空一格，但连字符“-”和斜杠符“/”前后都不得有空格。

英语单词使用括号时括号外前后各需空一格，但括号内不空格，如中医科 Traditional Chinese Medicine（TCM）Department。

附录 B　CNAS 实验室认可评审报告填写指南

一、CNAS-PD14/11《实验室评审报告》概述

CNAS-PD14/11《实验室评审报告》（以下简称《评审报告》）用于记录 CNAS 委派的实验室评审活动，对现场评审结果给出评价，是 CNAS 评定委员会做出认可决定意见的主要信息来源，其结论用于在 CNAS 批准认可前作为参考。

除特别注明外，评审报告中所称“实验室”均包括检测实验室、校准实验室（含医学参考测量实验室）和司法鉴定/法庭科学机构。

CNAS 特别说明：实验室评审是一种抽样检查活动，不可能覆盖被评审方的全部活动，评审结果建立在所抽取的证据基础之上，因此未被评审部分仍可能有不符合项存在。

二、CNAS-PD14/11《实验室评审报告》主要内容及填写要求

（一）实验室概况

本栏须以中英文对照填写，具体包括实验室相关的名称、地址、实验室所在具有法人资格的机构名称（若实验室是法人单位则此项不填）、组织机构代码、法定代表人等相关具体信息。请依据实验室实际具体信息及现场评审通知的实情填写。

（二）实验室基本信息

实验室基本信息主要包括实验室类别、实验室设施特点、实验室人员及设施、获认可情况等相关信息。请依据实验室实际具体信息及现场评审通知实情填写。

（三）评审简况

评审简况主要包括评审日期、评审地点、评审类型、评审依据、评审范围等相关信息。请依据实验室实际具体信息及现场评审通知实情填写。

（四）评审情况及主要结果

本部分是《评审报告》的主体部分，主要包括七大部分，相关填写要求如下。

（1）评审时见面的实验室主要人员：主要描述现场评审时见面的实验室管理人员、技术人员以及主管部门的领导和主要管理人员等信息。

（2）实验室质量管理体系文件评审和运行符合性的评审结果：主要对文件审查结果进行系统综述，如实验室管理体系运行与体系文件、《认可准则》及相关应用说明的符合性、实验室持续改进情况等。初评从体系建立以来叙述，如体系建立时间较长，可重点叙述近一年（或上一次评审以来）的情况；监督评审可叙述自上次评审以来的情况，复评审可叙述一个周期以来的情况。

（3）实验室的能力确认情况简述（变更选项在监督和复评时填写，有变更时，应叙述具体情况）。

1）主要管理人员/技术人员：主要描述人员能否满足《认可准则》、应用说明、相关检测/校准的要求；监督和复评审时还包括人员是否有变更，变更后能否满足要求的详细描述。

2）设施环境：主要描述实验室设施环境能否满足检测/校准需要；监督和复评审时还包括是否有变更，变更后能否满足要求的详细描述。

3）依据标准：主要描述实验室检测/校准依据的是标准方法还是非标准方法，是否在使用非现行有效的标准，标准方法的证实和非标准方法的确认情况；监督和复评审时还包括是否有变更，变更后能否满足要求的详细描述。

4）重要仪器设备：主要描述实验室仪器设备能否满足检测/校准需要；是否有租用设备的情况；监督和复评审时还包括是否有变更，变更后能否满足要求的详细描述。

5）测量溯源及内部校准：主要描述实验室仪器设备的量值能否有效溯源，不能溯源时采取何种方法保证测量结果准确、可靠；开展内部校准时，能否满足相关要求，以保证检测结果准确、可靠。当实验室开展内部校准时，应对内部校准项目分别填写附件 3-1。内部校准能力的确认方式及确认情况的详细描述。

6）质量控制的情况（针对申请/已获认可的项目/参数）：主要描述实验室制定的质控计划（包括内、外部质控计划）及计划实施情况、实验室采用的质控方法、方法有效性及质控效果的评价。质控内容涉及申请/已获认可产品/项目/参数的情况。

7）技术能力确认方式描述：主要综合描述评审组全体成员对实验室技术能力采用的确认方式。例如，实验室本次评审，检测项目：申请认可“检测对象”共×××项（项目/参数共×××项），安排现场试验共××项，采用何种方式；校准项目：申请认可“测量仪器名称”共×××项（校准参量共×××项），安排现场试验共××项，采用何种方式等。

8）确认能力范围的总体情况（包括不予确认的项目/参数）：主要综合描述评审组全体成员对实验室技术能力确认的总体情况。例如，实验室本次评审，检测项目：申请认可“检测对象”共×××项（项目/参数共×××项），安排现场试验共××项，采用何种方式，其中人员比对××项，安排现场演示共××项，确认共××项；校准项目：申请认可“测量仪器名称”共×××项（校准参量共×××项），安排现场试验共××项，采用何种方式，其中人员比对××项，安排现场演示共××项，确认共××项等。

9）其他：如有其他需要说明的内容可在此处说明。

（4）对实验室上次评审中发现的不符合项采取的纠正和纠正措施有效性的评价：主要描述实验室对上次不符合项采取的纠正措施及实施情况，不符合情况是否得到了有效纠正，同样或类似的不符合是否还在发生，如果还在发生，本次是如何处理的。

（5）实验室使用认可标识的情况（包括实验室使用 ILAC-MRA/CNAS 联合标识的情况）：主要描述实验室是否使用认可标识，抽查多少份报告/证书，情况如何，是否符合

CNAS-R01《认可标识使用和认可状态声明规则》要求。

（6）实验室维持认可资格，遵守认可规定的情况：主要描述实验室在变更申报、履行义务等方面能否遵守CNAS制定的有关政策和规定的情况。

（7）评审组通过现场评审共发现×个不符合项，×个观察项：明确描述本次评审开具不符合项和观察项的数量。

（五）评审结论

主要分为“评审组推荐意见”和“完成纠正措施时间”两部分：

1. 评审组推荐意见（根据评审实际情况勾选“☑”）

□ 鉴于以上评审结果，评审组认为被评审实验室的管理体系和技术能力满足CNAS认可要求，评审组同意将该实验室向CNAS推荐/维持认可。 □ 鉴于以上评审结果，评审组认为被评审实验室的管理体系和技术能力不满足CNAS认可要求，评审组不予推荐/维持认可。 □ 建议CNAS撤销其认可资格。 □ 建议CNAS暂停其认可资格，暂停期________个月。 □ 鉴于以上评审结果，评审组建议实验室按规定要求，提出纠正措施，并在将落实情况报评审组长，跟踪评审合格后，向CNAS推荐/维持认可。跟踪评审拟采用的方式是： □ 提交必要的文件或记录进行文件评审。 □ 进行现场跟踪评审。

2. 完成纠正措施时间

一般情况下，CNAS规定（CNAS-GL001《实验室认可指南》、CNAS-WI14-01《实验室认可评审工作指导书》）的实验室实施整改的期限为：初次评审、扩大认可范围（含监督+扩项评审、复评+扩项评审）、监督评审、复评审均为2个月完成，但对涉及技术能力的不符合，要求在1个月内完成。

（六）评审组签名

分为评审组长和评审组成员签名两部分，所有签名均需要“打印+签字”。评审组成员的签名过程中应明确评审场所（存在多场所时填写）及确认的能力范围序号（填写附表3、附表4、附表5和附表6中的序号）。同时，评审组长应保证评审员所签署的“确认的能力范围”，应按照评审计划能覆盖附表3、附表4、附表5和附表6的所有内容。

（七）实验室确认意见

实验室代表签名，并对评审结论做出确认与否的明确选择。

三、CNAS-PD14/11《实验室评审报告》附表及附件填写要求

（一）CNAS《评审报告》附表及附件填写总体要求

所有《评审报告》附表及附件在打印前均需填写好本次评审的“任务编号”，该编号在CNAS发布的“现场评审计划征示意见函”或“评审通知”中均有明确。

所有《评审报告》附表及附件均须在首末页留有“评审组长/评审员”签名之处。

存在多场所或分支机构时，在不同场所签发报告/证书的授权签字人应分开填写。

（二）CNAS《评审报告》附表填写要求

附表 1

任务编号：________________

推荐认可的实验室关键场所一览表（中文）

	地址代码	地址/邮编	设施特点	主要活动	备注
关键场所	A				
	B				
	C				

评审组长：________________　日期：________________

推荐认可的实验室关键场所一览表（英文）

	Location Code	Address/Postalcode	Facilities Characteristic	Activity	Note
Locations Specified	A				
	B				
	C				

评审组长：________________　日期：________________

填写要求：

（1）设施特点包括“Ⅰ固定、Ⅱ离开固定设施、Ⅲ临时、Ⅳ可移动、Ⅴ其他。”

（2）主要活动包括“（1）检测、（2）校准、（3）签发报告和/或证书、（4）样品接收、（5）合同评审、（6）其他”。

（3）“设施特点”和“主要活动”栏应填写第 1、2 条的代码，可复选，选择其他时，应标注具体内容。

（4）现场评审时，如有地址变更或增加新地址的，在“备注”栏注明“新增”、“变更”字样。

附表2

任务编号：__________

推荐认可的实验室授权签字人（中文）

名称：
地址：

序号	授权签字人姓名	授权签字领域	备注

评审组长：__________
日　期：__________

推荐认可的实验室授权签字人（英文）

Lab：
Add：

No.	Name	Authorized field of signatory	Note

评审组长：__________
日　期：__________

填写要求：

本表的填写要求与《申请书》中附表2-1“实验室授权签字人一览表”的填写要求一致。同时还应重点注意以下内容：

（1）本表分中英文共2张表，均须填写，应完整列出所有通过考核的申请认可的实验室授权签字人。

（2）授权签字领域请按推荐/已获认可项目的专业领域或产品类别描述，并将检测领域、校准领域和司法鉴定/法庭科学领域分开叙述。注意该栏内容应与附件2“实验室授权签字人评审记录”中“推荐认可签字的范围”相同。

（3）应在“备注”栏注明维持、新增授权领域或范围变化（指扩大或缩小授权领域或范围）等情况（初次申请除外）。

（4）存在多场所或分支机构时，在不同场所签发报告/证书的授权签字人应分开填写。

附表 3-1

任务编号：__________

推荐认可的实验室检测能力范围（中文）

名称：

地址：

序号	检测对象	项目/参数		领域代码	检测标准（方法）名称及编号（含年号）	说明	备　注
		序号	名称				
组长/组员签字：__________							

推荐认可的实验室检测能力范围（英文）

Lab：

Add：

No.	Test object	Item/Parameter		Code of field	Title，Code of standard or method	Note	Expansion or change
		No.	Item/Parameter				
组长/组员签字：__________							

填写要求：

（1）本表仅填写推荐认可的实验室检测能力。

（2）评审组既可汇总成一份附表，每个评审人员分别在中英文表格上签字并注明所确认的序号，也可评审组成员分别在各自确认的中、英文能力范围页签名，并分别将纸质版和电子版交评审组长。评审组长合成评审员各自确认的能力范围后，打印并签字，连同评审员签字确认的纸质表格一同随评审材料上报。

（3）"项目"指检测活动所针对的产品属性，可包含若干参数，填表时可进行概括性的描述，如"安全性能""物理性能""化学性能""力学性能"及"外形尺寸"等。

（4）"项目/参数"栏应填写实验室能够按照本表中所列检测标准（方法）实际进行检测的项目或参数。如不能对标准（方法）要求的个别参数进行检测，或只能选用其中的部分方法对某参数进行检测时，应在"说明"栏内注明"只测×××""不测×××"或"只用×××方法""不用×××方法"。

（5）使用可移动设施，租用设备、设施，或其他需说明的情况，填写在"说明"栏。

（6）监督评审和复评审时，对同时扩大检测范围和标准变更确认，应将扩项能力和变更标准在"备注"栏注明"扩项""变更"字样。

（7）"领域代码"参见 CNAS-AL06《实验室认可领域分类表》。

（8）存在多场所或分支机构时，不同场所的技术能力应分开填写。

（9）"备注"栏中"只用/只测"采用 Accredited only for；"不做/不测"采用 Except for；"全部项目"采用 All Items；"全部参数"采用 All Parameters；"部分项目"采用 Part of Items；"部分参数"采用 Part of Parameters；不需要英文证书附件时，英文部分可不填写。

附表3-2

任务编号：____________

推荐认可的“能源之星”检测能力范围（中文）

名称：

地址：

序号	检测对象	项目/参数		领域代码	检测标准（方法）名称及编号（含年号）	说明	备　注
		序号	名称				

组长/组员签字：________________________________

推荐认可的“能源之星”检测能力范围（英文）

Lab：

Add：

№.	Test object	Item/Parameter		Code of field	Title，Code of standard or method	Note	Expansion or change
		№.	Item/Parameter				

组长/组员签字：________________________________

填写要求：

（1）检测标准（方法）的填写应参考EPA对“能源之星”产品及其测试方法的要求列表，且为实际开展检测时采用的方法，并为评审时的有效版本。

（2）如果认可的标准中有引用方法标准的，引用的方法标准也应同时予以认可；如同一个标准被不同产品引用，应在每个产品类别中同时列出。

（3）当能源之星检测标准中部分内容不涉及检测要求，仅有特定章节或条款规定其检测方法时，“项目/参数”栏内不应填写“全部项目”或“全部参数”，应给出具体检测参数或项目，并在“检测标准（方法）名称及编号（含年号）”栏中注明检测标准的条款或章节号。

附表 3-3

任务编号：＿＿＿＿＿＿

推荐的实验室判定标准一览表（中文）

名称：

地址：

序号	产品名称	判定标准名称及编号（含年号）	说　明	备　注
组长/组员签字：＿＿＿＿＿＿＿＿＿＿＿＿＿＿＿＿				

推荐的实验室判定标准一览表（英文）

Lab：

Add：

No.	Product	Title，Code of standard	Note	Expansion or change
组长/组员签字：＿＿＿＿＿＿＿＿＿＿＿＿＿＿＿＿				

填写要求：

（1）本表仅填写推荐认可的实验室判定能力。

（2）本表中所述判定标准是指不包含具体检测方法内容，只涉及限值要求的产品标准、规程、规范或法规。标准中既有检测方法，也有判定标准的，应按检测能力予以确认，填写附表 3-1。

（3）评审组成员分别在各自确认的中、英文能力范围页签名。

（4）检测标准（方法）未获认可或本次未予确认的，不能推荐判定标准。

（5）当判定标准中引用的方法标准只有部分获得认可时，应在“说明”栏注明“部分项目，具体见检测能力范围”。

（6）监督评审和复评审时，对同时增加判定标准或标准变更的，应将增加的标准或变更标准在“备注”栏注明“增加”“变更”字样。

（7）存在多场所或分支机构时，不同场所的技术能力请分开填写。

附表4

任务编号：____________

推荐认可的校准和测量能力范围（中文）

名称：

地址：

序号	测量仪器名称	校准参量	领域代码	校准规范名称及编号（含年号）	测量范围	扩展不确定度（$k=2$）	说明	备注
评审组长/组员签字：____________								

推荐认可的校准和测量能力范围（英文）

Lab：

Add：

№.	Instrument	Parameter	Code of field	Title, Code of calibration method	Range	Expanded Uncertainty（$k=2$）	Note	Expansion or change
评审组长/组员签字：____________								

填写要求：

（1）评审组既可汇总成一份附表，每个评审人员分别在中英文表格上签字并注明所确认的序号，也可评审组成员分别在各自确认的中、英文能力范围页签名，并分别将纸质版和电子版交评审组长。评审组长合成评审员各自确认的能力范围后，打印并签字，连同评审员签字确认的纸质表格一同随评审材料上报。

（2）“测量仪器”指被校准的仪器设备、计量器具及标准物质等。

（3）可开展现场校准的项目，应在“测量仪器名称”栏仪器名称前标注*号。

（4）“校准参量”栏应填写具有示值特性且能给出测量不确定度的参量，当不能对规范中要求的某些参量进行校准时，应在“说明”栏内说明。

（5）“领域代码”参见CNAS-AL06《实验室认可领域分类表》。

（6）当扩展不确定度不服从正态分布时，须注明k值。

（7）如需填写对应的最大允差/准确度等级，可填写在“说明”栏内。

（8）监督评审和复评审时，对同时扩大校准能力和校准标准变更确认，应将扩项能力和变更标准在“备注”栏注明“扩项”“变更”字样。

（9）存在多场所或分支机构时，不同场所的技术能力请分开填写。

附表5

任务编号：____________

推荐认可的司法鉴定/法庭科学机构能力范围（中文）

名称：

地址：

序号	鉴定领域/对象	项目/参数		领域代码	鉴定标准（方法）名称及编号（含年号）	说明	备注
		序号	名称				
组长/组员签字：________________							

推荐认可的司法鉴定/法庭科学机构能力范围（英文）

Unit：

Add：

No.	Identify field/object	Item/Parameter		Code of field	Title，Code of standard or method	Note	Expansion or change
		No.	Item/Parameter				
组长/组员签字：________________							

填写要求：

（1）评审组既可汇总成一份附表，每个评审人员分别在中英文表格上签字并注明所确认的序号，也可评审组成员分别在各自确认的中、英文能力范围页签名，并分别将纸质版和电子版交评审组长。评审组长合成评审员各自确认的能力范围后，打印并签字，连同评审员签字确认的纸质表格一同随评审材料上报。

（2）“项目”指鉴定活动所针对的鉴定对象的属性，可包含若干参数，填表时可进行概括性的描述。

（3）“项目/参数”栏应填写实验室能够按照本表中所列鉴定标准（方法）实际进行鉴定的项目或参数。如不能对标准（方法）要求的个别参数进行鉴定，或只能选用其中的部分方法对某参数进行鉴定时，应在“限制范围”栏内注明“只鉴定×××”“不鉴定×××”或“只用×××方法”“不用×××方法”。

（4）使用可移动设施、租用设备、设施或其他需说明的情况，填写在“说明”栏。

（5）监督评审和复评审时，对同时扩大检测范围和标准变更确认，应将扩项能力和变更标准在“说明”栏注明“扩项”“变更”字样。

（6）“领域代码”参见《司法鉴定/法庭科学机构认可领域分类表》。

（7）存在多场所或分支机构时，不同场所的技术能力请分开填写。

附表6

任务编号：____________

推荐认可的参考测量能力范围（中文）

实验室名称：

实验室地址：

序号	分析物	材料/基体	量	领域代码	参考测量程序及发布者	测量范围	扩展不确定度（校准和测量能力）（$k=2$）	说明	备　　注

评审组签字（末页）：____________

推荐认可的参考测量能力范围（英文）

Lab：

Add：

No.	Analyte	Material or matrix	Quantity	Code of field	Reference measurement method and publisher	Measurement range	Expanded uncertainty（CMC）（$k=2$）	Note	Expansion or change

评审组签字（末页）：____________

填写要求：

填写要求参考附表4“推荐认可的校准和测量能力范围（中、英文）”。

监督评审和复评审时，对同时扩大参考测量能力和标准变更确认，应将扩项能力和变更标准在“备注”栏注明“扩项”“变更”字样。

（三）CNAS《评估报告》附件填写要求

附件 1-1 （CNAS-CL01：2006）

任务编号：__________

实验室现场评审核查表（节选，完整的表格包括 4.1～5.10.9）

本核查表依据 CNAS-CL01 准则要求编制，编号与准则一致，其中准则的条款 1、2 和 3 在本核查表中省略。

4 管理要求

条款	核查内容	评审结果	评审说明
4.1 组织			
4.1.1	实验室或实验室作为其一部分的组织是否在法律上是可识别的： 如果实验室是独立法人单位，是否具备相应的法律文件证明其有合法的服务范围和独立机构编制？ 如果实验室隶属于某一法人单位，是否有独立的建制，其机构组成是否有主管部门（独立法人单位）的批准文件，实验室负责人是否得到主管部门的正式书面任命，并授权实验室独立进行规定范围的检测和/或校准工作？		
4.1.2	实验室是否明确承诺并切实履行职责，保证其检测和校准活动符合 CNAS-CL01：2006 的要求，同时满足客户、法定管理机构或对其提供承认的组织的需求？		
4.1.3	不论实验室的工作是在固定设施内进行，还是在离开其固定设施的场所，或者相关的临时或移动设施中进行，其组织和运作是否按实验室的管理体系要求进行？		
4.1.4.	若实验室的母体不是从事检测和/或校准活动的组织，是否规定了该组织中涉及或影响实验室检测和/或校准活动的关键人员的职责，以识别潜在的利益冲突？		
	注：参考 CNAS-CL01：2006 准则 4.1.4. 注 1，注 2		
	……		

填写要求：

（1）评审组应参考该实验室的管理体系文件和实验室实际运行情况，对“评审结果”及“评审说明”栏进行认真填写。尤其在“评审说明”栏填写时，应对该实验室的实际符合性进行详细描述，不能用“符合标准要求”此类笼统的语言进行描述；“评审结果”应逐个条款进行评价，Y 表示“符合”，Y' 表示“存在观察项或需说明问题”，N 表示“不符合”，N/A 表示“不适用”。

（2）实验室如果有对应的相关领域应用说明，同时需要填写相关领域的应用说明核查表。

附件1-2　（CNAS-CL08：2013）

任务编号：____________

司法鉴定/法庭科学机构现场评审核查表

（节选，完整的表格包括3.1～5.10.9.6）

本核查表依据CNAS-CL08：2013准则要求编制，编号与准则一致，其中准则的条款1和2在本核查表中省略。

3　通用要求

条款	核查内容	评审结果	评审说明
3.1　公正性			
3.1.1	鉴定机构和鉴定人是否公正地实施鉴定？ 是否对其鉴定活动的公正性进行负责？		
3.1.2	鉴定机构是否有政策和程序以避免其卷入任何会降低公正性、诚实性的活动，并消除来自商业、财务或其他方面的压力对其公正性的影响？		
3.1.3	鉴定机构是否持续识别可能影响其公正性的风险？ 是否能证明识别出的风险已被消除或降至最低？		
3.1.4	鉴定机构的最高管理是否对公正性做出承诺性声明？		
3.2　保密性			
3.2.1	鉴定机构是否有保护客户的非公开信息及其所有权的政策和程序，包括保护电子存储和传输结果的程序？ 鉴定机构是否对在实施鉴定中获得或产生的所有信息承担管理和保密责任？		
……			

填写要求同附件1-1。

附件 2

任务编号：__________

实验室授权签字人评审记录

No.

由申请人完成					
姓 名		性 别		出生年月	
职 务		职 称		文化程度	
申请认可签字的范围					
由评审员在现场完成					
具有相应的职责和权力，对检测/校准/鉴定结果的完整性和准确性负责					是□　否□
与检测/校准/鉴定技术接触紧密，掌握有关的检测/校准/鉴定项目限制范围					是□　否□
熟悉有关检测/校准/鉴定标准、方法及规程					是□　否□
有能力对相关检测/校准/鉴定结果进行评定，了解测试结果的不确定度					是□　否□
了解有关设备维护保养及定期校准的规定，掌握其校准状态					是□　否□
十分熟悉记录、报告、鉴定文书及其核查程序					是□　否□
了解 CNAS 的认可条件、实验室义务及认可标识使用等有关规定					是□　否□
需要说明的问题：					
推荐意见： □ 推荐为认可的授权签字人　□暂不推荐 □ 推荐认可签字的范围：__________ __________ 评审员：__________　评审组长：__________　日期：__________					

填写要求：

本表的填写要求可参考《申请书》中附表 2-2“授权签字人申请表”的填写要求。同时还应重点注意以下内容：

（1）此表需要申请人和评审组来共同完成。

（2）“申请认可签字的范围”一栏需根据相关申请授权签字人的实际情况，明确到附表 3-1“推荐认可的实验室检测能力范围”中对应的产品大类（即“检测对象”）、附表 3-2“推荐认可的‘能源之星’检测能力范围”中对应的“检测对象”、附表 3-3“推荐的实验室判定标准一览表”中对应的“产品名称”、附表 4“推荐认可的校准和测量能力范围”中的“测量仪器名称”（或明确的领域范围）、附表 5“推荐认可的司法鉴定/法庭科学机构能力范围”中对应的“鉴定领域/对象”，评审组应严格审查确认。

（3）由评审员在现场完成的对授权签字人考核的“七个方面要求”“推荐意见”由评审组根据评审实际情况勾选“☑”。

（4）“需要说明的问题”栏一般可以根据评审的实际情况来描述，如：复评审、监督评审或扩项评审时，根据实际情况描述该授权签字人“新增”“维持”或“扩大授权签字领域，增加本次扩项内容”等。

附件 3-1

任务编号：____________

检测/校准/鉴定实验室现场试验记录表

名称：

地址：

序号	检测对象/鉴定领域或对象测量仪器（校准）	检测/校准/鉴定项目或参数			试验设备	试验人员	试验要求	试验观察结论	备注
		序号	名称	标准 /规范条款					

评审员/技术专家签字：______________________　日期：____________

填写要求：

（1）“试验设备”应填写设备名称及设备编号，如现场试验使用的仪器设备/标准物质等与申请书中的描述不一致时，需在“备注”栏内说明。

（2）“试验要求”应填写“留样再测”“常规试验”“现场演示”“盲样测试”等内容。

（3）“试验观察结论”应对现场是否符合测试方法要求做出评价：Y 表示“符合”；N 表示“不符合”，不符合时须注明不符合测试方法要求的条款号。

（4）在申请书附表 3 中的检测对象/测量仪器/鉴定领域或对象和项目/参数的序号在本表序号下用（　）标出。

（5）对于见证的非固定场所的检测项目，以*号标注。

（6）“能源之星”检测项目应单独分页列出。

（7）技术评审员与技术专家分别就各自的评审范围填写本表。评审组长无需将各个评审员的表格合并。

附件 3-2

任务编号：____________

医学参考测量实验室现场试验记录表

实验室名称：

实验室地址：

序号	分析物	材料/基体	参考测量程序及发布者	试验设备	试验人员	试验要求	试验观察结论（Y/N）	备注

评审员/技术专家签字：________________________ 日期：____________

填写要求：

（1）“试验设备”应填写设备名称及设备编号，如现场试验使用的仪器设备/标准物质等与申请书中的描述不一致时，需在“备注”栏内说明。

（2）“试验要求”可以是完整试验（如留样再测、常规试验、人员比对、设备比对等）也可以是部分试验过程（比如称量过程、加样过程），还可以是“测量审核”。如果是测量审核应注明样本来源、指定值及不确定度。

（3）“试验观察结论”应对现场是否符合测试方法要求做出评价：Y 表示“符合”；N 表示“不符合”，不符合时须注明不符合测试方法要求的条款号。

（4）技术评审员与技术专家分别就各自的评审范围填写本表。评审组长无需将各个评审员的表格合并。

附件 4

任务编号：__________

实验室参加能力验证核查表

地址：

序号	能力验证类型/能力验证计划编号	项目/参数名称	试验方法	试验人员	参加年度	参加结果	非满意结果的处置情况及完成时间	备注
实验室参加能力验证满足《能力验证规则》和能力验证覆盖已获认可领域的情况（必须填写）：								

评审组长/评审员（技术专家）签字：__________________　评审日期：__________

填写要求：

（1）本表只填写实验室 3 年内参加能力验证活动的情况，并对实验室满足 CNAS-RL02《能力验证规则》和《CNAS 能力验证领域和频次表》的情况进行评价。实验室没有能力验证时应说明原因。

（2）若是多场所实验室，请按不同场所分别填写此表。

（3）能力验证类型包括：CNAS 组织的能力验证计划、CNAS 承认的外部能力验证或比对、测量审核。

（4）当参加的能力验证类型为“能力验证计划”时，应填写能力验证计划编号。

（5）当结果为“不满意”或“可疑”时，“非满意结果的处置情况”栏应填写实验室核查的情况、采取的措施及完成时间。

（6）利用某项能力验证结果确认技术能力时，应在“备注”栏注明。

（7）技术评审员与技术专家分别就各自的评审范围填写本表，并对各自评审范围内的 PT 活动覆盖情况进行评价。评审组长无需将各个评审员的记录合并。

附件 5

任务编号：__________

实验室不符合项/观察项记录表

序号	被评审部门/岗位	事实陈述	事实类型	依据文件/条款	处理方式	验收方式	评审员姓名（打印+签字）
			□不符合项 □观察项	□CNAS-________第________ □（体系文件） □（依据标准/规范）	□ 实验室采取纠正/纠正措施 □ 变更参数能力｛注 1｝ □ 不予推荐/撤消相关项目 □ 向 CNAS 建议暂停相关项目	□提供必要的见证材料 □现场跟踪评审	
			□不符合项 □观察项	□CNAS-________第________ □（体系文件） □（依据标准/规范）	□ 实验室采取纠正/纠正措施 □ 不予推荐/撤消相关项目 □ 向 CNAS 建议暂停相关项目	□提供必要的见证材料 □现场跟踪评审	
			□不符合项 □观察项	□CNAS-________第________ □（体系文件） □（依据标准/规范）	□ 实验室采取纠正/纠正措施 □ 不予推荐/撤消相关项目 □ 向 CNAS 建议暂停相关项目	□提供必要的见证材料 □现场跟踪评审	
			□不符合项 □观察项	□CNAS-________第________ □（体系文件） □（依据标准/规范）	□ 实验室采取纠正/纠正措施 □ 不予推荐/撤消相关项目 □ 向 CNAS 建议暂停相关项目	□提供必要的见证材料 □现场跟踪评审	
			□不符合项 □观察项	□CNAS-________第________ □（体系文件） □（依据标准/规范）	□ 实验室采取纠正/纠正措施 □ 不予推荐/撤消相关项目 □ 向 CNAS 建议暂停相关项目	□提供必要的见证材料 □现场跟踪评审	
实验室确认： □全部确认 □部分确认，不确认(填写序号)________，原因：____________ □全部不确认，原因：____________ 实验室负责人（签字）：　　　　日期：					评审组长（签字）： 日期：		

本表由评审组和被评审实验室在现场共同确认完成，需按照要求填写相关内容，并对表中相关内容根据评审实际情况勾选“☑”，填写要求如下：

（1）不符合项是指实验室的管理或技术活动不满足要求。其中“要求”指CNAS发布的认可要求文件，包括认可规则、认可准则、认可说明和认可方案中规定的相关要求，以及实验室自身管理体系和相应检测或校准方法中规定的要求等。

（2）观察项是指对实验室运作的某个环节提出需关注或改进的建议。

（3）评审组可在文件评审、现场评审中提出不符合项（含观察项），并分析其对实验室能力和管理体系有效运作的影响，评估其严重程度，以做出合理的认可推荐意见。

（4）在描述不符合项（含观察项）时应给出充分的证据，以确保其可追溯性；应客观地说明发现的问题，不可带有主观的推测；对事实的描述应为不符合项分级提供足够的信息。

（5）当不符合项引起已获认可的检测/校准/鉴定能力发生变化，需要：缩小测量范围、扩大CMC、增加限制范围等情况时，勾选“☑”选择“变更参数能力”项。

（6）若由于某不符合项的存在，导致建议CNAS暂停或撤消相关认可项目或认可资格时，评审组应立即将此不符合项上报CNAS秘书处。

（7）本表可以每个评审员单独出具，也可评审组汇总出具。

附件 6

任务编号：__________

对实验室整改的验收意见

实验室名称			
评审日期			
要求整改项数		整改完成时间	
验收意见：			
评审组长：		年　月　日	

填写要求：

此表由评审组长最终验收时填写，验收意见的填写应包括按不符合项逐条进行验收的内容，同时，应形成明确的最终推荐意见，如：推荐授权签字人的姓名；检测的产品/产品类别；校准的测量仪器数量等。

附件7

任务编号：＿＿＿＿＿＿

评审组对后续监督评审的建议

<table>
<tr><td>实验室名称</td><td></td></tr>
<tr><td>评审日期</td><td></td></tr>
<tr><td>评审类型</td><td></td></tr>
<tr><td colspan="2">对后续监督评审的建议</td></tr>
<tr><td>重点评审的要素</td><td>重点评审的技术能力</td></tr>
<tr><td></td><td></td></tr>
<tr><td>评审组长：</td><td>年　月　日</td></tr>
</table>

填写要求：

此表由评审组长最终验收时填写，需填写评审组对被评审实验室下一次监督的建议。“重点评审的要素”栏可用认可准则要素的条款号表示；“重点评审的技术能力”栏可用附表3-1、附表3-2、附表3-3、附表4、附表5或附表6中的序号表示。

对于认可周期内的定期监督评审在最终验收时可不填写此表。

附录 C　CNAS 实验室认可评审后整改工作要求及实验室整改报告

一、评审后整改工作要求

（一）整改期限及验证方式

现场评审后的整改验收阶段，实验室要对评审中发现的不符合项（含观察项）及时采取纠正措施。一般情况下，CNAS 规定（CNAS-GL001《实验室认可指南》、CNAS-WI14-01《实验室认可评审工作指导书》）的实验室实施整改的期限如下：

初次评审、扩大认可范围（含监督 + 扩项评审、复评 + 扩项评审）、监督评审、复评审均为 2 个月完成，但对涉及技术能力的不符合，要求在 1 个月内完成。

在以下情况下，评审组会对不符合项的整改考虑进行现场验证（一般情况下，现场验证由原评审组进行）。

（1）对于涉及影响检测结果的有效性和实验室诚信性的不符合项。

（2）涉及环境设施不符合要求，并在短期内能够得到纠正的。

（3）涉及仪器设备故障，并在短期内能够得到纠正的。

（4）涉及人员能力，并在短期内能够得到纠正的。

（5）对整改材料仅进行书面审查不能确认其整改是否有效的。

对评审中发现不符合项的整改，实验室不能仅进行纠正，要在纠正后，充分查找问题形成的原因，制定有效的纠正措施，以免类似问题再次发生。

评审组对实验室提交的书面整改材料不满意的，也会再进行现场核查。

评审组在现场评审结束时形成的评审结论或推荐意见，有可能根据实验室的整改情况进行修改，但修改的内容应及时通报被评审实验室。

（二）CNAS 对不符合项分级与处理措施

1. CNAS 对不符合项分级

（1）不符合项和观察项的定义。

1）不符合项：实验室的管理或技术活动不满足要求。

“要求”指 CNAS 发布的认可要求文件，包括认可规则、认可准则、认可说明和认可方案中规定的相关要求，以及实验室自身管理体系和相应检测或校准方法中规定的要求。

不符合项通常包括（但不限于）以下几种类型：

① 缺乏必要的资源，如设备、人力、设施等。

② 未实施有效的质量控制程序。

③ 测量溯源性不满足相关要求。

④ 人员能力不足以胜任所承担的工作。

⑤ 操作程序，包括检测或校准的方法，缺乏技术有效性。

⑥ 实验室管理体系文件不满足 CNAS 认可要求。

⑦ 实验室运作不满足其自身文件要求。

⑧ 实验室未定期接受监督评审、未缴纳费用等。

2）观察项：对实验室运作的某个环节提出需关注或改进的建议。

观察项通常包括以下几种类型：

① 实验室的某些规定或采取的措施可能导致相关的质量活动达不到预期效果，但尚无证据表明不符合情况已发生。

② 评审组对实验室管理体系的运作已产生疑问，但在现场评审期间由于客观原因无法进一步核实，对是否构成不符合不能做出准确的判断。

③ 现场评审中发现实验室的工作不符合相关法律法规（例如环境保护法、职业健康安全法等）要求。

④ 对实验室提出的改进建议。

（2）不符合项分级。根据不符合项对实验室能力和管理体系运作的影响，CNAS 将不符合项分为严重不符合项和一般不符合项。

1）严重不符合项：影响实验室的诚信或显著影响技术能力、检测或校准结果准确性和可靠性，以及管理体系有效运作的不符合。

经验表明严重不符合项往往与实验室的诚信和技术能力有关。例如：

① 实验室提交的申请资料不真实，未如实申报工作人员、检测或校准经历、设施或设备情况等。

② 评审中发现实验室提供的记录不真实或不能提供原始记录。

③ 实验室原始记录与报告不符，有篡改数据嫌疑。

④ 实验室不做试验直接出报告。

⑤ 实验室在能力验证活动中串通结果，提交的结果与原始记录不符，或不能提供结果的原始记录。

⑥ 人员能力不足以承担申请认可的检测或校准活动。

⑦ 实验室没有相应的关键设备或设施。

⑧ 实验室对检测或校准活动未实施有效的质量控制。

⑨ 实验室管理体系某些环节失效。

⑩ 实验室故意违反 CNAS 认可要求，如超范围使用认可标识，涉及的报告数量较大。

⑪ 实验室在申请和接受评审活动中存在不诚信行为。

⑫ 实验室发生重大变化（如法人、组织机构、地址、关键技术人员等变动）不及时通知 CNAS。

2）一般不符合项：偶发的、独立的对检测或校准结果、质量管理体系有效运作没有严重影响的不符合项。如果一般不符合项反复发生，则可能上升为严重不符合项。

在实验室认可评审中经常发现一般不符合项，如：

① 设备未按期校准。

② 试剂或标准物质已过有效期。

③ 对内审中发现的不符合项采取的纠正措施未经验证。

④ 检测或校准活动中某些环节操作不当。

⑤ 原始记录信息不完整，无法再现原有试验过程等。

2. CNAS 对不符合项的处理措施

（1）初次评审时对不符合项的处理措施。

1）对严重不符合项的处理措施。如果评审组发现严重不符合项时，可根据评审总体发现做出以下推荐意见：

① 现场跟踪验证。

② 不推荐认可相关检测或校准项目。

③ 不推荐认可。

如果评审中发现实验室存在诚信问题，评审组应于评审后立即将评审报告提交 CNAS 秘书处。

2）对一般不符合项的处理措施。实验室应在 2 个月内完成纠正与纠正措施。

（2）监督评审或复评审时对不符合项的处理措施。

1）对严重不符合项的处理措施。如果评审组判定不符合项构成严重不符合项时，评审组可根据评审总体情况做出以下推荐意见：

① 限定实验室在 1 个月内完成纠正和纠正措施，并进行现场跟踪验证。

② 暂停或撤销相关检测或校准项目。

③ 暂停或撤销认可资格。

对暂停或撤销部分认可项目或认可资格的推荐意见，评审组应在评审后立即将此信息通报 CNAS 秘书处。

2）对于一般不符合项，CNAS 要求实验室在 2 个月内完成整改。

如果实验室未在规定的期限内完成整改，评审组应在评审报告中说明此情况，可以建议暂停对该机构的认可或部分能力的认可，直至其完成纠正措施并验证有效性。

（三）现场评审后的整改要求

实验室认可现场评审结束后，对留下的不符合项的跟踪审核方式，如果是采取“提交必要的文件或见证材料进行文件审核”方式的话（评审报告中会注明），则应在评审组与实验室商定完成纠正措施时间前（评审报告中会注明），提交完整的书面整改报告及相关证明材料。

书面整改报告及相关证明材料主要包括以下三大部分：

1）加盖实验室公章的整改报告正文。

2）加盖实验室公章的整改工作计划。

3）实验室全部不符合项（包括观察项）相关的完整整改效果证实材料。

1. 整改工作要求

（1）实验室要对不符合项进行认真细致的原因分析，真正找到产生不符合项的根本原因。

（2）实验室制定的预防、纠正措施要有针对性，应针对根本原因制定，决不能是简单的纠正。

（3）不符合项要得到及时纠正，并指定专人在约定的时间内进行效果验证以确保整改工作归零。

（4）整改要真正体现举一反三及持续改进，预防、纠正措施要明确有效，要确保类似问题不会再重复发生。

2. 书面整改报告及相关证明材料的要求

（1）整改报告正文以实验室文件形式提交，并应加盖实验室公章。

整改报告正文内容应主要包括：实验室现场评审及整改情况综合介绍，简述现场评审的情况及现场评审后实验室做了哪些具体工作（如是否召开了整改工作专题会等）；是否针对评审组开出的不符合项（含观察项）制定了整改工作计划，是否明确了责任人和完成时间，如何进行整改效果的验证等。

整改报告正文部分应针对每个不符合项（含观察项）的分项描述该不符合项完整整改过程和不符合项整改关闭情况（应包括原因分析，有针对性的预防、纠正措施，以及所采取的预防、纠正措施有效性的验证情况等）、举一反三及持续改进（应重点描述）的情况三大部分内容。

（2）整改工作计划应加盖实验室公章。

整改工作计划内容应包括：序号、不符合项的描述、整改要求、预防纠正措施、整改项目负责人、计划完成时间、预防纠正措施效果验证负责人和预定的完成时间等。在各项的备注中注明对应的整改效果的证明材料附件序号。

（3）与实验室全部不符合项（包括观察项）相关的完整整改效果证实材料。

每一项不符合项（包括观察项）的整改证实材料形成一个独立并且内容完整的文档附件。内容包括：整改材料目录、评审报告附件5（实验室不符合项/观察项记录表）的复印件、实验室体系文件规定的不符合项报告单（或纠正措施报告单）、不符合项整改到位的证实材料［证实材料可以是照片、文件或资料的复印件（原件留实验室）］等。如果是手册或程序文件的复印件，则应提供修改前（若有）和修改后的文件复印件，并对修改或增加条款部分用黑体字或下划线明显表示，以及文件修改审批单（涉及管理文件修改时需提供）。证明材料应真实、详细、具体。

上述所有材料应按序装订成册。

3. 整改材料的递交时间

实验室应在整改完成期限前，将整改报告的电子文档提前发送给评审组长和评审组成员进行审查确认，并且最迟应在规定的整改期限结束前15天将书面整改报告及相关材料寄送给评审组长。若实验室不能确保提前15天将书面整改报告及相关材料寄送给评审组长，则一旦实验室提供的整改材料不符合要求，退回修改后再交，很有可能造成整改工作超期。整改工作超期会导致CNAS组织的实验室评定工作推迟，由此将可能导致实验室认可证书时间无法正常衔接。

二、实验室整改报告实例

下面以“×××研究所校准/检测实验室”现场评审后（共开具四个不符合项）的实验室整改报告为例，来说明CNAS实验室整改报告编制的相关要求，供参考。

（一）实验室整改报告首页封面（供参考）

实 验 室 整 改 报 告

任 务 编 号：　L×××××-××××-××

实验室名称：　×××研究所校准/检测实验室（注意：请加盖公章）

评 审 日 期：　××××年××月××日～××××年××月××日

（二）实验室整改报告正文部分（供参考）

中国合格评定国家认可委员会秘书处：

××××年××月××日 CNAS 评审组对我们实验室进行了为期××天的××评审（注：依据实际评审情况填写监督评审、初次评审、复评审、扩项评审或其组合）工作。依据评审结论，我实验室管理层及时组织实验室相关人员，对不符合项认真进行了原因分析，制定了整改计划和预防纠正措施。在实验室全体人员的共同努力下，我们在规定的期限内完成了全部整改工作。现将有关整改材料及证明材料呈报你处，请审阅。

一、实验室××评审情况概述

××××年××月××日，中国合格评定国家认可委员会委派评审组长×××、评审员×××和观察员×××共 ××人，到本实验室所在地××进行了为期××天的实验室××评审。评审组以客观、公正、科学、严谨的工作态度进行了实验室评审工作，本实验室在评审活动中积极配合评审组的工作，认真接受评审组的审查。评审结束后，评审组开具了××个不符合项，评审组建议本实验室按相关准则、应用说明和有关规定的具体要求，举一反三，认真分析原因提出纠正措施，并将整改情况在约定的日期（××××年××月××日）前报评审组长。

二、实验室××评审不符合项整改情况综述

（一）组织讨论并下达整改计划

××评审结束后，实验室管理层及时对评审组提出的××个不符合项逐一进行了认真的研究讨论，并于××××年××月××日又专门组织了一次由实验室管理层、专业组长和其他相关人员参加的专题讨论会，会上大家畅所欲言，对××评审中发现的不符合项及其他需要引起注意的问题进行认真讨论，举一反三，分别落实了预防、纠正措施和相关责任人，制定并落实了“实验室××评审不符合项整改计划表”（详见附件）。实验室管理层要求各责任部门严格按照整改计划的要求，在规定的时间内完成全部整改工作。目前，经过近××个月时间的整改并通过严格的有效性验证，逐一改正了每个不符合项。

（二）按照整改计划认真组织整改

1. 现场评审中发现

1）实验室未按 CNAS-R01：2017 的 5.1.2 的要求对 CNAS 认可标识的使用做出具体规定。

2）实验室体系文件对能力验证活动的实施要求（CNAS-RL02：2016 的 4.2.1）和出现不满意结果的处理方法、措施（CNAS-RL02：2016 的 4.4）等未进行具体规定，与 CNAS-CL01：2006 的 4.1.2 要求不符。实验室对该不符合项认真进行了原因分析，按照相关认可规则和认可准则要求，组织实验室全体人员认真学习了 CNAS-R01：2017《认可标识使用和认可状态声明规则》及 CNAS-RL02：2016《能力验证规则》。组织编制并发布了 SS/ZY/35-2015《认可标识管理办法》作业指导书，对 CNAS 认可标识的使用进行了具体规定；组织编制并发布了 SS/ZY/36-2015《能力验证管理办法》作业指导书，明确了能力验证活动的实施要求和出现的不满意结果的处理方法、措施。并举一反三，

对 CNAS 认可规则和认可准则相关要求的落实情况进行了系统核查，未发现类似问题。同时，按 SS/CX/18-2015《培训控制程序》的要求对实验室全体成员进行了 SS/ZY/35-2015《认可标识管理办法》和 SS/ZY/36-2015《能力验证管理办法》学习宣贯（详见附件）。

2. 现场评审中发现：《质量手册》（SS/CX/2015）人员职责中缺少核验人员的工作职责，与 CNAS-CL01：2006 的 4.1.5f）要求不符。实验室对该不符合项认真进行了原因分析，按照准则要求在实验室《质量手册》（SS/CX/2015）中增加了 4.1.4.15，对实验室的核验人员（审核人）的职责做了明确的规定。并举一反三，对实验室内与校准/检测质量有影响的所有管理、操作和核查人员的职责、权力和相互关系进行了系统核查，同时增加了意见和解释人员的职责，并进一步细化了内审员的职责，确保了实验室所有岗位职位明确、工作接口清晰。同时，按 SS/CX/18-2015《培训控制程序》的要求对相关人员进行了学习培训（详见附件）。

3. 现场评审中发现：有两份报告（JC2015603 及 JC2015003）对应的原始记录信息量不足，缺少导出数据的记录，与 CNAS-CL01：2006 的 4.13.2.1 要求不符。实验室对该不符合项认真进行了原因分析，按照准则和程序文件的要求，立即对这两份报告对应的缺少导出数据的原始记录进行了补充说明，对错误的地方进行了划改。并举一反三，对实验室本周期内出具的证书报告和原始记录进行了重新审核。对 SS/CX/13-2015《记录控制程序》进行了修订，在“校准/检测数据记录表”中增加了实验导出数据项目的信息控制要求。同时，按 SS/CX/18-2015《培训控制程序》的要求对实验室全体成员进行了学习培训（详见附件）。

4. 现场评审中发现：2015 年 05 月 04 日 100mL 单标线容量瓶的测量审核报告（BD-CK2015118），虽然最终结果为满意，但 $|E_n|$ 值为 0.94，已大于 0.7，实验室未能提供相应的原因分析及所采取预防纠正措施的记录，与 CNAS-CL01：2006 的 5.9.2 要求不符。实验室对该不符合项认真进行了原因分析，立即对 100mL 单标线容量瓶测量审核报告（BD-CK2015118）$|E_n|$ 值大于 0.7 的原因进行系统分析，提供了原因分析报告。立即联系测量审核提供方，组织实施了一次新的 100mL 单标线容量瓶测量审核（结果满意，详见测量审核报告 BD-CK2015308），并根据最新测量审核结果及时采取了相应的预防纠正措施。在新编制的 SS/CX/31-2015《能力验证管理办法》中对质控数据中 $|E_n|$ 值大于 0.7 应采取的预防纠正措施进行具体规定。并举一反三，对实验室本周期内参加的能力验证活动的结果以及其余质量监控活动的相关结果进行系统核查与分析。同时，按 SS/CX/18-2015《培训控制程序》的要求对实验室全体成员进行了学习培训（详见附件）。

通过此次 ××评审，实验室全体人员都得到了一次学习和提高的机会。我们将在今后的工作中加强对认可规则、认可准则、应用说明和标准的学习和理解，严格认真地按照认可规则、认可准则和标准要求开展实验室各项工作，确保实验室管理体系运行的持续有效性。实验室认可工作只有起点没有终点、没有最好只有更好，我们将始终贯彻持续改进的工作理念，为进一步提高实验室能力和水平、进一步完善实验室管理体系而不懈努力！

×××研究所校准/检测实验室（注意：请加盖公章）

××××年××月××日

附件：实验室××评审不符合项整改计划表

序号	不符合项对应条款号	不符合项内容描述	整改要求	纠正、纠正措施	完成时间	责任部门	责任人	效果验证负责人
1	CNAS-CL01：2006 的 4.1.2	1）实验室未按 CNAS-R01：2017 的 5.1.2 的要求对 CNAS 认可标识的使用做出具体规定 2）实验室体系文件对能力验证活动的实施要求（CNAS-RL02：2016 的 4.2.1）和出现不满意结果的处理方法、措施（CNAS-RL02：2016 的 4.4）等未进行具体规定	在管理体系文件中对 CNAS 认可标识的使用要求、能力验证活动的实施要求及出现不满意结果的处理方法、措施进行明确规定；根据实验室认可准则和相关认可规则的要求并结合本实验室的实际情况，举一反三，对 CNAS 的相关要求的落实情况进行系统核查，确保实验室整体运行的符合性	1）组织实验室人员学习 CNAS-R01：2017《认可标识使用和认可状态声明规则》及 CNAS-RL02：2016《能力验证规则》 2）编制《认可标识管理办法》作业指导书，对 CNAS 认可标识的使用做出具体规定；编制《能力验证管理办法》作业指导书，明确能力验证活动的实施要求和出现的不满意结果的处理方法、措施 3）组织实验室人员宣贯学习《认可标识管理办法》和《能力验证管理办法》	据实填写	据实填写	据实填写	据实填写
2	CNAS-CL01：2006 的 4.1.5 f)	《质量手册》（SS/CX/2015）人员职责中缺少核验人员的工作职责	对管理体系文件进行修订，明确相关人员职责。根据实验室认可准则并结合本实验室人员和岗位设置的实际情况，举一反三，对实验室内与校准/检测质量有影响的所有管理、操作和核查人员的职责、权力和相互关系进行系统核查，确保实验室所有岗位职责明确、工作接口清晰	1）组织实验室人员学习《认可准则》4.1 条款 2）对管理体系文件进行修订完善，在《质量手册》（SS/CX/2015）中增加核验人员、意见和解释人员的职责，同时进一步细化内审员的职责，确保实验室所有岗位职责明确、工作接口清晰	据实填写	据实填写	据实填写	据实填写

（续）

序号	不符合项对应条款号	不符合项内容描述	整 改 要 求	纠正、纠正措施	完成时间	责任部门	责任人	效果验证负责人
3	CNAS-CL01：2006 的 4. 13. 2. 1	评审现场发现有两份报告（JC2015603 及 JC2015003）对应的原始记录信息量不足，缺少导出数据的记录	JC2015603 及 JC2015003 对应的原始记录进行重新审核，依据相关规定补充相关导出数据的信息。举一反三，对实验室本周期内出具的证书报告和原始记录进行系统核查，确保实验室证书报告和原始记录信息的正确性和充分性	1）组织实验室人员学习《认可准则》4. 13 条款，增强对实验室证书报告和原始记录重要性的认识 2）对两份报告对应的缺少导出数据的原始记录进行补充说明，对错误的地方进行划改，并对实验室本周期内出具的证书报告和原始记录进行重新审核 3）对程序文件中 SS/CX/13-2015《记录控制程序》进行修订，在“校准/检测数据记录表”中增加实验导出数据项目的信息控制要求	据实填写	据实填写	据实填写	据实填写
4	CNAS-CL01：2006 的 5. 9. 2	2015 年 05 月 04 日 100mL 单标线容量瓶的测量审核报告（BD-CK2015118），虽然最终结果为满意，但 $\|E_n\|$ 值为 0. 94，已大于 0. 7，实验室未能提供相应的原因分析及所采取预防纠正措施的记录	对该 100mL 单标线容量瓶的测量审核报告（BD-CK2015118）$\|E_n\|$ 值大于 0. 7 的原因进行深入分析，根据实际情况采取相应的预防纠正措施。举一反三，对实验室本周期内参加的能力验证活动的结果以及其余质量监控活动的相关结果进行系统分析，确保实验室最终数据的准确可靠	1）组织实验室人员学习《认可准则》5. 9. 2 条款，提高对及时进行质控数据分析评价以及采取相应控制措施重要性的认识 2）立即对测量审核报告（BD-CK2015118）$\|E_n\|$ 值大于 0. 7 的原因进行系统分析；立即联系测量审核提供方，组织实施一次新的 100mL 单标线容量瓶测量审核，并根据最新测量审核结果及时采取相应的预防纠正措施 3）在新编制的 SS/CX/31-2015《能力验证管理办法》中对质控数据中 $\|E_n\|$ 值大于 0. 7 应采取的预防纠正措施进行具体规定 4）组织实验室人员学习宣贯 SS/CX/31-2015《能力验证管理办法》	据实填写	据实填写	据实填写	据实填写

×××研究所校准/检测实验室（注意：请加盖公章）

××××年××月××日

（三）实验室不符合项整改资料目录（供参考）

整改资料目录

实验室××评审不符合项整改会议签到表

整改资料内容

（一）不符合项一的整改资料汇总

1. 不符合项内容
2. 原因分析
3. 纠正、纠正措施及有效性验证
4. 见证材料

（二）不符合项二的整改资料汇总

1. 不符合项内容
2. 原因分析
3. 纠正、纠正措施及有效性验证
4. 见证材料

（三）不符合项三的整改资料汇总

1. 不符合项内容
2. 原因分析
3. 纠正、纠正措施及有效性验证
4. 见证材料

（四）不符合项四的整改资料汇总

1. 不符合项内容
2. 原因分析
3. 纠正、纠正措施及有效性验证
4. 见证材料

（五）实验室具体不符合项整改资料

此部分本书略，只说明实验室具体不符合项整改资料提供的原则要求。

根据“实验室不符合项整改资料目录”中每个不符合项所列的内容，逐一提供。需要强调的是：不符合项整改到位的证实材料可以是照片、文件或资料的复印件（原件留实验室）等，如果是质量手册或程序文件的复印件，则应提供修改前（若有）和修改后的文件复印件，并在修改或增加条款部分用黑体字或下划线明显表示，以及文件修改审批单（涉及管理文件修改时需提供）。

参考文献

[1] 陆渭林．计量技术与管理工作指南［M］．北京：机械工业出版社，2019.

[2] 虞惠霞．实验室认可380问［M］．北京：中国质检出版社，2013

[3] 陆渭林．ISO/IEC 17025：2017《检测和校准实验室能力的通用要求》理解与实施［M］．北京：机械工业出版社，2020.

[4] 施昌彦，虞惠霞，江迎鸿，等．实验室管理与认可［M］．北京：中国计量出版社，2009.

[5] 中国实验室国家认可委员会．实验室认可与管理基础知识［M］．北京：中国计量出版社，2003.

[6] 全国认证认可标准化技术委员会．GB/T 27025—2008《检测和校准实验室能力的通用要求》理解与实施［M］．北京：中国标准出版社，2009.

[7] 林景星，陈丹英．计量基础知识［M］．2版．北京：中国计量出版社，2012.

[8] 国家质量监督检验检疫总局计量司，全国法制计量管理计量技术委员会．JJF 1069—2012《法定计量检定机构考核规范》实施指南［M］．北京：中国质检出版社，2012.

[9] 贾殿徐．ISO/IEC17025实验室管理体系建立与审核教程［M］．北京：中国标准出版社，2008.

[10] 夏偕田，孟小平．检测实验室管理体系建立指南［M］．2版．北京：化学工业出版社，2008.

[11] 沈才忠，何虹．测量设备的期间核查及判定［J］．中国计量，2007（5）：42-43.

[12] 沈才忠，何虹．谈实验室质量管理中的监督［J］．工业计量，2007（6）：52-55.

[13] 施昌彦，虞惠霞．能力验证及其在检测/校准实验室中的应用［J］．中国计量，2006（2）：34-36.

[14] 全国统计方法应用标准化技术委员会．GB/T 4091—2001 常规控制图［S］．北京：中国标准出版社，2004.

[15] 全国统计方法应用标准化技术委员会．GB/T 6379.1—2004 测量方法与结果的准确度（正确度与精密度）第1部分：总则与定义［S］．北京：中国标准出版社，2005.

[16] 全国统计方法应用标准化技术委员会．GB/T 6379.2—2004 测量方法与结果的准确度（正确度与精密度）第2部分：确定标准测量方法重复性与再现性的基本方法［S］．北京：中国标准出版社，2005.

[17] 全国质量管理和质量保证标准化技术委员会．GB/T 19001—2008 质量管理体系要求［S］．北京：中国标准出版社，2009.

[18] 全国质量管理和质量保证标准化技术委员会．GB/T 19022—2003 测量管理体系　测量过程和测量设备的要求［S］．北京：中国标准出版社，2004.

[19] 全国质量管理和质量保证标准化技术委员会．GB/T 19023—2003 质量管理体系文件指南［S］．北京：中国标准出版社，2004.

[20] 全国认证认可标准化技术委员会．GB/T 27000—2006 合格评定　词汇和通用原则［S］．北京：中国标准出版社．2006.

[21] 全国认证认可标准化技术委员会．GB/T 27011—2005 合格评定　认可机构通用要求［S］．北京：中国标准出版社．2005.

[22] 全国认证认可标准化技术委员会．GB/T 27043—2012 合格评定能力验证的通用要求［S］．北京：中国标准出版社．2013.

[23] 全国统计方法应用标准化技术委员会．GB/T 28043—2011 利用实验室间比对进行能力验证的统计方法［S］．北京：中国标准出版社．2012.

[24] 全国法制计量管理计量技术委员会．JJF 1001—2011 通用计量术语及定义［S］．北京：中国质检出版社．2012.

[25] 全国法制计量管理计量技术委员会．JJF 1033—2016 计量标准考核规范［S］．北京：中国质检出版社．2016.

[26] 全国法制计量管理计量技术委员会．JJF 1059.1—2012 测量不确定度评定与表示［S］．北京：中国质

检出版社. 2013.

[27] 全国法制计量管理计量技术委员会. JJF 1069—2012 法定计量检定机构考核规范 [S]. 北京: 中国质检出版社. 2012.

[28] 全国法制计量管理计量技术委员会. JJF 1094—2002 测量仪器特性评定 [S]. 北京: 中国计量出版社. 2003.

[29] 中国合格评定国家认可委员会. CNAS—CL01—G004: 2018 内部校准要求. 北京, 2018.

[30] 中国合格评定国家认可委员会. CNAS—R01: 2020 认可标识使用和认可状态声明管理规则. 北京, 2020.

[31] 中国合格评定国家认可委员会. CNAS—RL01: 2019 实验室认可规则. 北京, 2019.

[32] 中国合格评定国家认可委员会. CNAS—RL02: 2018 能力验证规则. 北京, 2018.

[33] 中国合格评定国家认可委员会. CNAS—CL01: 2006 检测和校准实验室能力认可准则. 北京, 2006.

[34] 中国合格评定国家认可委员会. CNAS—CL01: 2018 检测和校准实验室能力认可准则. 北京, 2018.

[35] 中国合格评定国家认可委员会. CNAS—CL01—G002: 2018 测量结果的计量溯源性要求. 北京, 2018.

[36] 中国合格评定国家认可委员会. CNAS—CL01—G003: 2019 测量不确定度的要求. 北京, 2019.

[37] 中国合格评定国家认可委员会. CNAS—CL01—A025: 2018 检测和校准实验室能力认可准则在校准领域的应用说明. 北京, 2018.

[38] 中国合格评定国家认可委员会. CNAS—CL01—G001: 2018 CNAS—CL01《检测和校准实验室能力认可准则》应用说明. 北京, 2018.

[39] 中国合格评定国家认可委员会. CNAS—GL001: 2018 实验室认可指南. 北京, 2018.

[40] 中国合格评定国家认可委员会. CNAS—GL002: 2018 能力验证结果的统计处理和能力评价指南. 北京, 2018.

[41] 中国合格评定国家认可委员会. CNAS—GL003: 2018 能力验证样品均匀性和稳定性评价指南. 北京, 2018.

[42] 中国合格评定国家认可委员会. CNAS—GL011: 2018 实验室和检查机构内部审核指南. 北京, 2018.

[43] 中国合格评定国家认可委员会. CNAS—GL012: 2018 实验室和检查机构管理评审指南. 北京, 2018.

[44] 中国合格评定国家认可委员会. CNAS—GL025: 2018 校准和测量能力 (CMC) 表示指南. 北京, 2018.

[45] 中国合格评定国家认可委员会. CNAS - WI14 - 01D0 实验室认可评审工作指导书. 北京, 2020.